◎“高职技艺技能技术创新工程”系列丛书

植物病害防治技术

ZHI WU BING HAI FANG ZHI JI SHU

毕璋友　檀根甲　李　萍　著

合肥工業大學出版社

前　言

“民以食为天”，“手中有粮，心里不慌”，说明了粮食生产的重要性。可以说，只要地球上有人类存在，就需要有植物生产，有植物生产，就必然会发生植物病害，一旦植物发生病害，对植物生长无疑是有害的。如果植物病害出现大面积流行，那么将摧毁植物的健康，给人类带来巨大的灾难事件。植物病害是严重危害农业生产的自然灾害之一，根据联合国粮农组织估计，全世界的粮食和棉花生产因病害常年损失在10%以上，植物病害不仅使产量降低，而且一定程度上还严重威胁农产品质量安全和国际贸易。因此，加强植物病害防治技术的研究和推广任重道远。

植物保护专业是传统的大农业专业，在新形势下，如何提升植物保护专业为农业服务的能力，如何培养出社会需要的高技能应用性创新型人才，是摆在高等农业职业教育者面前的重大课题。本课题得到教育部“高等职业学校提升（植物保护）专业服务产业发展能力建设”和安徽省质量工程“农林类专业卓越技能型人才创新实验区”项目的支持。植物病害防治技术是高职植物保护专业学生必须具备的重要知识和技能，本书是根据从事植物病害防治工作所需的专业知识和职业能力要求来撰写的。在撰写过程中着眼于提高学生植物病害基础知识能力和职业素养，在发展植物病害诊断、调查测报、病害防治等能力的同时，加强社会责任感及生态和谐意识的培养。

本书分为三篇，共计十五章。上篇为植物病害基础知识，由毕璋友教授撰写，分为四章，分别介绍了病害基础知识、植物病害的病原、病害的发生与发展、植物病害的诊断和防治。中篇为农业植物病害防治，由檀根甲教授撰写，分为七章，分别介绍了水稻、油料作物（油菜、大豆、花生）、小麦、棉花、杂粮作物（玉米、甘薯）、蔬菜（十字花科、茄科、葫芦科）和果树等主要作物重要代表性病害的症状、病原物、病害循环、发病规律和防治技术。下篇为园林植物病害防治，由李萍博士撰写，分为四

章，分别介绍了园林植物叶花果病害、茎干病害、根部病害和草坪病害的症状特征及发生分布特点。

本书内容力求反映植物病害防治的最新技术、方法和成果，同时将“普通植物病理学”、“农业植物病理学”和“园艺植物病理学”等三门课程合并，整合成一个完整的体系，努力提高学生的专业技能和综合素质，为农业的现代化服务。由于作者水平有限，不足之处在所难免，敬请读者批评指正。本书在撰写过程中，参阅了大量文献，值此书出版之际，向书中所引用著作的作者表示最真诚的谢意；也向安庆职业技术学院和安徽农业大学植保学院所给予的大力支持表示最衷心的感谢！

本书可供基层农业技术推广人员、农药经销商及农业基层管理干部查阅，也可作为高等农业职业院校植物保护、作物生产技术、园艺技术、园林技术等专业的教科书、师生的教学参考书或相关层次的技术培训教材。

编　者

2013 年 6 月

目　录

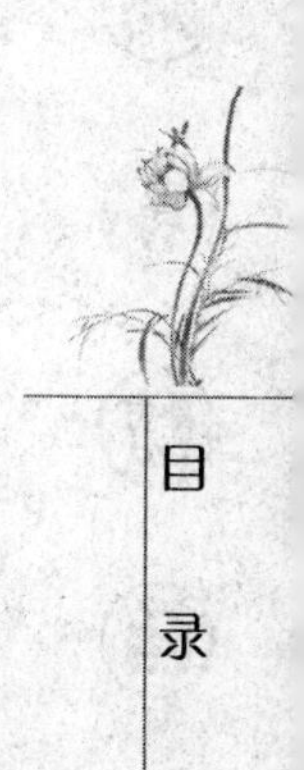

中篇　农业植物病害防治

下篇　园林植物病害防治

上篇　植物病害基础知识

第一章 病害基础知识

【学习要求】

通过学习，掌握植物病害的定义、病害症状类型和两类不同性质的病害；能采集和制作病害标本；能用所学知识解释病征，为准确识别病害打下基础。

【技能要求】

能识别常见病害的症状及常见病理学现象；能用所学病理知识指导病害的综合防治。

【学习重点】

病害的病状和病征。

【学习方法】

《植物病害防治技术》是一门实践性很强的学科，学习过程中注重课堂理论学习和实习实训的紧密结合，重视在实习实训中认知、比较、归纳病害的症状及病原特征。

第一节 植物病害的定义及症状

一、植物病害的定义

植物由于致病因素（包括生物和非生物因素）的作用，正常的生理和生化功能受到干扰，生长和发育受到影响，因而在生理或组织结构上出现多种病理变化，表现各种不正常状态即病态，甚至死亡，这种现象称为植物病害（Plant disease）。

二、植物病害的类型

植物病害根据其病原可以分为性质不同的两大类，即侵染性病害（Infectious disease）和非侵染性病害（Noninfectious disease）。

（一）侵染性病害

由生物因子引起的植物病害称为侵染性病害。这类病害可以在植物个体间互相传染，所以也称为传染性病害。引起植物病害的生物因子称为病原物，主要有真菌、细菌、菌原体、病毒、线虫和寄生性种子植物等。侵染性病害的种类、数量和重要性在植物病害中均居首位，是植物病理学研究的重点。

侵染性病害一般具有以下特征：田间有明显的发病中心，病害由发病中心逐渐向全田发展；许多病害的病部有明显的病征；一旦发生病害，植株难以恢复健康。

（二）非侵染性病害

由非生物因子即不适宜的环境因素引起的植物病害称为非侵染性病害。这类病害不能在植物个体间传染，所以也称为非传染性病害或生理性病害。引起非侵染性病害发生的环境因素很多，可分为两类：物理因素，包括温度、湿度、水分、日照等；化学因素，包括营养失调、环境污染及农药施用不当等。

非侵染性病害一般具有以下特征：往往大面积同时发生，没有明显的发病中心；有独特的症状，但病部无病征；如及时消除发病因素，病株症状发展减缓或症状消失，植株恢复健康。

三、植物病害的症状

植物受病原物侵染或不良环境因素影响后，在组织内部或外表显露出来的异常状态，称为症状（Symptom）。它包括病状和病征两个方面。

（一）病状及其类型

病状是指感病植物本身所表现的不正常状态。植物病害的病状归纳起来，有变色、坏死、腐烂、萎蔫、畸形等几种类型。

1. 变色

植物患病后，局部或全株失去正常的绿色或发生颜色变化的现象称为变色。有的植物绿色部分发生均匀变色，即叶绿素的合成受抑制呈褪绿或被破坏呈黄色。有的植物叶片发生不均匀褪色，呈黄绿相间，称为花叶。有的叶绿素合成受抑制，而花青素过盛，叶色变红或紫红，称为红叶。

2. 坏死

植物发病后的细胞和组织的死亡称为坏死，症状表现因坏死部位不同而异。叶片上的局部坏死称叶斑，叶斑有各种形状和表现：呈轮纹的为坏死环斑或轮纹斑；而蚀纹则仅是表皮细胞的坏死，不同形状的蚀纹又分别称为线纹和橡叶纹等。坏死的叶斑组织脱落即形成穿孔。各种器官均可产生局部坏死，如茎部的条斑坏死（幼苗茎基坏死表现为立枯或猝倒）、果实上的坏死等。内部组织的坏死有块茎内的褐斑、环腐和黑心与维管束的褐死以及韧皮部坏死与果实苦陷等。

3. 腐烂

植物组织和细胞较大面积的消解和破坏称为腐烂。植物的根、茎、花、果实都可发生，尤易见于幼嫩或多肉的组织。组织腐烂时可随着细胞的消解而流出水分和其他物质。细胞消解较慢时则腐烂组织中的水分会及时蒸发而形成干腐，如果实受侵染腐烂后形成僵果。反之，如果细胞的消解很快，腐烂组织不能及时失水，则形成湿腐或软腐。一些病原细菌和真菌可分泌果胶酶，使连结细胞的中胶层分解，导致细胞离析、内含物死亡或分解。从受害部位的细胞或组织中流出分解产物的情况，称异常分泌，其性质与腐烂相似。病部流出胶体物的称流胶；松柏科植物反常溢出树脂的称流脂；流出乳状液的称流乳；流出不能凝固的树液时称流液。

4. 萎蔫

植物由于失水而导致枝叶萎垂的现象称为萎蔫。萎蔫有生理性萎蔫和病理性萎蔫。生理性萎蔫是由于土壤中含水太少或高温时过强的蒸腾作用而造成的植物暂时缺水现象，若及时供水，则植物可以恢复正常。病理性萎蔫是指植物根或茎的维管束组织受到病原物的破坏而发生供水不足所出现的凋萎现象。在大多数情况下，这种凋萎最终导致植株死亡。

5. 畸形

受害植物因组织活细胞生长受阻或过度生长而造成的形态异常称为畸形。有些植物发病后发生减生性病变，可出现植物萎缩或叶片皱缩、卷叶、蕨叶等。发病植物也可以发生增生性病变，如病部膨大，形成瘤肿；枝或根过度分枝，产生丛枝或发根；病株高而细弱，形成徒长；沿叶脉的组织增生，形成耳突。此外，植物花器变成叶片状结构，使植物不能正常开花结实，称为变叶。

（二）病征及其类型

植物发病后，除表现以上的病状外，在发病部位往往伴随着出现各种病原物形成的特征性结构，叫病征。根据形态特征，病征可分为六种类型。

1. 霉状物

感病部位产生的各种毛绒状的霉层，其颜色、质地和结构等变化较大，如霜霉、绵霉、绿霉、青霉、灰霉、黑霉、赤霉等。

2. 粉状物

病部产生的白色或黑色粉状物。白色粉状物多见于病部表面；黑色粉状物多见于植物器官或组织被破坏之后。它们分别是白粉病和和黑粉病的病征。

3. 锈状物

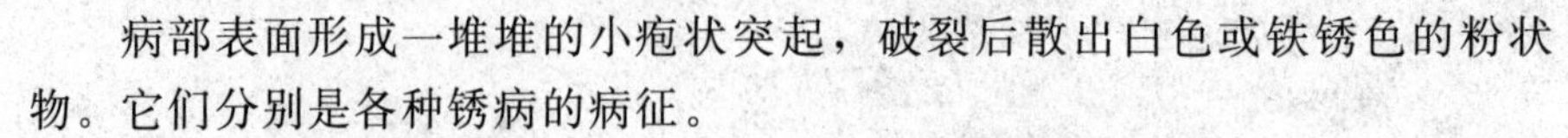

病部表面形成一堆堆的小疱状突起，破裂后散出白色或铁锈色的粉状物。它们分别是各种锈病的病征。

4. 粒状物

病部产生的大小、形状及着生情况差异很大的颗粒状物，有的是针尖大小的黑色或褐色小粒，不易与寄主组织分离，如真菌的分生孢子器或子囊壳；有的是较大的颗粒，如真菌的菌核、线虫的胞囊等。

5. 索状物

感病植物根部以及附近的土壤中产生的紫色或深色的菌丝索，即真菌的根状菌索。

6. 脓状物

病部产生的胶黏脓状物即菌脓，干燥后形成白色的薄膜或黄褐色的胶粒，是细菌性病害所特有的病征。

第二节　植物病害的重要性

“民以食为天”，无粮不稳，手中有粮，心里不慌。可以说，地球上只要有人类存在，就需要生产植物，只要生产植物，就可能发生植物病害，植物如果发生病害，对植物无疑是有害的。人类的衣、食、住、行都离不开植物和农业，在农业历史几千年间，地球人口增长了一百多倍，而且营养和健康水平大为提高。据我国的统计资料表明，人均寿命由新中国成立前的50多岁增加到现在的70多岁。由此可见，植物的健康直接关系着人类的生存和健康。但是，植物病害的大流行，会摧毁植物的健康，给人类带来巨大的灾难。植物发生病害，诚然对植物有害，但人们也可以对其进行利用。因此，研究植物病害具有重要的社会性、经济性和生态性。

一、社会重要性

植物病害减少了人类赖以生存的植物及其产品，对人类生存、社会安定、国家政治和政策都有重大影响，最典型的是麦类锈病和马铃薯晚疫病。狄巴利（De Bary）于1865确定小蘖是小麦秆锈菌的转主寄主，而距今约350年以前法国鲁昂地区就颁布法律要求毁灭小蘖以防治小麦秆锈病。

1845～1846 年，爱尔兰由于马铃薯晚疫病大流行而造成饥荒（Irish famine），使几十万人饿死，150 多万人移居到美洲。为了得到外来的粮食解救饥荒，英国政府被迫于 1846 年取消了谷物法令，允许开放港口让谷物自由输入，从而走上了自由贸易的道路；自由贸易使英国主要依靠外来的食物供应，因而需要和平以及建立强大的海军来保护贸易通道。1942～1943 年印度的孟加拉饥荒（Bengal famine）亦非常严重，其在 1942 年因大面积的水稻遭受胡麻斑病的侵害而失收，到 1943 年有 200 多万人被饿死。

二、经济重要性

植物病害造成经济损失是多方面的。首先，病害引起作物产量下降和产品品质降低，导致生产者收入减少。如棉花枯萎病、黄萎病可以使棉花长度和强度下降；由于喷洒农药或其他方面的防治费用而增加生产成本；种植抗病但产量不高的品种或改种其他经济效益低的作物种类会减少收益；水果和蔬菜产品由于贮藏期病害而不得不在产品大量上市时低价抛售，或为调整销售期而增加保鲜费用。其次，病害减产导致农产品不断涨价，增加了消费者的生活开支，减少其购买量或所购产品质量下降，影响了生活质量；农产品价格上涨会增加其他商品的生产成本或影响终极产品质量，作为生产者的中间消费者往往会把增加的费用转嫁到最终消费者身上。第三，对国民经济的影响。据联合国粮农组织估计，植物遭受病害后平均损失约为总产量的 10％～15％。

三、生态重要性

植物病害可以影响生物多样性和生态环境。植物病害往往限制了某些植物的种植：20 世纪 30 年代至 70 年代期间，荷兰榆树疫病毁掉了美洲榆树，使环境严重恶化；栗疫病使得美洲栗在北美消失；咖啡锈病使斯里兰卡不能继续生产咖啡，改种茶叶，改变了当地人的生活习惯；松材线虫（*Bursaphelenchus xylophilus*）引起松树大面积枯萎，对生态环境和自然景观造成极大破坏。

植物病害不仅造成产量降低，干扰作物栽培和品种推广使用，甚至直接危害人畜、恶化环境；局部田块病害发生只减少当地农民的收入，大面积病害流行则会影响国计民生和社会稳定。为保证人类健康，必须努力保护农业植物的健康。

第三节　植物病理学的发展简史

自从人类有目的地栽种植物以来，植物发生病虫害就成为种植者最关心的问题。发现并认识病害是中国农业的一大主要贡献。有关植物病理学的发展简史，从20世纪起发展很快，取得了许多重大的进步。大体上以病因学、病害流行学、病害生理学和病害防治学等分支学科领域的发展较为突出。

一、病因的认识

病因学是病理学的核心部分，人类关于病因的认识经历了神道论、病害自生论、环境病因论、微生物病原学说、多因论等的发展。

1. 神道论

公元前239年的《吕氏春秋》，把小麦黑粉病记为“鬼麦”。外国人则把锈病看做“锈神作祟所致”。中国有些地方仍可见“麦娘娘苗”。

2. 病害自生论

病害自生论认为病害是自然发生的“自生论”。

3. 环境病因论

环境病因论认为植物病害是不适宜的环境气候直接引起的，虽然在植物病体上发现了菌体，但认为这是植物组织病后的产物，不是发病的原因。

4. 微生物病原学说

早在1807年，普洛弗特（Provest）就证实小麦黑粉病是真菌侵染所致。法国的巴斯得（Pasteur）证明了微生物是由原来已经存在的生物繁殖而来，植物由于被某种微生物寄生后才引起了病害，从而树立了微生物病原学说。同时，德国的狄巴利（De Bary）以仔细观察和精确的实验研究阐明了许多真菌对植物的致病性及其发育循环和侵染循环，提出黑粉病和霜霉病是真菌侵染的结果，而不是植物生病以后才有真菌的滋生，为植物病理学做出了划时代的贡献，成为病原学说的创始人。

1878年，柏烈尔（Burrill）第一个肯定细菌能引起植物病害，并指出梨火疫病的病原是一种细菌。后经美国人史密斯（Smith）得以确认，并被美国人称作“细菌学之父”。

1892年，俄国的伊凡诺夫斯基用实验证明，烟草花叶病染病植株的汁液中，存在着一种可以通过细菌过滤器但不能在普通显微镜下观察到的，能传染导致健康烟草产生花叶病的微小病原体即病毒。直到1935年，美国的斯坦利（Stanley）用化学方法提纯了这种病毒的结晶。他因此于1946年获得诺贝尔化学奖。

1971年，迪内（Diener）在研究马铃薯纺锤块茎病时，提纯并发现了一种小分子的核酸（RNA），无蛋白质外壳，称为“类病毒”（Viroid）。

库柏（Cobb）则是第一个对线虫病害和病原线虫的形态、分类做出卓越贡献的线虫学家，是植物线虫学的奠基人。

5. 多因论

多因论认为植物病害是多种生物的和非生物的因素所致。1953年，美国的麦克迈特里写了第一本非侵染性病害的书籍“环境的，非侵染性损害”。

二、植物病害流行

植物病害流行是研究病害群体发生发展规律的科学。国内外有多次病害大流行的记录，典型的有1845年的马铃薯晚疫病在爱尔兰大流行；1942年水稻胡麻斑病在印度的孟加拉大流行；1961年，格里高里（Gregory）发表了大气微生物学，是气传真菌病害流行学的经典著作；1963年，范德普朗克（Vanderplank）的“植物病害：流行和控制”，标志着植物病害流行学的诞生。

三、病害生理学

研究发病植物的生理生化变化、植物抗病机制和病原物致病机制及诱导抗病性等的科学称为病害生理学。狄巴利研究发现核盘菌引起蔬菜软腐病的原因是病菌产生的酶和毒素杀死了植物的细胞。田中（1933）第一次肯定了真菌毒素的致病作用。20世纪30年代赤霉素被证实是引起稻苗徒长的一种生长调节剂（Yabuta，1939）。1977年，契尔通（Chilton）证实了冠瘿土壤杆菌能将细菌体内的部分遗传物质（tDNA）导入寄主细胞，插入植物的染色体中，寄主细胞就不断分裂而形成癌肿。

四、植物抗病性和植物与病原物的互作关系

科学家们早在20世纪初就开始分析植物的抗性遗传。弗洛尔（Flor，1946）在研究亚麻锈病时发现，寄主中每存在一个抗性基因，在病原菌中就会有一个非毒性的基因存在，即在寄主和病原物中均存在着相对应的抗性基因和致病基因，这就是著名的“基因对基因”（Gene for Gene）学说。

五、植物病害控制

1755年，梯列特（Tillet）提出用种子处理的方法可以控制小麦黑粉

病。1765 年，中国的方观承论述了棉花种子用开水烫种和草木灰拌种的防病道理。1885 年，米拉德（Millardet）正式提出波尔多液可控制葡萄霜霉病，是化学防治的奠基人。1913 年，雷姆介绍用有机汞剂处理种子以防治种传病害。在生物防治方面，中国的井冈霉素用于防治纹枯病；纽和科尔（New，Kerr）于 1972 年研制的 K84 菌株防治土壤杆菌引起的根癌病等均取得了很好的效果。

第四节　植物病理学的研究内容、性质和任务

一、研究内容

植物病理学是研究植物病害的发病原因、病害发生发展规律、植物与有害生物间的相互作用机制以及病害预测及其防治的学科。包括症状学、病原学、病理学、诊断学、防治学等。

二、植物病理学的性质

植物病理学具有双重性，表现在以下两个方面：

（1）基础科学性

植物病理学作为植物学的一个分支，它与植物分类学、植物形态学、植物解剖学、植物生理学、生化学等并列而有联系。另外，它还和微生物学、生态学、遗传学、生物化学、生物数学等相互渗透。近 20 年来，在植物病理学的一些分支领域内，分子植物病理学、病原学、植物免疫学、植病流行学等方面的重大发展，其研究成果对人们认识自然、掌握生物界发展规律极有帮助，间接地为发展生物技术做出了贡献，这是它作为基础科学不容忽视的一面。

（2）应用科学性

植物病理学从它诞生起，就一直以植物病害防治为其主要目的。因而人们认为，植物病理学基本属于应用科学，应归属于农业科学之下，与植物栽培学、育种学、农业昆虫、杂草学等并列，服务于农业生产。近年来的新观点认为，病理学、昆虫学、杂草学、鸟兽害防治学以及新近提出的植保软科学等共同构建成植保科学，植保科学与栽培学、育种学、种子学并列为生产服务，这样也可把病理学看做植保科学的基础学科之一。

三、植物病理学的任务

在农业生产中，一种作物在种、收、运输、贮藏、加工（即产前、产

中、产后）等过程中都可能有病害问题。因此，植物保护专业肩负着发展生产、保障农作物产量、维护生命和生态安全、促进农产品贸易的历史重任。

植物病理学与栽培、育种、遗传、种子、生理生化等学科相互渗透，优良品种和好的栽培技术对防病有重要作用，而植病对培育抗病品种和好的栽培措施又有指导作用。因此，大家要充分认识植病在农作物栽培、遗传育种上的重要作用，把掌握植物病理学课程的内容作为一种技能去学习，以培养强烈的求知兴趣。

思考题

1. 植物侵染性病害与非侵染性病害的病因与特点是什么？
2. 植物病害的症状与病征分别有哪几种类型？试举例说明。
3. 爱尔兰饥荒、孟加拉饥荒的原因及后果如何？

韭黄、茭白和郁金香碎色属于病害吗

植物病害必须具有经济损失观点。韭黄是遮光栽培所致，韭黄就是颜色黄黄白白的韭菜，它跟绿色韭菜是同一种植物。它是在撒韭菜种之后，在苗床上铺满稻秆，韭菜发芽之后，因为照不到阳光，无法刺激叶绿素的形成，因此就不会变成绿色了！其营养价值要逊于韭菜，黄黄白白的颜色是韭菜体内其他色素的颜色。

茭白黑粉菌菌丝寄生在植物菰即茭草的叶、茎和根上，茎肿大，幼嫩，可供食用，味道鲜美，营养丰富，含纤维多，江苏等地均有分布。它可预防和治疗肝脏和胃肠道溃疡等，并助消化和通便，防肠癌。

郁金香受病毒侵染而出现杂色花型曾使其价格高于黄金，虽生病却非病害。

上述不但没有经济损失，而且提高了经济价值，故不属病害范畴。

第二章　植物病害的病原

【学习要求】

通过学习，掌握病害的病原类型，包括真菌、细菌、病毒、线虫等的一般性状、生活史及主要类群；掌握与农林园艺业密切相关的主要病害的病原形态特征；能正确诊断侵染性和非侵染性病害的类型；能用所学知识解释特征，为准确识别病害打下基础。

【技能要求】

能识别常见病害，并能用所学病理知识指导病害的综合防治。

【学习重点】

侵染性病害病原类型和诊断要点；真菌的主要类群的形态特征；非侵染性病害的诊断要点。

【学习方法】

理论联系实际，认知、比较、归纳各种不同类型病害的病原特征及症状，在实习实训过程中熟悉和掌握。

在自然界中，各种生物的生存往往不是孤立的，生物与生物之间都有一定的关系，如共生、共栖、颉颃、寄生等。绝大多数病原物与植物之间都是一种寄生关系。一种生物从其他生物中获取养分的能力称为寄生性。一种生物引致植物病害的能力称为致病性，这种生物称为病原物。生物的寄生性和致病性是两个不同的概念。前者强调从寄主中获取营养的能力，后者强调破坏植物的能力，二者既有联系又有区别。总的来说，绝大多数病原物都是寄生物，但不是所有的寄生物都是病原物。植物病原物类群主要有真菌、原核生物、病毒、线虫和寄生性种子植物等。

第一节　植物病原真菌

真菌是一类营养体常为丝状体，具有细胞壁，以吸收为营养方式，大多通过产生孢子进行繁殖的真核生物。真菌种类多，分布广，可以存在于水和土壤中以及地上的各种物体上。大部分真菌腐生，少数共生或寄生。在所有病原物中，真菌引起的植物病害最多，农业生产上许多重要病害如霜霉病、白粉病、锈病、黑粉病均由真菌引起。因此真菌是最重要的植物病原物类群之一。

一、植物病原真菌的一般性状

（一）营养体

真菌营养生长阶段的菌体称为真菌的营养体。其主要功能是吸收、输送和贮藏营养，为繁殖生长做准备。

（二）繁殖体

当营养生长进行到一定时期后，真菌就开始转入繁殖阶段，形成各种繁殖体即子实体，并产生各种孢子。真菌的繁殖体包括无性繁殖形成的无性孢子和有性生殖产生的有性孢子。

（三）生活史

真菌的生活史（Life cycle）是指从一种孢子萌发开始，经过一定的营养生长和繁殖阶段，最后又产生同一种孢子的过程。真菌的典型生活史包括无性和有性两个阶段。无性阶段也称为无性态，往往在生长季节可以连续多次产生大量的无性孢子，这对病害的传播起着重要作用。真菌的有性阶段也称为有性态，一般在植物生长或病菌侵染的后期只产生一次有性孢子，其作用除了繁衍后代外，主要是渡过不良环境，并作为病害最初侵染的来源。

二、植物病原真菌的主要类群

植物病原真菌几乎都属于真菌门。根据营养体、无性繁殖和有性繁殖的特征，真菌分为五个亚门，即鞭毛菌亚门（*Mastigomycotina*）、接合菌亚门（*Zygomycotina*）、子囊菌亚门（*Ascomycotina*）、担子菌亚门（*Basidiomycotina*）和半知菌亚门（*Deuteromycotina*），它们的主要特征如表 2－1所示。

表 2-1　五个亚门真菌的主要特征

亚　门	营 养 体	无性繁殖	有性生殖
鞭毛菌	无隔菌丝 （少数为原质团或单细胞）	游动孢子	休眠孢子（囊） 或卵孢子
接合菌	无隔菌丝	孢囊孢子	接合孢子
子囊菌	有隔菌丝（少数是单细胞）	分生孢子	子囊孢子
担子菌	有隔菌丝	不发达	担孢子
半知菌	有隔菌丝或单细胞	分生孢子	无有性生殖， 可能进行准性生殖

（一）鞭毛菌亚门

鞭毛菌亚门真菌的共同特征是产生具鞭毛的游动孢子，因此这类真菌通常称为鞭毛菌。鞭毛菌大多是水生或者两栖的，水域或潮湿的环境有利于生长发育。营养体多为无隔的菌丝体，少数为原质团或具细胞壁的单细胞；无性繁殖产生游动孢子；有性生殖形成休眠孢子（囊）或卵孢子。

根据游动孢子鞭毛的数目、类型及着生位置等特征，鞭毛菌亚门分为 4 纲，有 1100 多个种，与植物病害有关的有 3 个纲：根肿菌纲（Plasmodiophoromycetes）——游动孢子前生 2 根长短不等的尾鞭；壶菌纲（Chytridiomycetes）——游动孢子后生 1 根尾鞭；卵菌纲（Oomycetes）——游动孢子具有几乎等长的 1 根尾鞭和 1 根茸鞭，前生或侧生。其重要的代表属如下：

1. 根肿菌属（*Plasmodiophora*）

根肿菌属为根肿菌纲根肿菌目的成员。其特征是休眠孢子散生在寄主细胞内，不联合成休眠孢子堆。危害植物根部引起指状肿大，如引起十字花科植物根肿病的芸薹根肿菌（*P. brassicae*）（图 2-1）。

2. 疫霉属（*Phytophthora*）

疫霉属为卵菌纲霜霉目的成员。孢囊梗分化不显著至显著。孢子囊近球形、卵形或梨形（图 2-2）。游动孢子在游动孢子囊内形成，不形成泡囊。藏卵器内单卵球。寄生性较强，多为两栖或陆生，可引起多种作物的疫病，如引起马铃薯晚疫病的致病疫霉（*P. infestans*）。

3. 霜霉属（*Peronospora*）

霜霉属为卵菌纲霜霉目的成员。孢囊梗有限生长，形成二叉状锐角分枝，末端尖锐（图 2-3）。孢子囊卵圆形，成熟后易脱落，可随风传播，萌发时一般直接产生芽管，不形成游动孢子。藏卵器内单卵球。霜霉菌是鞭毛菌亚门中最高级的类群，都是陆生、专性寄生的活体营养生物。依据孢囊梗的分枝霜霉菌分为许多属，引起多种作物的霜霉病，如引起十字花科植物霜霉病的寄生霜霉（*P. parasitica*）。

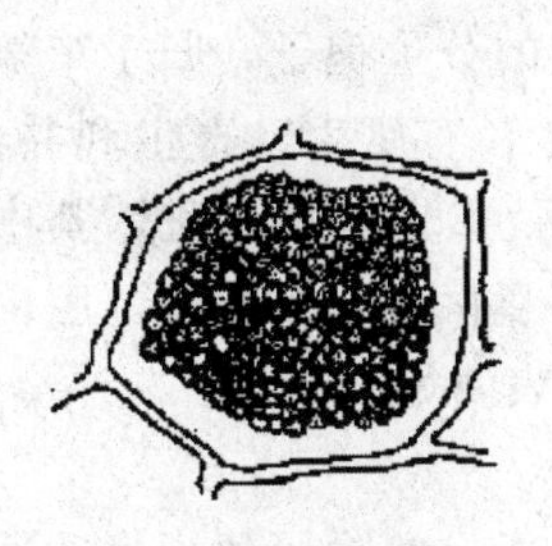

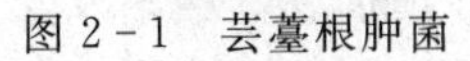

图 2-1　芸薹根肿菌

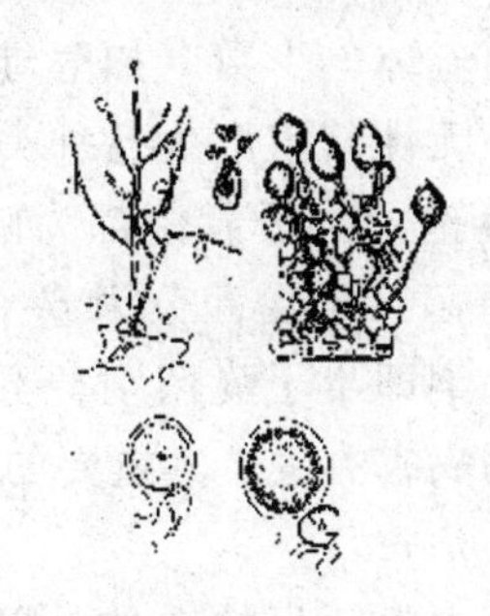

图 2-2　疫霉属

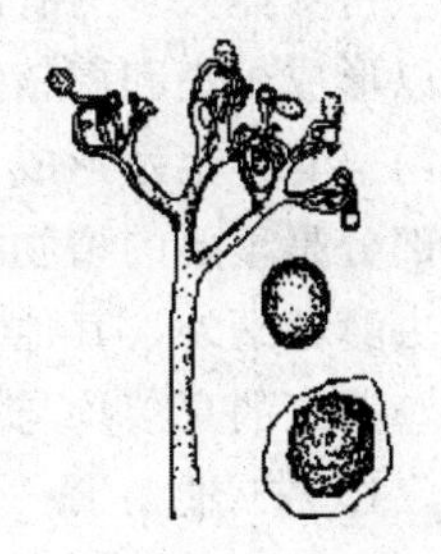

图 2-3　霜霉属

（二）接合菌亚门

本亚门真菌的营养体为无隔菌丝体，无性繁殖形成孢囊孢子，有性生殖产生接合孢子。这类真菌陆生，多数腐生，有的是昆虫的寄生物和共生物，有些与高等植物形成菌根，少数寄生植物，可引起果、薯的软腐和瓜类的花腐等。接合菌亚门分为两个纲，即接合菌纲（Zygomycetes）和毛菌纲（Trichomycetes）。毛菌纲真菌是昆虫的寄生物和共生物。接合菌纲包括大多数接合菌，具有重要的经济性，其中具代表性的是毛霉目（Mucorales）的根霉属（*Rhizopus*），其特征为菌丝分化出匍匐丝和假根。孢囊梗单生或丛生，与假根对生，端生球状的孢子囊，孢子囊内有许多孢囊孢子。接合孢子由两个同型对生配子囊结合而形成，近球形，黑色，有瘤状突起。根霉大多腐生，有些具一定的弱寄生性，如引起甘薯软腐病的匍枝根霉（*R. stolonifer*）（图 2-4）。

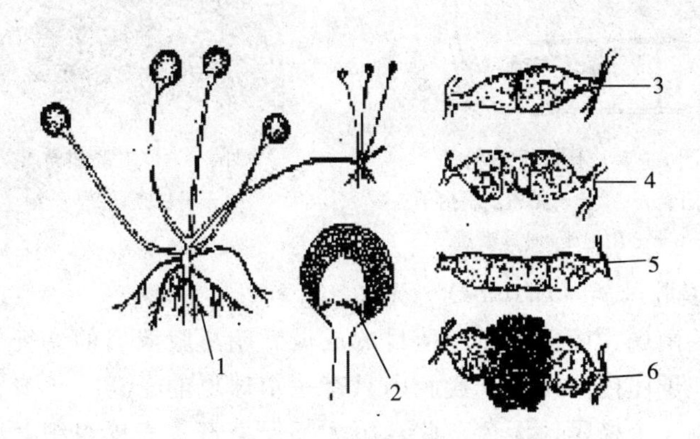

图 2-4　匍枝根霉

1—孢囊梗、孢子囊、假根和匍匐枝；2—放大的孢子囊；3—原配子囊；
4—原配子囊分化为配子囊和配囊柄；5—配子囊交配；6—交配后形成的接合孢子

（三）子囊菌亚门

营养体大多为有隔菌丝体，少数（如酵母菌）为单细胞，有些菌丝体可以形成子座和菌核等。无性繁殖产生各种类型的分生孢子，归于半知菌亚门。有性生殖形成子囊孢子。子囊菌都为陆生，有腐生、寄生和共生，大部分是重要的植物病原菌。子囊菌分为6个纲，28000多个种，其中除了虫囊菌纲外，其他5个纲即半子囊菌纲、不整囊菌纲、核菌纲、腔菌纲和盘菌纲的真菌均与植物病害有关。其重要的代表属如下：

1. 布氏白粉属（*Blumeria*）

布氏白粉属为核菌纲白粉菌目的成员。闭囊壳上的附属丝不发达，呈短菌丝状，闭囊壳内含多个子囊，分生孢子梗基部膨大呈近球形，如引起禾本科植物白粉病的禾布氏白粉菌（*B. graminis*）（图2-5）。

2. 赤霉属（*Gibberella*）

赤霉属为核菌纲球壳目的成员。子囊壳单生或群生于子座上，壳壁蓝色或紫色。子囊孢子梭形，有2～3个隔膜。赤霉属的无性阶段大都属于镰孢属。该属中有一些重要植物病原物，如引起麦类赤霉病的玉蜀黍赤霉（*G. zeae*）（图2-6）和水稻恶苗病的藤仓赤霉（*G. fujikuroi*）。

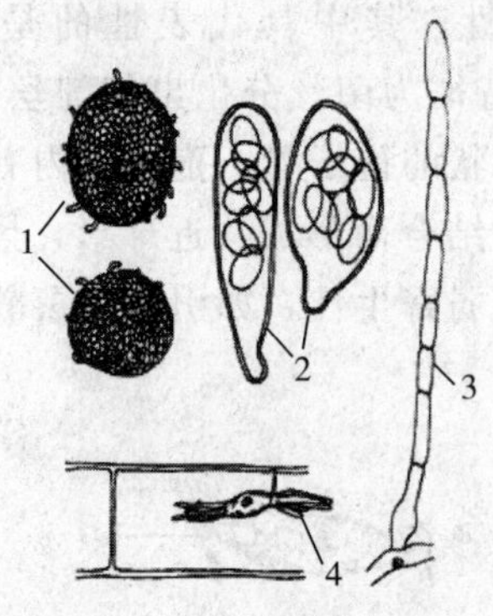

图2-5　禾布氏白粉菌

1—闭囊壳；2—子囊和子囊孢子；3—分生孢子；4—吸器

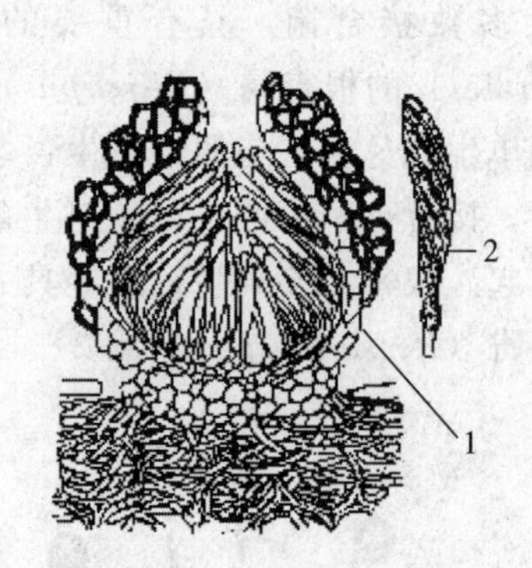

图2-6　玉蜀黍赤霉

1—子囊壳；2—子囊

3. 痂囊腔菌属（*Elsinoe*）

痂囊腔菌属为腔菌纲多腔菌目的成员。痂囊腔菌属的特征为子囊不规则地散生在子座内，每个子囊腔内只有一个球形的子囊。子囊孢子大多长圆筒形，有3个横隔，无色。此真菌大都侵染寄主表皮组织，引起细胞增生和组织木栓化，使病斑表面粗糙或凸起，因而引起的病害一般称为疮痂病，如引起葡萄黑痘病的疮痂腔菌（*E. ampelina*）（图2-7）。

4. 黑星菌属（*Venturia*）

黑星菌属为腔菌纲格孢腔菌目的成员。假囊壳大多在病植物残余组织下形成，周围有多隔的刚毛。子囊孢子为椭圆形，双细胞大小不等（图 2-8）。此属真菌大多危害果树和树木的叶片、枝条、果实和枝干，引起的病害一般称为黑星病，如分别引起苹果黑星病的苹果黑星菌（*V. inaequalis*）和梨黑星病的纳雪黑星菌（*V. nashicola*）。

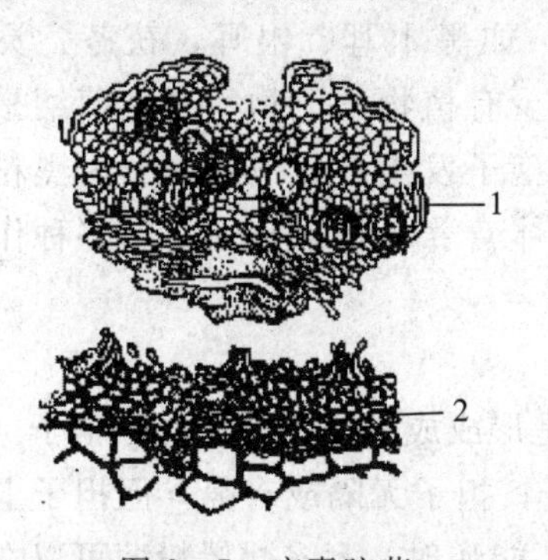

图 2-7　痂囊腔菌

1—子囊座剖面；2—分生孢子盘

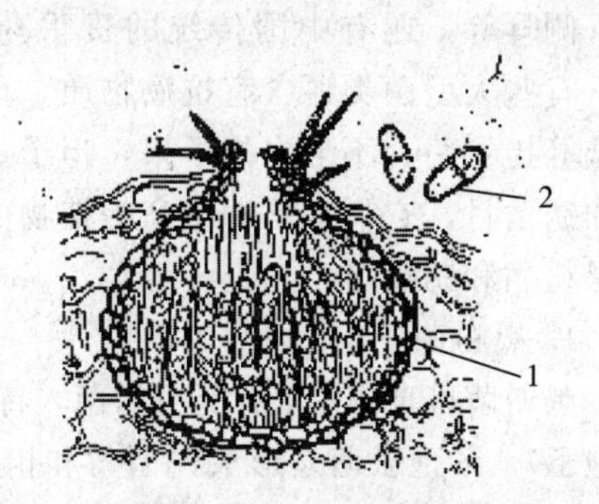

图 2-8　黑星菌属

1—假囊壳及子囊；2—分生孢子

5. 核盘菌属（*Sclerotinia*）

核盘菌属为盘菌纲柔膜菌目的成员。菌丝体可以形成菌核，长柄的褐色子囊盘产生在菌核上（图 2-9）；子囊圆筒状或棍棒状；子囊孢子椭圆形或纺锤形，单细胞，无色，如引起油菜菌核病的核盘菌（*S. sclerotiorum*）。

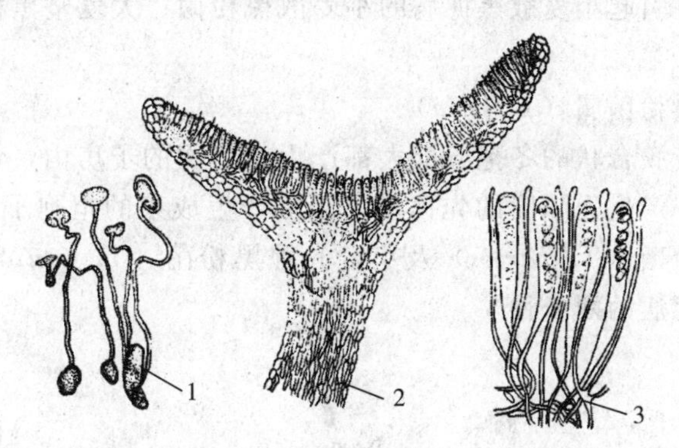

图 2-9　核盘菌属

1—菌核萌发形成子囊盘；2—子囊盘；3—子囊及子囊孢子

（四）担子菌亚门

本亚门真菌的营养体为有隔菌丝体。多数担子菌菌丝体的每个细胞都是双核的，所以也称为双核菌丝体。双核菌丝体可形成菌核、菌索和担子果等机构。担子菌一般没有无性繁殖，即不产生无性孢子。有性生殖除锈菌外，通常不形成特殊分化的性器官，而由双核菌丝体的细胞直接产生担子和担孢子。

根据担子果的有无和担子果的发育类型，担子菌亚门分为3个纲，即冬孢菌纲、层菌纲和腹菌纲，已知有16000多个种。层菌纲和腹菌纲都有发达的担子果，常称为高等担子菌。担子果发育有裸果型、半被果型和被果型之分。其大部分为腐生菌，许多是著名食用菌，如蘑菇、口蘑、香菇、侧耳等，还有中国传统的贵重药材，如黑木耳、银耳、茯苓、灵芝等，有些大型菌类还含有抗癌物质，而很少有植物病原物。冬孢菌纲是一类低等担子菌，不形成担子果，担子由冬孢子发生。冬孢菌纲分为黑粉菌目和锈菌目，它们都是寄生高等植物的活体营养生物，分别引起多种作物的黑粉病和锈病。

1. 黑粉菌

黑粉菌目真菌一般称为黑粉菌，特征是形成成堆黑色粉状的冬孢子（厚垣孢子）。冬孢子萌发形成先菌丝和担孢子；担子无隔或有隔，但担子上无小梗，担孢子直接产生在担子上，担孢子不能弹射。大多数黑粉菌可以在人工培养基上培养，但只有少数可以在人工培养基上完成生活史，少数黑粉菌为腐生的。黑粉菌危害农作物的重要属主要有黑粉菌属和腥黑粉菌属等。

（1）黑粉菌属（*Ustilago*）

冬孢子堆黑褐色，成熟时呈粉色；冬孢子散生，单胞，近球形，壁光滑或有纹饰，萌发产生的担子有横隔，担孢子侧生或顶生（图2-10）。重要的病原物有引起小麦散黑穗病的小麦散黑粉菌、大麦坚黑穗病的大麦坚黑粉菌。

（2）腥黑粉菌属（*Tilletia*）

粉状或带胶合状的冬孢子堆大都产生在植物的子房内，常有腥味；冬孢子萌发时，产生无隔膜的先菌丝，顶端产生成束的担孢子（图2-11）。小麦网腥黑粉菌（*T. caries*）及小麦光腥黑粉菌（*T. foetida*）分别是引起小麦腥黑穗病的两个种。

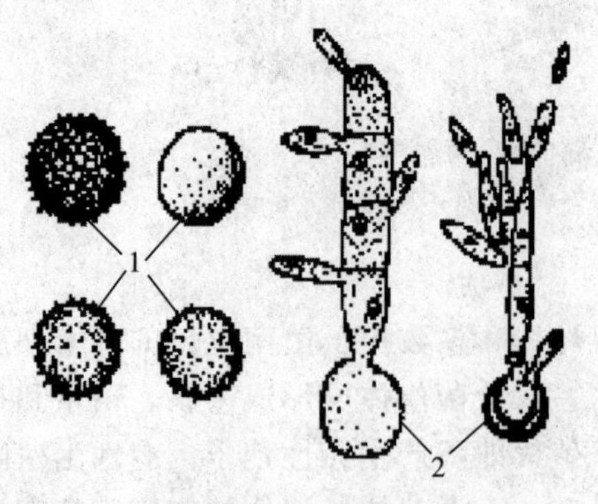

图2-10　黑粉菌
1—冬孢子；2—冬孢子萌发

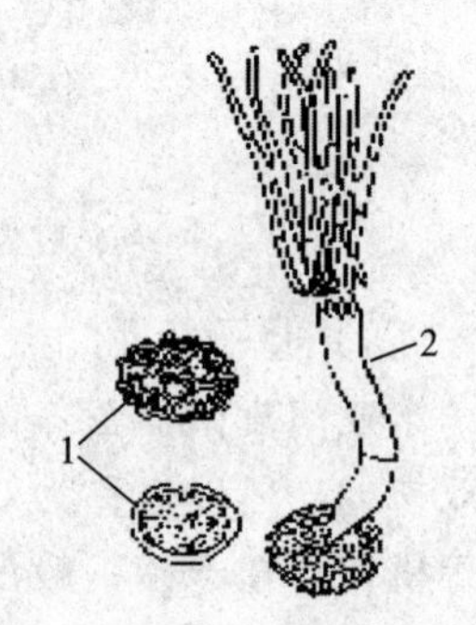

图2-11　腥黑粉菌
1—冬孢子；2—冬孢子萌发

2. 锈菌

锈菌目真菌一般称为锈菌，锈菌目的特征是：冬孢子萌发产生的先菌丝内产生横隔特化为担子；担子有 4 个细胞，每个细胞上产生 1 个小梗，小梗上着生单胞、无色的担孢子；担孢子释放时可以强力弹射。锈菌通常被认为是专性寄生的，主要危害植物茎、叶，大都引起局部侵染，在病斑表面往往形成称为锈状物的病征，所引起的病害一般称为锈病。

(1) 柄锈菌属（*Puccinia*）

冬孢子是双细胞，有柄；夏孢子是单细胞（图 2-12）。很多禾谷类锈病是由此属锈菌引起的，如小麦秆锈病菌（*P. graminis* f. sp. *tritici*）、条锈病菌（*P. striiformis*）和叶锈病菌（*P. recondite* f. sp. *tritici*）。

(2) 胶锈菌属（*Gymnosporangium*）

冬孢子是双细胞，有可以胶化的长柄，没有夏孢子阶段（图 2-13）。重要的病原物有引起梨锈病的亚洲胶锈菌（*G. asiaticum*）等。

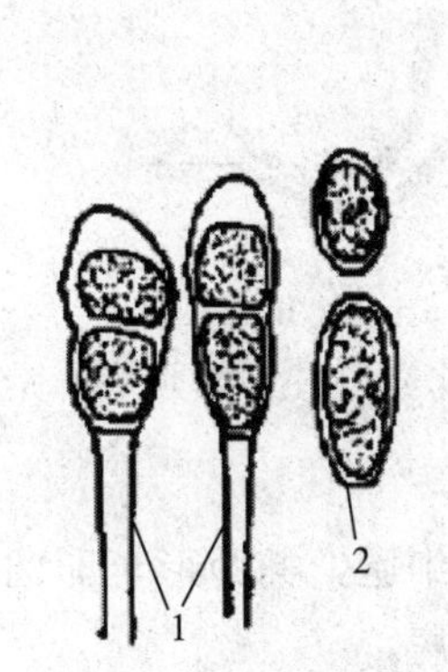

图 2-12 柄锈菌属

1—冬孢子；2—夏孢子

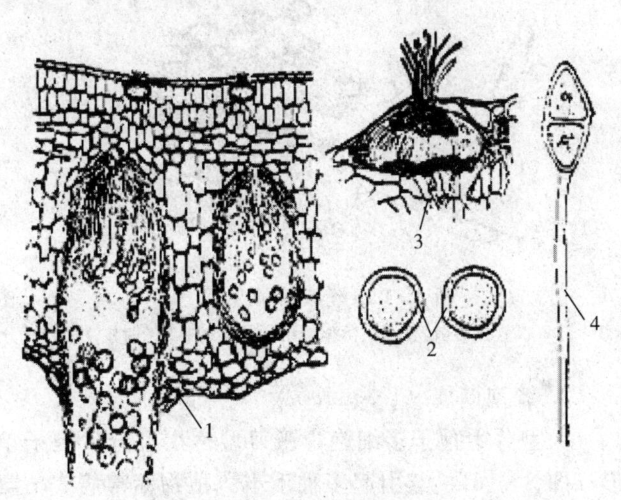

图 2-13 胶锈菌属

1—锈孢子器；2—锈孢子；3—性孢子器；4—冬孢子

(五) 半知菌亚门

半知菌亚门是因本亚门成员的生活史中尚未发现有性阶段，仅发现了无性阶段而得名。以往发现的半知菌中，有些种因为又相继发现了它们的有性阶段，而分别归属于子囊菌亚门（多数）和担子菌亚门（少数）中。

它们的分枝菌丝均具隔膜，菌丝每个细胞中常含多核。分生孢子梗单生、簇生或集结成孢梗束，其内（外）合生或离生产孢细胞，产孢细胞产生形形色色的分生孢子。该亚门真菌只能以分生孢子或菌丝的断片进行繁殖。种类多、繁殖快、分布广、适应性强，多腐生于陆地或水中。该亚门下分 3

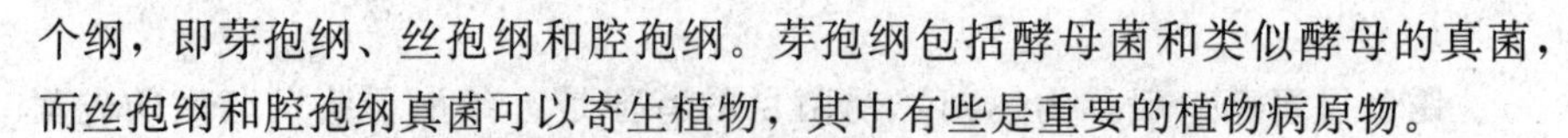

个纲，即芽孢纲、丝孢纲和腔孢纲。芽孢纲包括酵母菌和类似酵母的真菌，而丝孢纲和腔孢纲真菌可以寄生植物，其中有些是重要的植物病原物。

1. 丝核菌属（*Rhizoctonia*）

菌丝在分枝处缢缩，褐色；菌核表面粗糙，褐色至黑色，表里颜色相同，菌核之间有丝状体相连，菌丝组织疏松，不产生无性孢子（图 2－14）。这一类重要的具有寄生性的土壤习居菌，主要侵染植物根、茎，引起猝倒或立枯。此属真菌有两个重要的种：一是茄丝核菌，主要引起水稻纹枯病、棉花立枯病等；二是禾谷丝核菌，引起麦类纹枯病。

2. 链格孢属（*Alternaria*）

分生孢子梗深色，单枝，短或长，顶端单生或串生淡褐色至深褐色、砖隔状的分生孢子。分生孢子从产孢孔内长出，倒棍棒形、椭圆形或卵圆形，顶端有喙状细胞（图 2－15）。引起白菜黑斑病、番茄早疫病等。

图 2－14　丝核菌属

1—直角状分枝的菌丝；2—菌丝纠结的菌组织；3—菌核

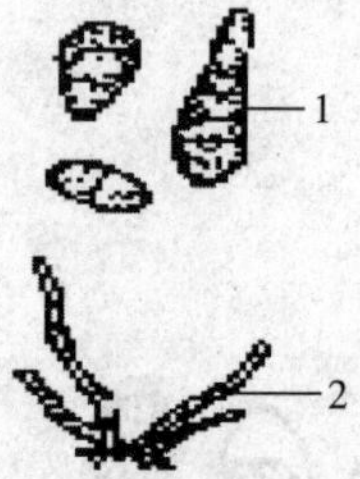

图 2－15　链格孢属

1—分生孢子；2—分生孢子梗

3. 镰孢菌属（*Fusarium*）

大型分生孢子多细胞，镰刀型；小型分生孢子单细胞，椭圆形至卵圆形（图 2－16）。其引起多种禾本科植物赤霉病或枯萎病。

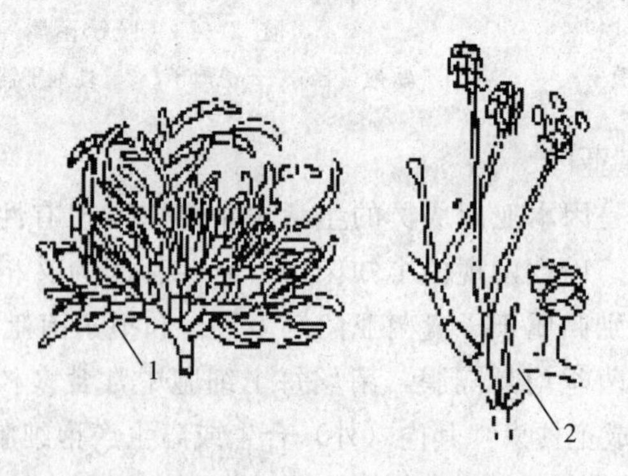

图 2－16　镰孢菌属

1—分生孢子梗及大型分生孢子；2—小型分生孢子着生状

4. 毛盘孢属（*Colletotrichum*）

分生孢子盘生在寄主表皮，有时生有褐色、具分隔的刚毛；分生孢子梗无色至褐色，产生内生芽殖型的分生孢子；分生孢子无色，单胞，长椭圆形或新月形。毛盘孢属真菌的寄主范围很广，有20多个种，可引起多种植物的炭疽病。最常见的是胶孢炭疽菌（*C. gloeosporioides*）（图2-17），可引起苹果、梨、棉花、葡萄、冬瓜、黄瓜、辣椒、茄子等的炭疽病。

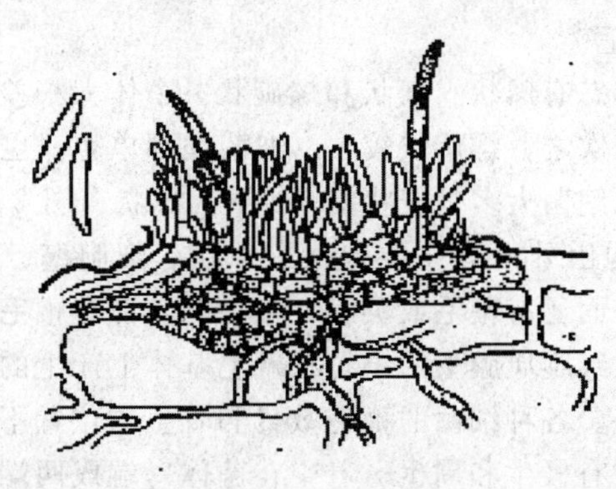

图2-17　胶孢碳疽菌

三、真菌性病害的诊断

真菌病害的症状和发生特点是坏死、腐烂，少数为畸形，有霉层、粉状物、粒状物、线状物、伞状物等病征。田间发生多是不均匀分布，这是真菌病害区别于其他病害的重要标志，也是进行病害田间诊断的主要依据。

真菌病害诊断步骤为：

（1）症状的描述确诊；

（2）病原的形态观察、记录；

（3）病原分类地位的确定和病原学名的确定；

（4）与文献报道比较，确定病害及致病病原；

（5）排除杂菌干扰，确定致病病原菌。

第二节　植物病原原核生物

原核生物是一类简单的单细胞生物，其染色体为环状双链DNA分子，分散在细胞质中，没有核膜包围，仅形成一个椭圆形或近圆形的核质区，因此称为原核。细胞分裂时不伴有细胞结构或者染色特性等周期性变化，

不形成纺锤体。细胞质中无线粒体、内质网等细胞器，核糖体较小，细胞壁有或无。原核生物的成员很多，包括细菌、放线菌、菌原体等。有些原核生物可侵染植物，引起许多重要的病害，如水稻白叶枯病、茄科植物青枯病、大白菜软腐病、桑矮缩病和泡桐丛枝病等。

一、植物病原原核生物的一般性状

（一）形态和结构

细菌的基本形态有球状、杆状和螺旋状。个体大小差别很大，一般球状细菌较小，杆状次之，螺旋状较大。细菌大都单生，也有双生、串生和聚生的。植物病原细菌大多是杆状菌，少数为球状（图 2-18）。细菌无论形状如何，其结构由外向内主要包括黏质层、细胞壁、细胞质膜、细胞质、核区，有的外面还有鞭毛或荚膜。鞭毛的基部有鞭毛鞘，鞭毛是细菌的运动器官，是从细胞质膜下的小粒状鞭毛基体上产生的，穿过细胞壁和黏质层延伸到体外。各种细菌的鞭毛数目和着生的位置不同，数目一至多个不等，着生方式有极生和周生。着生在菌体一端或两端的称为极生，相应鞭毛称为极鞭；着生在菌体侧面或四周的称为周生，相应鞭毛称为周鞭。细菌鞭毛的数目和着生位置在属的分类和鉴定上有重要意义。

植物菌原体的一般性状与细菌有所不同。植原体形态为球形或椭圆形，但在穿过细胞壁或寄主植物筛板孔时，可以变成丝状或哑铃状等不定形或变形体状，螺原体呈线条状，在其生活史的主要阶段呈螺旋形。

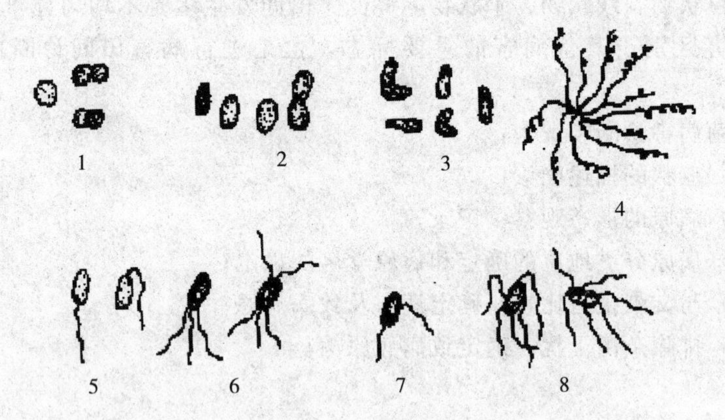

图 2-18　细菌的形态

1—球菌；2—杆菌；3—棒杆菌；4—链丝菌；5—单鞭菌；6—多鞭毛极生；7、8—周生鞭毛

（二）繁殖、遗传和变异

原核生物以裂殖方式进行繁殖，即菌体先逐渐伸长，然后细胞质膜自菌体中部内折延伸，同时产生新的细胞壁，母细胞从中分为 2 个子细胞。

在适宜条件下最快 20min 繁殖一次。

原核生物的遗传物质主要是存在核区内的DNA，但在一些细菌的细胞质中还有单独的遗传物质——质粒。核质和质粒共同构成了原核生物的基因组。随着细胞分裂基因组也同步复制分裂，均匀地分配到两个子细胞中，从而保证亲代性状稳定地遗传给子代。

原核生物经常发生变异，这些变异包括形态、生理和致病性的变异等。原核生物发生变异的原因还不完全清楚，但通常有两种不同性质的变异：一种是突变，细菌自然突变率很低，通常为十万分之一，但细菌繁殖快，繁殖量大，增加了发生变异的可能性；另一种变异是通过结合、转化和转导方式，一个细菌的遗传物质进入另一个细菌体内，是 DNA 发生部分改变，从而形成性状不同的后代。

（三）生理特性

植物病原细菌大都是死体营养生物，对营养的要求不严格，可在一般人工培养基上生长。在固体培养基上形成的菌落颜色多为白色、灰白色或黄色等。但有一类寄生于植物维管束的细菌在人工培养基上则难以培养或不能培养，统称为维管束难养细菌。植原体至今不能人工培养。而螺原体需在含有甾醇的培养基上才能生长，在固体培养基上形成"煎蛋形"菌落。

植物病原细菌绝大多数好氧，少数兼性厌氧。培养基以中性偏碱为适合，一般生长适温为 26℃～30℃，33℃～40℃时停止生长，50℃下 10min 时多数死亡。

二、植物病原原核生物的主要类群

根据细胞化学、比较细胞学和 16S 寡核苷酸的分析研究结果，通常将原核生物界分为 4 个门，7 个纲，35 个组群。与植物病害相关的原核生物分属于薄壁菌门、厚壁菌门和软壁菌门，疵壁菌门是一类没有进化的原细菌或古细菌。薄壁菌门和厚壁菌门的成员有细胞壁，而软壁菌门没有细胞壁，也称菌原体。

（一）薄壁菌门

薄壁菌门细胞壁薄，厚度为 7～8nm，细胞壁中含肽聚糖量为 8%～10%，革兰氏染色反应阴性，包括大多数植物病原细菌。重要的植物病原细菌属有土壤杆菌属、欧文氏菌属、假单胞菌属、黄单胞菌属和木质菌属等。

1. 土壤杆菌属（*Agrobacterium*）

土壤杆菌属是薄壁菌门根瘤菌科的一个成员，土壤习居菌、菌体短杆状，单生或双生，鞭毛 1～6 根，周生或侧生，好气性，代谢为呼吸型。革

兰氏反应阴性，无芽孢。菌落为圆形、隆起、光滑，灰白色至白色，质地黏稠，不产生色素。大多数细菌都带有除染色体之外的另一种遗传物质，一种大分子的质粒，它控制着细菌的致病性和抗药性等，如侵染寄主引起肿瘤症状的质粒称为“致瘤质粒”（Tomor inducine plasmid，Ti 质粒）。其代表病原菌是根癌土壤杆菌，其寄主范围极广，可侵害 90 多科 300 多种双子叶植物，尤以蔷薇科植物为主，易引起桃、苹果、葡萄、月季等根癌病。

2. 欧文氏菌属（*Erwinia*）

欧文氏菌属是薄壁菌门肠杆菌科的一个成员，菌体短杆状，大小为（0.5～1.0）μm×（1～3）μm，多双生或短链状，偶单生，革兰氏反应阴性。除一个“种”无鞭毛外，都有多根周生鞭毛。兼性好气性，代谢为呼吸型或发酵型，无芽孢，营养琼脂上菌落圆形、隆起、灰白色。氧化酶阴性，过氧化氢酶阳性，DNA 中 G+C 含量为 50mol%～58mol%。欧文氏菌属的大多数成员为好气性，部分为兼性厌气。重要的植物病原菌有胡萝卜软腐欧文氏菌和解淀粉欧文氏菌。后者引起梨火疫病，是我国对外检疫性病害。前者寄主范围很广，可侵害十字花科、禾本科、茄科等 20 多科的数百种果蔬和大田作物，引起肉汁或多汁组织的软腐，如十字花科蔬菜软腐病。

3. 假单胞菌属（*Pseudomonas*）

假单胞菌属是薄壁菌门假单胞菌科的模式属。菌体短杆状或略弯，单生，大小为（0.5～1.0）μm×（1.5～5.0）μm，鞭毛 1～4 根或多根，极生。革兰氏反应阴性，严格好气性，代谢为呼吸型。无芽孢。营养琼脂上的菌落圆形、隆起、灰白色，有荧光反应的为白色或褐色，有些种产生褐色素扩散到培养基中。氧化酶多为阴性，少数为阳性，过氧化氢酶阳性，DNA 中 G+C 含量为 58mol%～70mol%。典型的种是丁香假单胞菌（*P. syringae*），寄主范围很广，可侵染多种木本植物和草本植物的枝、叶、花和果，引起叶斑或坏死以及茎秆溃疡，如蚕豆细菌性枯萎病、桑疫病等。

4. 黄单胞菌属（*Xanthomonas*）

黄单胞菌属是薄壁菌门一个成员。菌体短杆状，多单生，少双生，大小为（0.4～0.6）μm×（1.0～2.9）μm，单鞭毛，极生。革兰氏反应阴性，严格好气性，代谢为呼吸型。营养琼脂上的菌落圆形、隆起、蜜黄色，产生非水溶性黄色素。氧化酶阴性，过氧化氢酶阳性，DNA 中 G+C 含量为 63mol%～70mol%。代表性的病害有水稻白叶枯病，柑橘溃疡病等。

（二）厚壁菌门

厚壁菌门细胞壁较厚，厚度为 10～50nm，富含磷壁酸和肽聚糖，革兰氏染色反应阳性。重要的植物病原细菌有棒形杆菌属和链丝菌属等。

1. 棒形杆菌属（*Clavibacter*）

棒形杆菌属是厚壁菌门的一个新成员。菌体短杆状至不规则杆状，大小为（0.4～0.75）μm×（0.8～2.5）μm，无鞭毛，不产生内生孢子，革兰氏反应阳性。好气性，呼吸型代谢，营养琼脂上菌落为圆形光滑凸起，不透明，多为灰白色，氧化酶阴性，过氧化氢酶阳性。重要的病原菌有密执安棒形杆菌环腐致病亚种，主要危害马铃薯，引起马铃薯环腐病。

2. 链丝菌属（*Streptomyces*）

链丝（霉）菌属是厚壁菌门的成员，与放线菌关系密切，但它们对氧气的需求是不同的，凡厌气类型的仍保留在放线菌内，而好气性的类群则归在链丝菌类中。营养琼脂上菌落圆形，紧密，多灰白色。菌体丝状，纤细、无隔膜，直径为0.4～1.0μm，辐射状向外扩散，分基质内菌丝与气生菌丝两种，在气生菌丝即产孢丝顶端产生链球状或螺旋状的分生孢子。孢子的形态色泽因种而异，是分类依据之一。链丝菌多为土居性微生物，常产生抗菌素类的次生代谢物，对多种微生物有拮抗作用。少数链丝菌侵害植物引起病害，如马铃薯疮痂病菌。

（三）软壁菌门

软壁菌门又称无壁菌门。菌体无细胞壁，外层为三层单位膜所包被，厚度为8～10nm，没有肽聚糖成分，营养要求苛刻。与植物病害有关的一般称为植物菌原体，包括螺原体属和植原体属。

植物病原原核生物的主要属和代表种如表2-2所示。

表2-2　植物病原原核生物的主要属和代表种

门	属名		病原菌代表种	
薄壁菌门	*Agrobacterium*	土壤杆菌属*	*A. tumefaciens*	蔷薇科根癌病
	Acidovorax	嗜酸菌属	*A. avenae*	燕麦条纹病
	Ralstonia	劳尔氏菌属*	*R. cepacia*	洋葱腐烂病
	Erwinia	欧文氏菌属*	*E. amylovora*	梨火疫病
	Liberobacter	韧皮部杆菌属*	*L. asiaticum*	柑橘黄龙病
	Pantoea	泛生菌属*	*P. ananas*	菠萝腐烂病
	Pseudomonas	假单胞菌属*	*P. syringae*	丁香疫病
	Rhizobacter	根杆菌属	*R. daucus*	胡萝卜瘿瘤病
	Rhizomonas	根单胞菌属	*R. suberifaciens*	莴苣栓皮病
	Xanthomonas	黄单胞菌属*	*X. campestris*	甘蓝黑腐病
	Xylella	木质部小菌属*	*X. fastidiosa*	葡萄皮尔斯病
	Xylophilus	嗜木质菌属	*X. ampelinus*	葡萄溃疡病

（续表）

门	属名		病原菌代表种	
厚壁菌门	*Arthrobacter*	节杆菌属	*A. ilicis*	冬青叶疫病
	Bacillus	芽孢杆菌属	*B. megaterium*	小麦白叶条斑病
	Clavibacter	棒形杆菌属 *	*C. michiganese*	番茄溃疡病
	Curtobacterium	短小杆菌属 *	*D. flaccumfaciens*	菜豆萎蔫病
	Rhodococcus	红球菌属	*R. fascians*	香豌豆带化病
	Streptomyces	链丝菌属	*S. scabies*	马铃薯疮痂病
无壁菌门	*Spiroplasma*	螺原体属	*S. citri*	柑橘僵化病
	Pyhtoplasma	植原体属 *	*P. aurantifolia*	柑橘丛枝病

三、原核生物病害的特点及诊断

植物受到原核生物侵害以后，在外表显示出许多特征性症状。细菌病害的症状主要有坏死、腐烂、萎蔫和瘤肿等。在田间多数细菌病害的症状往往有如下特点：初期有水渍状或油渍状边缘，半透明，病斑上有菌脓外溢，斑点、腐烂、萎蔫、肿瘤大多数是细菌病害的特征，部分真菌也引起萎蔫与肿瘤。

切片镜检有无喷菌现象是最简便易行又最可靠的诊断技术，要注意制片方法与镜检要点。用选择性培养基来分离细菌，挑选出来再用于过敏反应的测定和接种也是很常用的方法。

革兰氏染色、血清学检验、噬菌体反应均是细菌病害诊断和鉴定中常用的快速方法。

植原体病害的特点是植株矮缩、丛枝或扁枝，小叶与黄化，少数出现花变叶或花变绿。在电镜下才能看到植原体。注射四环素以后，初期病害的症状可以隐退消失或减轻。对青霉素不敏感。

第三节　植物病原病毒

病毒是一种由核酸和蛋白质外壳组成的具有侵染活性的细胞内寄生物，是迄今为止，人们在超微世界里所认识的最小生物之一。它的存在，常常引起寄主的病害，它是一种病原物。它既具有生物的基本特征，又具有化学大分子物质的特性，纯化后可以形成结晶，独立存在于空气、土壤或水中。一旦遇到合适的寄主，就能通过一定的传染途径侵入细胞，复制自己，表现出生命来。

一、植物病毒的形态、结构与组分

植物病毒的基本形态为粒体。大部分病毒的粒体为球状（等轴粒体）、杆状和线状，少数为弹状、砖形等。病毒粒体的基本结构是核蛋白，主要成分是核酸和蛋白质，核酸在内部，外部由蛋白质包被，称为外壳，合称为核蛋白或核衣壳。有的病毒粒体中还含有少量的糖蛋白或脂类、水分等。类病毒则没有蛋白质外壳，仅为 RNA 的分子。

（一）核酸

每种植物病毒只含一种核酸，即 RNA 或 DNA，其核酸可为单链和双链。不同形态粒体的病毒中核酸的比例不同，一般说，球形粒体病毒的核酸含量高，占粒体重量的 15%～45%，长条形粒体病毒中核酸含量占 5%～6%；而在弹状病毒中只占 1%左右。

（二）蛋白质

植物病毒粒体的蛋白通常是指其外壳蛋白，少数病毒还包括囊膜蛋白或一些酶类。外壳蛋白主要是起到保护核酸链的作用。

（三）其他物质

除蛋白和核酸外，植物病毒含有的最大量的其他组分是水分，水分的含量一般为 10%～50%。碳水化合物主要发现在植物弹状病毒科病毒中，以糖蛋白或脂类的形式存在于病毒的囊膜中。某些病毒粒体含多胺，主要是精胺和亚精胺，它们与核酸上的磷酸基团相互作用，为稳定折叠的核酸分子。金属离子也是许多病毒必需的，主要有钙离子、钠离子和镁离子。这些金属离子与衣壳蛋白亚基上的离子结合位点作用，稳定衣壳蛋白与核酸的结合。利用离子整合剂去掉这些金属离子，往往导致病毒粒体膨胀，易受核酸酶的分解。

二、植物病毒的增殖

植物病毒作为一种分子寄生物，没有细胞结构，不像真菌那样具有复杂的繁殖器官，也不像细菌那样进行裂殖生长，而是分别合成核酸和蛋白组分，再组装成子代粒体。这种特殊的繁殖方式称为复制增殖。病毒增殖复制的主要步骤为：侵入活细胞并脱壳；核酸复制和基因表达；病毒粒体的装配；扩散转移。

三、植物病毒的传播与移动

植物病毒从一株植物转移或扩散到其他植物的过程称为传播，而从植物的一个局部到另一局部的过程称为移动。根据自然传播方式的不同，可以分为介体传播和非介体传播两类。介体传播是指病毒依附在其他生物体

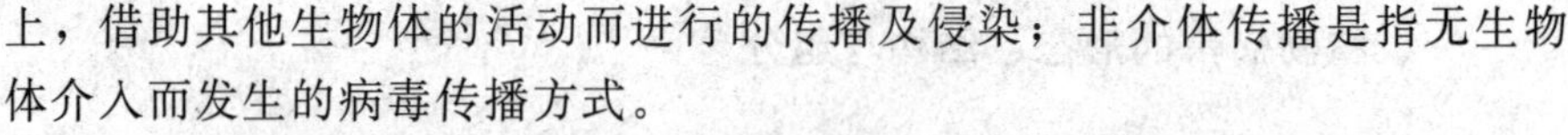
上，借助其他生物体的活动而进行的传播及侵染；非介体传播是指无生物体介入而发生的病毒传播方式。

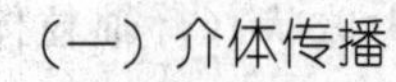
(一) 介体传播

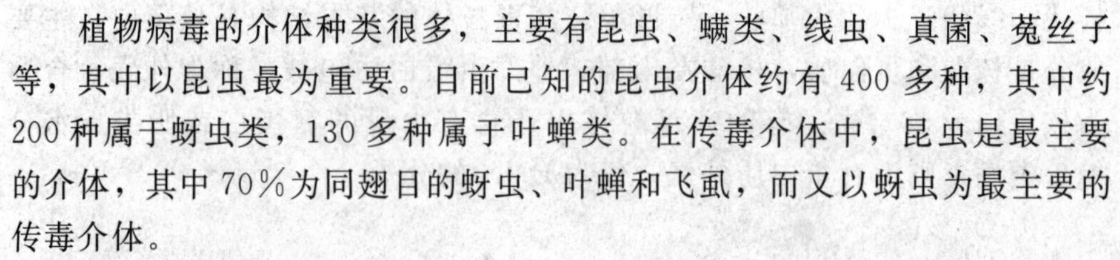
植物病毒的介体种类很多，主要有昆虫、螨类、线虫、真菌、菟丝子等，其中以昆虫最为重要。目前已知的昆虫介体约有400多种，其中约200种属于蚜虫类，130多种属于叶蝉类。在传毒介体中，昆虫是最主要的介体，其中70%为同翅目的蚜虫、叶蝉和飞虱，而又以蚜虫为最主要的传毒介体。

(二) 非介体传播

非介体传播的方式主要有机械传播、无性繁殖材料和嫁接传播、种子和花粉传播等。

(三) 病毒在植物体内的移动

植物病毒自身不具有主动转移的能力，无论在病田植抹间还是在病组织内，病毒的移动都是被动的。病毒在植物叶肉细胞间的移动称为细胞间转移，这种转移的速度很慢。病毒通过维管束输导组织系统的转移称为长距离转移，转移速度较快。

四、植物病毒的主要类群

植物病毒分类依据的是病毒最基本、最重要的性质：①构成病毒基因组的核酸类型（DNA或RNA）；②核酸是单链（Single Strand，SS）还是双链（Double Strand，DS）；③病毒粒体是否存在脂蛋白包膜；④病毒形态；⑤核酸分段状况（即多分体现象）等。

根据上述主要特性，植物病毒共分为9个科（或亚科），47个病毒属，729个种或可能种。其中DNA病毒只有1个科，5个属；RNA病毒有8个科，42个属，624种，占病毒总数的85.60%。其重要的植物病毒属及典型种如下所示。

(一) 烟草花叶病毒属及TMV

烟草花叶病毒属（*Tobamovirus*）具有13个种和2个可能种，典型种为烟草花叶病毒（Tobacco Mosaic Virus，TMV）。烟草花叶病毒属中大多数病毒的寄主范围较广，属于世界性分布；自然传播不需要介体生物，主要靠病汁液接触传播，对外界环境的抵抗力强，其体外存活期一般在几个月以上。在干燥的叶片中可以存活50多年，引起烟草、番茄等作物上的花叶病，是十分重要的病害，世界各地发生普通，损失严重。

(二) 黄瓜花叶病毒属及CMV

黄瓜花叶病毒属（*Cucumovirus*）有3个成员，典型种是黄瓜花叶病毒（Cucumber Mosaic Virus，CMV），其为粒体球状，直径28nm，为三分体病毒，有卫星 RNA 存在。它在自然界主要依赖多种蚜虫为传毒媒介，以非持久性方式传播，也可经汁液接触而机械传播，少数报道称可由土壤带毒而传播。

（三）马铃薯 Y 病毒属及 PVY

马铃薯 Y 病毒属（*Potyvirus*）是植物病毒中最大的一个属，含有 75 个种和 93 个可能种，隶属于马铃薯 Y 病毒科。线状病毒通常长 750nm，直径为 11～15nm，主要以蚜虫进行非持久性传播，绝大多数可以通过机械传播，个别可以种传。所有种均可在寄主细胞内产生典型的风轮状内含体。PVY 是一种分布广泛的病毒，该病毒主要侵染茄科作物如马铃蓄、番茄、烟草等植物。侵染马铃薯后，引起下部叶片轻花叶，上部叶片变小，脉间褪绿花叶，叶片皱缩下卷，叶背部叶脉上出现少量条斑。

（四）黄症病毒属及 BYDV

黄症病毒属（*Luteovirus*）具有 16 个种和 14 个可能种，典型种为大麦黄矮病毒（Bareley Yellow Dwarf Virus，BYDV）。其粒体直径 20～30nm，分子量 6.5×10^6 u；核酸为一条正单链 RNA，衣壳蛋白亚基分子量为 22000～23000u。BYDV 由一或数种蚜虫以持久非增殖型方式进行有效地传播，但不能在虫体内增殖，也不能经卵传播。寄主范围很广，除侵染大麦、小麦、燕麦、黑麦外，还能侵染 100 多种禾本科植物。其引起的麦类黄矮病，在我国的大麦和小麦上都有严重发生，典型症状是叶片变为金黄色，植株显著矮化，故名黄矮病。

（五）植物呼肠孤病毒属及 RDV

植物呼肠孤病毒属（*Phytoreovirus*），属于呼肠孤病毒科，现仅有 3 个种，典型种是伤瘤病毒（Wound Tumor Virus）。该属病毒的形态特征具有棱角的病毒粒体。植物呼肠孤病毒属病毒的寄主是双子叶植物，或者是木本科植物。伤瘤病毒的寄主范围广泛，包含很多种双子叶植物，因在受伤根部的韧皮部产生肿瘤而得名。水稻矮缩病毒（Rice Dwarf Virus，RDV）在东南亚地区引起重要的水稻病害，该病毒的主要自然寄主是水稻，人工接种可以侵染其他稻、麦、玉米以及几种禾本科杂草。传播病毒的介体有黑尾角叶蝉、二点黑尾叶蝉等，也可经卵传毒。

五、病毒病害的特点及诊断

病毒病的症状往往表现为花叶、黄化、矮缩、丛枝等，少数为坏死斑点。植物病毒主要通过昆虫等生物介体进行传播，因此病害的发生、流行及其在田间的分布往往与传毒昆虫密切相关。病毒病害的诊断及鉴定往往比真菌和细菌引起的病害复杂很多，通常依据症状类型、寄主范围、传播方式、对环境的稳定性测定、病毒粒体的电镜观察、血清反应、核酸序列

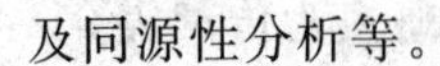

及同源性分析等。

第四节　植物病原线虫

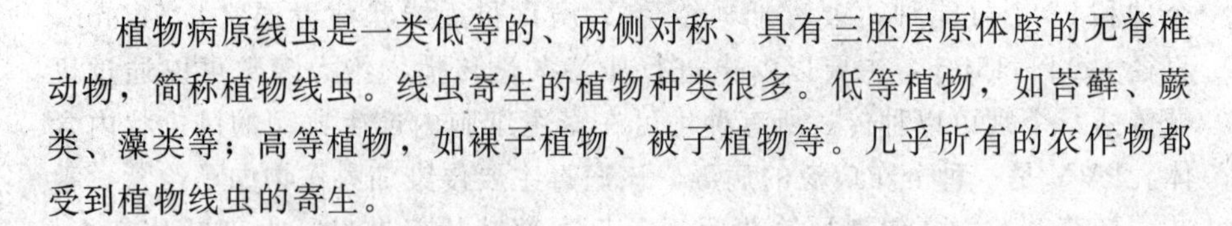

植物病原线虫是一类低等的、两侧对称、具有三胚层原体腔的无脊椎动物，简称植物线虫。线虫寄生的植物种类很多。低等植物，如苔藓、蕨类、藻类等；高等植物，如裸子植物、被子植物等。几乎所有的农作物都受到植物线虫的寄生。

一、植物病原线虫的一般形状

（一）形态和结构

植物病原线虫体形小，长 0.3～1mm，宽 0.01～0.05mm，外部形态通常为线形，圆筒状，两端稍尖（钝圆）；部分种类雌雄异形，雄虫线形，雌虫为柠檬形、洋梨形、肾形、球形和长囊形，如根结线虫、胞囊线虫。

线虫虫体结构比较简单，不分节，可分为体壁和体腔。体壁包括角质层、下皮层、肌肉层，具有保持体形、收缩运动的作用。体腔内充满体腔液，如同血液，供给虫体所需的物质和氧气。体腔内有消化系统、生殖系统、神经系统和排泄系统的器官。其中消化系统和生殖系统比较发达。

（二）生活史和生态

线虫的一生经卵、幼虫和成虫 3 个阶段。线虫由卵孵化出幼虫，幼虫发育为成虫，两性交配后产卵，完成一个发育循环，即线虫的生活史。

在环境条件适宜的情况下，线虫完成一个世代一般只需要 3～4 个星期的时间，如温度低或其他条件不合适，则所需时间要长一些。线虫在一个生长季节里大都可以发生若干代，发生的代数因线虫种类、环境条件和危害方式而不同。不同线虫种类的生活史长短差异很大，小麦粒线虫则一年仅发生一代。

绝大多数线虫大部分时间生活在土壤中，仅仅很短促的时间从植物上取食，因此，土壤是线虫最重要的生态环境。土壤的温度、湿度高，线虫活跃，体内的养分消耗快，存活时间较短；在低温低湿条件下，线虫存活时间就较长。土壤长期淹水或通气不良也影响它的存活。但是很多线虫可以休眠的状态在植物体外长期存活，如土壤中未孵化的卵，特别是卵囊和胞囊中的卵存活期更长。线虫在土壤中移动的范围很少超过 30～100cm。线虫的传播主要通过人为的传带、种苗调运、风和灌溉水、农具的携带等；远距离传播主要是人为的传带、种苗调运。

二、植物病原线虫的主要类群

根据侧尾腺口（Phasmid）的有无，分为两个纲：侧尾腺口纲（Secernentea）和无侧尾腺口纲（Adenophorea）。植物病原线虫主要属于侧尾腺口纲中的垫刃目和滑刃目，其中重要的属如下所示。

（一）粒线虫属（*Anguina*）

粒线虫属为垫刃目成员。粒线虫属线虫大都寄生在禾本科植物的地上部，在茎、叶上形成虫瘿，或者破坏子房形成虫瘿。该属有17个种，最重要的代表种是小麦粒线虫，引起小麦粒线虫病，有时也危害黑麦。

（二）茎线虫属（*Ditylenchus*）

茎线虫属为垫刃目成员。茎线虫属线虫可以危害地上部的茎叶和地下的根、鳞茎和块根等。茎线虫属线虫的危害状主要是组织的坏死，但有的可在根上形成瘤肿。茎线虫属已报道至少52个种，模式种是起绒草茎线虫（甘薯茎线虫，*D. dipsaci*），也是常见的危害严重的种。

（三）滑刃线虫属（*Aphelenchoides*）

滑刃线虫属为滑刃目成员。滑刃线虫属线虫可以寄生植物和昆虫，危害植物，其中有些重要的种主要危害叶片和幼芽，所以也将它们称为叶芽线虫。该属线虫已报道至少180种，模式种为贝西滑刃线虫（*A. besseyi*），在我国引起常见的水稻干尖线虫病。

（四）异皮线虫属（*Heterodera*）

异皮线虫属为垫刃目成员。又称胞囊线虫属，这是危害植物根部的一类重要的线虫，有时也称为根线虫。胞囊线虫属至少包括60个种，较有名的如甜菜胞囊线虫、麦胞囊线虫（*H. avenae*）和大豆胞囊线虫（*H. glycines*）等，在我国大豆胞囊线虫发生普遍而严重。

（五）根结线虫属（*Meloidogyne*）

根结线虫属为垫刃目成员。根结线虫属是一类危害植物最严重的线虫，可以危害单子叶和双子叶植物，广泛分布世界各地。该属已报道至少80个种，模式种为 *M. exigua*。其中最重要的有4个种：南方根结线虫（*M. incognita*）、北方根结线虫（*M. hapla*）、花生根结线虫（*M. arenaria*）和爪哇根结线虫（*M. javanica*）。有的种进一步区分为小种，也叫寄主小种。

（六）伞滑刃线虫属（*Bursaphelenchus*）

伞滑刃线虫属为滑刃目成员。本属线虫与媒介昆虫或昆虫的寄主树木相关，均有一段时间生活在针叶树及其伐木或木材中。该属已报道64个正式种，其中，松材线虫引起我国松树等针叶树的萎蔫病，是我国二类进境检疫危险性有害生物。

三、线虫病害的特点及诊断

由于线虫的穿刺取食对寄主细胞的刺激和破坏作用，因而植物线虫病害的症状往往表现为植株矮小、叶片黄化、根部生长不良和局部畸形等，似缺肥状。一般在植物的受害部位，特别是根结、种瘿内有线虫虫体，可以直接或分离后镜检诊断。危害植物的线虫和根内的寄生线虫容易从病组织上分离，但根的外寄生线虫一般需要从根围土壤中采样、分离，并要进行人工接种试验，才能确定其病原性。

第五节　寄生性植物

植物大多数都是自养的，它们有叶绿素或其他色素，借光合作用合成自身所需的有机物。少数植物由于根系或叶片退化或缺乏足够的叶绿素而营寄生生活，称为寄生性植物。营寄生生活的植物大多是高等植物中的双子叶植物，能开花结籽，俗称寄生性高等植物或寄生性种子植物，最重要的是菟丝子科、桑寄生科、列当科、玄参科和樟科的寄生植物，如菟丝子、列当等。还有少数低等的藻类植物，也能寄生在高等植物上，引起藻斑病等。寄生性植物的寄主大多数是野生木本植物，少数寄生在农作物或果树上，从田间的草本植物、观赏植物、药用植物到果林树木和行道树等均可受到不同种类寄生植物的危害。

一、寄生性植物的一般性状

按寄生物对寄主的依赖程度或获取寄主营养成分不同可分为全寄生和半寄生两类。寄生植物吸根中的导管和筛管分别与寄主植物的导管和筛管相连，从寄主植物上夺取它自身所需要的所有生活物质的寄生方式称为全寄生，如菟丝子和列当等。有些寄生性植物的茎叶内有叶绿素，自己能制造碳水化合物，但根系退化，以吸根的导管与寄主维管束的导管相连，吸取寄主植物的水分和无机盐，这种寄生方式称为半寄生，如槲寄生和桑寄生等。由于寄生物对寄主的寄生关系主要是水分的依赖关系，俗称为“水寄生”。根据寄生部位不同，寄生性种子植物可分为茎寄生和根寄生。寄生在植物茎秆上的为茎寄生；寄生在植物根部的为根寄生。

寄生性植物都有一定的致病性，致病力因种类而异。半寄生类的致病力较全寄生类的要弱，半寄生类的寄主大多为木本植物，寄主受害后在相当长的时间内似无明显影响，但当寄生物群体数量较大时，寄主生长势削弱，早衰，最终亦会导致死亡，但树势退败速度较慢。

二、寄生性植物的主要类群

营寄生生活的植物种类，大约有2500种，在分类学上主要是属于被子植物门的12个科，重要的有菟丝子科、樟科、桑寄生科、列当科、玄参科和檀香科的植物。其中以桑寄生科为最多，约占一半左右。另一类是低等植物，即绿藻门的头孢藻等寄生藻类。

(一) 列当属（*Orobanche*）

列当为全寄生型的根寄生草本植物，大多数寄生性较专化，有固定的寄主，少数较广泛。寄主多为草本，以豆科、菊科、葫芦科植物为主。其无真正的根，只有吸盘吸附在寄主的根表，以短须状次生吸器与寄主根部的维管束相连，以肉质嫩茎立地伸出地面，偶有分枝，嫩茎上被有绒毛或腺毛，浅黄色或紫褐色，高10～20cm，叶片退化成小鳞片状，无柄，无叶绿素，退化叶片呈螺旋状排列在茎上。两性花，花瓣联合成筒状，白色或紫红色。借昆虫传粉，蒴果，纵裂，内有种子500～2000粒，种子卵形，十分细小，黑褐色、坚硬，表面有网纹或凹点。

(二) 菟丝子属（*Cuscuta*）

菟丝子为缠绕性草本植物，叶片退化为鳞片状，茎黄色或带红色；花小，白色或淡红色，簇生；蒴果开裂，种子2～4粒，胚乳肉质，种胚弯曲成线状。

菟丝子以种子繁殖和传播。种子小而多，一株菟丝子可产生近万粒种子。种子寿命长，随作物种子调运而远距离传播，缠绕寄主上的丝状体能不断伸长，蔓延繁殖。由于菟丝子的危害性及易随作物种子传播的特点，在东欧、西欧和拉丁美洲的一些国家都把菟丝子列为检疫对象，如禁止或限制菟丝子种子传入。

第六节　非侵染性病害

植物的非侵染性病害（Noninfectious disease）是由于植物自身的生理缺陷或遗传性疾病，或由于在生长环境中有不适宜的物理、化学等因素直接或间接引起的一类病害。它和侵染性病害的区别在于没有病原生物的侵染，在植物不同的个体间不能互相传染，所以又称为非传染性病害或生理性病害。

非侵染性病害的病因主要包括化学因素、物理因素和植物自身遗传因子或先天性缺陷引起的遗传性病害。非侵染性病害和侵染性病害的关系密切，非侵染性病害使植物抗病性降低，利于侵染性病原的侵入和植物发

病；如冻害不仅可以使细胞组织死亡，还往往导致植物的生长势衰弱，使许多病原物更易于侵入。同样，侵染性病害有时也削弱植物对非侵染性病害的抵抗力，如某些叶斑病害不仅引起木本植物提早落叶，也使植株更容易发生冻害和霜害。因此，加强栽培管理，改善植物的生长条件，及时处理病害，可以减轻两类病害的恶性互作。

研究植物的非侵染性病害不仅可以为此类病害的防治提供科学依据，而且可以揭示寄主植物接受、传递外界信息，调整自身生化代谢以适应环境变化的机制，丰富植物分子生物学的内容。同时，植物和环境间相互作用的研究还可以为正确理解和合理利用侵染性病害中寄主-病原-环境三角关系提供借鉴。

一、化学因素

导致非侵染性病害的化学因素主要有营养失调、水分失调、空气污染以及化学物质的药害等。

（一）植物的营养失调

营养条件不适宜包括营养缺乏、各种营养的比例失调或营养过量。植物的矿质营养可分为大量元素和微量元素，缺乏这些元素导致植物产生多种症状。

（二）环境污染

环境污染主要是指空气污染，其他还有水源和土壤的污染、酸雨等。空气污染最主要的来源是化学工业和内燃机排出的废气，如氟化氢、二氧化硫和二氧化氮等。其中有些气体如水银蒸气、乙烯、氨、氯气等，不会扩散太远，其危害仅限于污染源附近；而另一些则能扩散很远造成更大危害，如氟化氢、二氧化氮、臭氧、过氧酰硝酸盐（Peroxyacetyl Nitrate，PAN）、二氧化硫等。这些污染物对不同植物的危害程度不同，引起的症状各异。

（三）植物的药害

各种农药（杀菌剂、杀虫剂、杀线虫剂、除草剂等）和化学肥料如使用浓度过高，或用量过大，或使用时期不适宜，均可对植物造成化学伤害。

二、物理因素

（一）温度不适

温度是植物生理生化活动赖以顺利进行的基础。各种植物的生长发育有它们各自的最低、最适和最高的温度，超出了它们的适应范围，就可能造成不同程度的损害。不适宜的温度包括高温、低温、变温，具体讲又有气温、土温和水温 3 个方面的变化。

（二）水分、湿度不适

植物因长期水分供应不足而形成过多的机械组织，使一些肥嫩的器官的一部分薄壁细胞转变为厚壁的纤维细胞，可溶性糖转变为淀粉而降低品质。同时生长受到限制，各种器官的体积和重量减少，导致植株矮小细弱。

剧烈的干旱可引起植物萎蔫、叶缘焦枯等症状。木本植物表现为叶片黄化、红化或其他颜色变化，或者早期落叶、落花、落果。禾本科植物在开花和灌浆期遇干旱所受的影响最为严重。开花期影响授粉，增加瘪粒率；灌浆期影响营养向籽粒中的输送，降低千粒重。

土壤中水分过多造成氧气供应不足，使植物的根部处于窒息状态，最后导致根变色或腐烂，地上部叶片变黄、落叶、落花等症状。

水分的骤然变化也会引起病害。先旱后涝容易引起浆果、根菜和甘蓝的组织开裂。这是由于干旱情况下，植物的器官形成了伸缩性很小的外皮，水分骤然增加以后，组织大量吸水，使膨压加大，导致器官破裂。

湿度过低，引起植物的旱害，初期枝叶萎蔫下垂，及时补水尚可恢复，后期植株凋萎甚至死亡。

空气湿度过低的现象通常是暂时的，很少直接引起病害；但如果与大风、高温结合起来，会导致植株大量失水，造成叶片焦枯、果实萎缩或暂时或永久性的植株萎蔫。

（三）光照不适

光照的影响包括光强度和光周期。光照不足通常发生在温室和保护地栽培的情况下，导致植物徒长，影响叶绿素的形成和光合作用，植株黄化，组织结构脆弱，容易发生倒伏或受到病原物的侵染。

三、植物非侵染性病害的诊断

诊断的目的是为了查明和鉴别植物发病的原因，进而采取相应的防治措施。对非侵染性病害的诊断通常可以从以下几个方面着手：一是进行病害现场的观察和调查，并了解有关环境条件的变化；二是依据侵染性病害的特点和侵染性试验的结果，尽量排除侵染性病害的可能；三是进行治疗诊断，诊断非侵染性病害的关键是掌握其与侵染性病害的区别，主要应抓住症状的田间分布类型、生长期间环境因子的不正常变化、无侵染性、可恢复等特点。

思考题

1. 原核生物的主要特征是什么？请举出根肿菌纲与植物病害有关的重要属及其引起的植物病害。

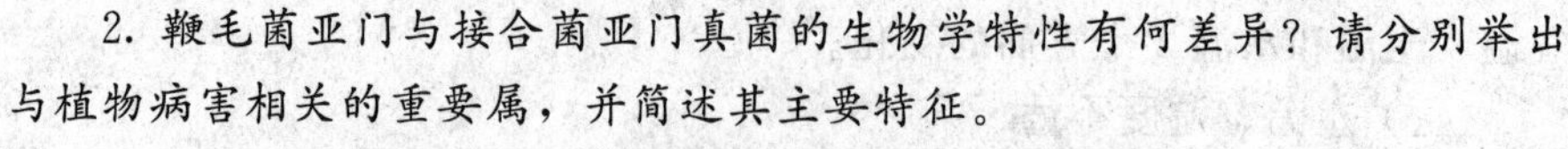

2. 鞭毛菌亚门与接合菌亚门真菌的生物学特性有何差异？请分别举出与植物病害相关的重要属，并简述其主要特征。

3. 请举出子囊菌亚门中重要属及其引起的植物病害。

4. 与真核生物相比，原核生物有何特点？

5. 与一般细菌相比，植物菌原体有何特性？请分别举出植原体与螺原体引起的重要植物病害。

6. 试述植物病原线虫主要属的特点及其引起的植物病害。

中国发现世界上最大的真菌

中国的某棵被砍下来的树上，长出了一块重达半吨，长达 33 英尺(10.0584m) 的真菌子实体。这是目前人们发现的质量最大的，被归入蘑菇类的真菌子实体。

这块子实体，估算其年龄为 20 岁，它寄生在一块腐烂的木头上，从那里获取营养，于是长成了今天的规模。像蘑菇这种真菌的繁殖都是通过向外扩散孢子，孢子落到土壤或者营养来源表面后，开始繁殖其下一代。植物学家最近通过对 4.5 亿个孢子的测量，得出了结论：真菌母体将其表面的孢子传播出去的方式，是通过加压气体，使得孢子们能在几微秒的时间内获得 70 英里/小时（112.6km/h）的速度，从而能够传播到很远的地方。

这块真菌子实体属于椭圆嗜蓝孢孔菌，是一种多年生子实体。它长达 35.5 英尺，宽 2.8 英尺（85.344cm），厚 2 英寸（5.08cm）。“我们并没有刻意寻找这玩意儿，因为我们也没想到这个可以长这么大。”戴教授如是说。对其重量的估算是经过密度测量之后，乘以体积得到的。

第三章　病害的发生与发展

【学习要求】

通过学习，掌握病原物的侵染过程；病害循环；病原物的寄生性、致病性和寄主植物的抗病性；通过学习病害的发生与发展，指导病害的预测预报。

【技能要求】

掌握常规病害田间调查方法，能对病害的发生轻重进行分级，运用长期预测、中期预测、短期预测等预测法进行病害的预测预报。

【学习重点】

能熟练掌握病害的循环过程，植物病害的流行类型，病害田间调查取样方法；病害发病率和病情指数计算；病害发生的预测预报方法。

【学习方法】

本章进一步突出实践学习的特点，在学习的过程中加强实训，可结合当地病虫测报站工作，根据个人兴趣选择1～2种病害进行系统调查、分析、预报。

第一节　植物病害的侵染过程

病原物的侵染过程（Infection process）是指病原物与寄主植物可供侵染部位接触，并侵入寄主，在其体内繁殖和扩展，然后发生致病作用，显示病害症状的过程。也就是植物个体遭受病原物侵染后的发病过程，因而也称为病程（Pathogenesis）。但病程不仅是病原物侵染活动的过程，同时也是受侵寄主产生相应的抗病或感病反应，且在生理上、组织上和形态上产生一系列的变化过程。在这一过程中植物同病原物构成一个体系，称为

植物病害体系（Pathosytem）。病原物的侵染过程受病原物、寄主植物和环境因素的影响。

病原物的侵染是一个连续的过程，为了便于分析，一般将侵染过程划分为侵入前期（Prepenetration phase）、侵入期（Penetration phase）、潜育期（Incubation phase）和发病期（Symptom appearance phase）4个时期，但各个时期并没有绝对的界限，简示如下（图3-1）：

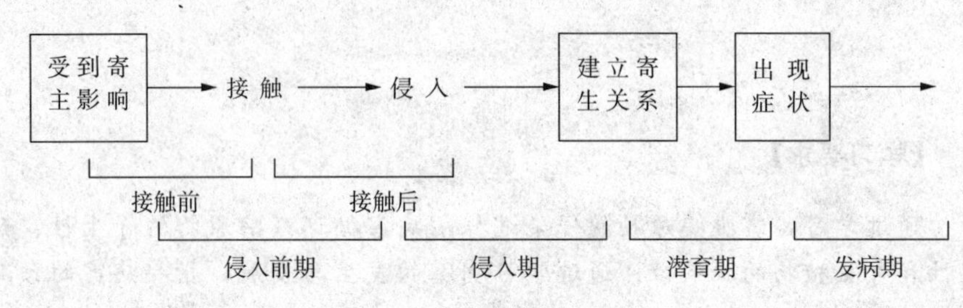

图3-1　病原物的侵染过程示意图

一、侵入前期

侵入前期（Prepenetration phase）是指病原物接种体在侵入寄主之前与寄主植物的可侵染部位的初次直接接触，或达到能够受到寄主外渗物影响的根围或叶围后，开始向侵入的部位生长或运动，并形成各种侵入结构的一段时间。侵入前期可分为接触以前和接触以后两个阶段。许多病原物的侵入前期多以病原物与寄主植物接触开始到形成某种侵入机构为止，因而也称为接触期（Contact phase）。这个时期是决定病原物能否侵入寄主的关键时期，也是病害生物防治的关键时期。

侵入前期以植物表面的理化状况和微生物组成对病原物影响最大。病原物接触寄主前，植物根分泌物能引诱土壤中植物线虫和真菌的游动孢子向根部聚集，促使真菌孢子和病原物休眠体的萌发，有利于产生侵染结构和进一步侵入，有些病原物的休眠体只能在寄主植物的分泌物刺激下萌发。此外，接触寄主前，病原物还受到根围或叶围其他微生物的影响，这种影响包括微生物的拮抗作用和位置竞争作用，因而，可利用这些微生物来进行生物防治。

病原物与寄主接触后，并不立即侵入寄主，而是在植物表面有一段生长阶段。在这个过程中，真菌的休眠体萌发所产生的芽管或菌丝的生长。细菌的分裂繁殖、线虫幼虫的蜕皮和生长等有助于病原物到达植物的部位。侵入前期也是病原物与寄主植物相互识别的时期，包括物理和生化识别等。物理识别包括寄主表皮、水和电荷的作用，分别称为趋触性和趋电性；生化识别就是趋化性。病原物对感病寄主的亲和性和对抗病寄主的非亲和反应，与其对应的寄主蛋白质、氨基酸等细胞表面物质的特异性识别有关，这已成为目前分子植物病理学研究的热门课题。

侵入前期，病原物受环境条件影响较大，其中湿度、温度对接触期病原物影响最大。许多真菌孢子，必须在水滴中萌发率才高，对于绝大部分气流传播的真菌，湿度越高对侵入越有利。温度主要影响病原物萌发和侵入速度。

二、侵入期

侵入期（Penetration phase）是以病原物开始侵入到侵入后与寄主建立寄生关系的一段时间。病原物侵入寄主植物通常有直接侵入、自然孔口侵入和伤口侵入三种途径。

1. 直接侵入

直接侵入是指病原物直接穿透寄主表面保护组织（角质层、蜡质层、表皮及表皮细胞）和细胞壁的侵入。这是真菌和线虫最普遍的侵入途径和寄生性种子植物最主要的侵入方式。真菌直接侵入的典型过程为：附着于寄主表面的真菌孢子萌发形成芽管，芽管顶端膨大形成附着胞（Appressorium），附着胞分泌黏液和机械压力将芽管固定在植物表面并产生纤细的侵染丝（Penetration peg），借助机械压力和化学物质作用穿透角质层，再穿透细胞壁进入细胞内。也有的穿过角质层后先在细胞间扩展，再穿过细胞壁进入细胞内。侵入丝穿过角质层和细胞壁以后变粗，恢复为原来的菌丝状（图 3－2）。

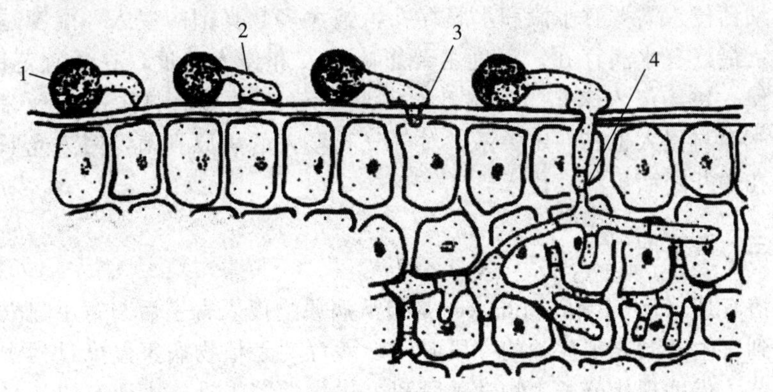

图 3－2　真菌孢子萌发后直接侵入寄主表面

1－孢子；2－芽管；3－附着胞；4－侵染丝（仿 Agrios，1988）

2. 自然孔口侵入

自然孔口侵入是指病原物从植物的气孔、水孔、皮孔、柱头、蜜腺等许多自然孔口的侵入，其中以气孔侵入最为普遍和重要。许多真菌孢子落在植物叶片表面，在适宜的条件下萌发形成芽管，然后芽管直接从气孔侵入，不少细菌也能从气孔侵入寄主。有的细菌如稻白叶枯病菌从水孔侵入；有的细菌还通过蜜腺或柱头进入花器如梨火疫病菌；少数真菌和细菌能通过皮孔侵入，如软腐病菌和苹果轮纹病菌等。

3. 伤口侵入

伤口侵入是指病原物从植物表面各种损伤的伤口侵入寄主。所有的细菌和大部分真菌、一些病毒及所有类病毒可以通过不同方式造成的伤口侵入寄主植物。植物病毒、类病毒和菌原体必须在活的寄主组织上生存，故需以活的寄主细胞上极轻微的伤口作为侵入细胞的部位。有些病原物如真菌和细菌除以伤口作为侵入途径外，还利用伤口的营养物质，有的先在伤口附近的死亡组织中生活，然后再进一步侵入健全的组织。

伤口的新鲜程度直接影响病原物侵入的成功率，新鲜的伤口利于病原菌的侵入，陈旧的伤口病原菌则难以侵入。病原物侵入所需的时间一般很短，短的只需几分钟，长的也不过几小时，很少超过 24h。病原物能否侵入成功的影响因素之一是接种体的数量，病原物需要有一定的数量，才能引起侵染和发病。植物病原物完成侵染所需的最低接种体数量称为侵染剂量（Infection dosage）。侵染剂量因病原物的种类、病原物的活性、寄主品种的抗病性和侵入部位而异。许多侵染植物叶片的真菌，单个孢子就能成功侵染。病原物的侵入受环境因素的影响，其中以湿度和温度影响最大。在一定范围内，湿度高低和持续时间的长短决定孢子能否萌发和侵入，是影响病原物侵入的主要因素。多数病原物要求高温条件下才能保证侵入成功。细菌侵入需要有水滴和水膜存在，绝大多数真菌的侵入，湿度越高越有利，最好有水滴存在。温度主要影响萌发和侵入速度，在适宜范围内，一般侵入快、侵入率高。温湿度对一些病菌的侵入影响往往具有综合作用。光照与侵入也有一定关系，对于气孔侵入的病原真菌，因为光照关系到气孔的开闭而影响其侵入。

三、潜育期

潜育期（Incubation phase）是指从病原物侵入寄主后与寄主建立寄生关系到寄主开始表现症状的一段时间。潜育期是植物病害侵染过程中的重要环节，借助现代分子生物学手段和生物化学等先进技术研究侵染早期植物的反应，揭示病原物和寄主植物间相互作用的本质，是现代植物病理学领域的研究热点。

病原物侵入后，首先在寄主上定殖，建立寄生关系，从寄主获得水分和营养，并从侵染点向四周扩展，进一步生长、繁殖，最后引致寄主发病。但寄主并不是单纯被动供给水分和营养物，对病原物的侵入有一定的反应，因此，潜育期也是病原物和寄主植物相互作用的时期。侵入寄主的病原物不一定都能建立寄生关系，即使建立了寄生关系的病原物，也不一定都能顺利地在寄主体内扩展而引起发病。例如小麦散黑穗病菌从小麦花器侵入后，虽已与寄主建立了寄生关系，并以菌丝体潜伏在种胚内越夏，但当种子萌发时，潜伏的菌丝体不一定都进入幼苗生长点；而进入幼苗生长点的病菌，也不一定都能引起最后发病。有人用同一批麦种，接种后分期取样检查了种胚和幼苗生长点的带菌率和小麦最后发病率，发现小麦散黑穗的最后发病率小于幼苗生长点的带菌率，幼苗生长点的带菌率小于种胚带菌率。

潜育期内病原物与寄主之间营养关系最为重要。病原物必须从寄主获得必要的营养物质和水分，才能进一步繁殖和扩展。病原物从寄主获得的营养物质一般分为两种方式：一是死体营养即病原物先杀死寄主细胞然后从死亡的细胞中吸收养分，属于这一类的病原物都是非专性寄生物；二是活体营养即病原物和活的细胞建立密切的营养关系，从细胞组织中吸收营养物却并不很快引起细胞的死亡，属于这一类的病原物主要是专性寄生或接近专性寄生物。侵入寄主后，不同病原物的扩展也是不同的。病原物在寄主组织内的生长蔓延大致可分为三种情况：一种是病原物在植物细胞间扩展，从细胞间隙或借助于吸器从细胞内吸收养分和水分，如专性寄生真菌、寄生性线虫和寄生性种子植物；一种是病原物侵入寄主细胞内，在植物细胞内寄生，借助寄主的营养维持其生长，如病毒、类病毒、细菌、植原体和部分真菌；一种是在细胞间和细胞内同时生长，如多数真菌菌丝可以在细胞内生长，同时又可穿透细胞在细胞内生长。病原细菌大多都在寄主细胞外生存、繁殖，当寄主细胞壁受到破坏后进入细胞。

病原菌的不同特性决定了其扩展范围的不同，表现出了对植株组织和器官的不同选择性。各类病原物在寄主内扩展，基本上可以归纳为两类：一类是病原物侵入后扩展的范围局限于侵入点附近，这种侵染称为局部侵染（Local infection），所形成的病害称为局部性病害，如真菌引起的叶斑病。另一类是病原物可以从侵入点扩展到寄主大部分或全株，这种侵染称为系统侵染（Systemic infection）。系统侵染分三种情况：（1）沿导管蔓延。（2）沿筛管蔓延。（3）沿生长点蔓延。其所引起的病害称为系统性病害。许多维管束病害和绝大多数病毒病害和菌原体病害都是系统侵染引起的，如棉花黄萎病、番茄青枯病、烟草花叶病和枣疯病等。有的病原物侵入寄主后在寄主体内潜伏，不立即表现症状，而在一定条件下或在寄主不同发育阶段才表现症状，这种侵染称为潜伏侵染（Latent infection），如苹果轮纹病、苹果炭疽病。有的病原物侵染寄主后一般表现症状，但在某些条件如低温或高温，症状可以暂时隐蔽，若条件适宜又可再表现，这种现

象称为症状隐蔽（Masked symptom）。如棉花黄萎病出现症状后在棉株现蕾时由于高温症状隐蔽，以后温度降低时又可再表现。在侵染过程中，病原物随机传播到寄主植物上，同一侵染位点上可同时或先后遭受不止一种病原物的侵染，最终造成一个发病位点，并表现出几种病原物的混合寄生的复杂症状，这种侵染方式称为复合侵染（Compound infection）。

潜育期的长短随病害类型、温度、寄主植物特性、病原物的致病性不同而不同，有的病害潜育期较长，有的较短，一般3～10d。但有些病害潜育期很长，如小麦散黑穗病潜育期将近一年；有些木本植物的病毒病或菌原体病害，潜育期可达2～5年。一般来讲，系统性病害的潜育期长，局部侵染病害的潜育期短，致病性强的病原物所致病害的潜育期短，适宜温度条件下病害的潜育期短，感病植物上病害的潜育期短。同一种病害潜育期长短主要受温度影响，受湿度影响较小。例如，稻瘟病在最适温度25℃～28℃时，潜育期为4.5d；24℃～25℃时，潜育期为5.5d；17℃～18℃时，潜育期为8d；9℃～11℃时，潜育期为13～18d。

潜育期的长短与病害流行有密切的关系。潜育期短，发病快，循环次数多，病害容易大发生。

四、发病期

患病植物症状的出现标志着潜育期的结束和发病期的开始。发病期（Symptom appearance phase）是指从出现症状直到寄主生长期结束，甚至植物死亡为止的一段时间。发病期是病斑不断扩展和病原物大量产生繁殖体的时期。随着症状的发展，真菌病害往往在受害部位产生孢子，因而称为产孢期。病原物新产生的繁殖体可成为再侵染的来源。孢子形成的迟早是不同的，有的在潜育期一结束便产生孢子。大多数真菌是在发病后期或在死亡的组织上产生孢子，其有性孢子形成要更迟些。在发病期，寄主植物也表现出某种反应，如阻碍病斑发展，抑制病原物繁殖体产生和加强自身代谢补偿等。

环境条件特别是温度、湿度对症状出现后病斑扩大和病原物繁殖体形成影响很大。多数病原真菌产生孢子的最适温度为25℃左右，低于10℃孢子难以形成。多数病原真菌和细菌要求较大的湿度。在高湿度下病害扩展速度快，并在病部产生大量繁殖体，造成病害流行。

对真菌病害来说，在病组织上产生孢子是病程的最终环节。这些孢子是下一次病程的侵染来源，对病害流行有重要意义。

第二节　植物病害的病害循环

病害循环（Disease cycle）是指病害从寄主植物的上一个生长季节开始发病到下一个生长季节再度发病的过程。侵染性病害的发生，在一个地区首先要有侵染来源，病原物必须经过一定的途径传播到植物上；发病以后在病部产生子实体等繁殖体，有些病害又再次侵染；病原物还要以一定方式越夏和越冬，渡过寄主的中断期，才能引起下一季发病。一种植物的病害循环（图 3-3）主要涉及病原物的越冬和越夏；病原物接种体的释放与传播和病原物的初侵染及再侵染三个方面。

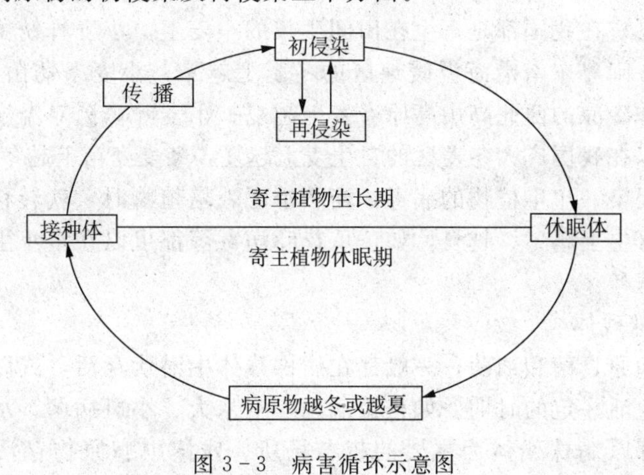

图 3-3　病害循环示意图

不同的病害，其病害循环特点不同，了解各种病害循环的特点是认识病害发生、发展规律的核心，也是对病害进行系统分析、预测预报和制定防治对策的依据。

一、病原物的越冬和越夏

病原物的越冬（over Wintering）和越夏（over Summering）是指病原物以一定的方式在特定场所渡过不利其生存和生长的冬天及夏天的过程，也就是渡过寄主休眠期而后引起下一季的初次侵染。病原物越冬和越夏场所，一般也就是初次侵染的来源。病原物的越冬或越夏与寄主生长的季节性有关。在我国的大多数纬度较高或较低而海拔较高的地区，一年有明显的四季差异，大多数植物在冬季收获或进入休眠，早春植物在夏季收获或休眠。在热带和亚热带地区，各种植物在冬季正常生长、全年各种植物可以正常生长，因而植物病害不断发生，病原物基本无越冬和越夏问

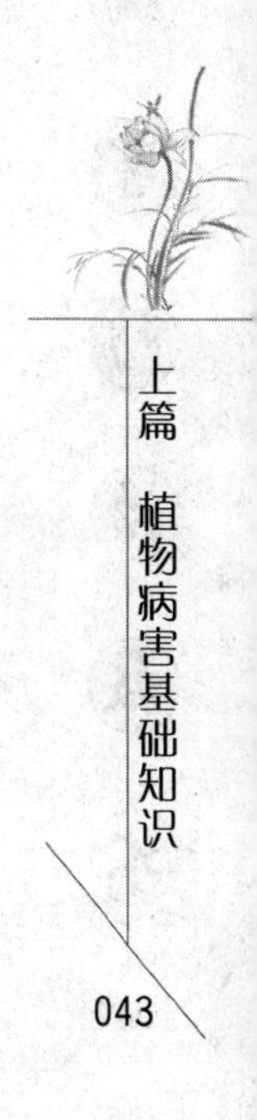

题。侵染多年生植物的病原物一般会随植物体长期存活，其越冬和越夏只表现为寄主生存状态的变化；而侵染一年生植物的病原物或侵染多年生植物叶部或果实的病原物还会随叶片和果实的脱落而发生越冬或越夏场所的变化。

(一) 病原物越冬、越夏场所

1. 种子、苗木和无性繁殖器官

种苗和无性繁殖器官携带病原物，往往是下一年初侵染最有效的来源。由种苗和无性繁殖材料带菌而引起感染的病株，往往成为田间的发病中心而向四周扩展。

2. 田间病株

有些活体营养病原物必须在活的寄主上才能存活。例如，小麦锈菌的越冬、越夏，在我国都是寄生在田间生长的小麦上。小麦秆锈菌因不耐低温，只能在闽粤东南沿海温暖地区的冬麦上越冬；小麦条锈菌不耐高温，只能在夏季冷凉的西北高山高原春麦上越夏；小麦叶锈菌对温度适应范围较广，可以在我国广大冬麦区的自生麦上越夏，冬麦麦苗上越冬。

有些侵染一年生植物的病毒，当冬季无栽培植物时，就转移到其他栽培或野生寄主上越冬、越夏。如黄瓜花叶病毒等都可以在多年生野生植物上寄生、越冬。

3. 病株残体

许多病原真菌和细菌，一般都在病株残体中潜伏存活，或以腐生方式在残体上生活一定的时期。如稻瘟病菌，玉米大、小斑病菌，水稻白叶枯病菌等，都以病株残体为主要的越冬场所。残体中病原物存活时间的长短，主要取决于残体分解腐烂速度的快慢。

4. 土壤

土壤是许多病原物重要的越夏、越冬场所。病原物以休眠机构或休眠孢子散落于土壤中，并在土壤中长期存活，如黑粉菌的冬孢子、菟丝子和列当的种子、某些线虫的胞囊或卵囊等；有的病原物的休眠体，先存在于病残体内，当残体分解腐烂后，再散于土壤中，如十字花科植物根肿菌的休眠孢子、霜霉菌的卵孢子、植物根结线虫的卵等。还有一些病原物，可以腐生方式在土壤中存活。以土壤作为越冬、越夏场所的病原真菌和细菌，大体可分为土壤寄居菌和土壤习居菌两类。土壤寄居菌只能在土壤中的病株残体上腐生或休眠越冬，当残体分解腐烂后，就不能在土壤中存活。土壤习居菌对土壤适应性强，在土壤中可以长期存活，并且能够繁殖，丝核菌和镰孢菌等真菌都是土壤习居菌的代表。

5. 粪肥

多数情况下，由于人为地将病株残体作为积肥而使病原物混入粪肥中，少数病原物则随病残体通过牲畜排泄物而混入粪肥。例如，谷子白发病菌卵孢子和小麦腥黑穗病菌冬孢子，经牲畜肠胃后仍具有生活力，如果粪肥不腐熟而施到田间，病原物就会引起侵染。

6. 昆虫或其他介体

一些由昆虫传播的病毒可以在昆虫体内增殖并越冬或越夏。例如，水稻黄矮病病毒和普通矮缩病病毒就可以在传毒的黑尾叶蝉体内越冬。小麦土传花叶病毒在禾谷多黏菌休眠孢子中越夏。

7. 温室或贮藏窖内

有些病原物可以在温室内生长的作物上或在贮藏窖内贮存的农产品中越冬。如甘薯黑斑病菌、马铃薯环腐病菌都可以在贮藏运输期间存活。

各种病原物的越冬、越夏的场所各不相同，一种病原物可以在几个场所越冬、越夏。如棉花枯萎病菌、黄萎病菌可以在种子、病株残体、土壤、棉籽饼和粪肥中越冬，而小麦散黑穗病菌则仅能在种子内越夏、越冬。

（二）病原物越冬、越夏方式及影响因素

病原物越冬或越夏方式多种多样，一般可以概括为寄生、腐生和休眠三种方式。

1. 休眠（Dormancy or Resting）

有些病原物产生各种各样的休眠体，如真菌的卵孢子、厚垣孢子、菌核、冬孢子、闭囊壳等。这些休眠体能抵抗不良环境而越冬越夏。

2. 腐生（Saprophyte）

有些病原物可以在病株残体、土壤及各种有机物上腐生而越冬越夏，如油菜菌核病菌、棉苗立枯病菌等。

3. 寄生（Parasitism）

有些活体营养生物只在活的寄主上越冬越夏，如小麦锈菌和植物病毒等。

各种病原物越冬或越夏的方式是不同的。活体营养生物如白粉菌、锈菌等只能在受害植物的组织内以寄生方式或寄主体外以休眠体进行越冬越夏。死体营养生物如大多数真菌和细菌，通常在病株残体和土壤中以腐生方式或以休眠结构越冬越夏，植物病毒和菌原体大都只能在活的植物体和传播介体内生存。病原线虫主要以卵、幼虫等形态在植物体或土壤中越冬或越夏。

病原物能否顺利越冬、越夏以及越冬或越夏后存活的菌量，受多种因素的影响，影响病原物越冬、越夏的最主要因素是温度，其次是湿度。任何病原物都只能在一定的温度和湿度范围内生存，超出这些条件，病原物就不能顺利地越冬、越夏。

二、病原物的传播

病原物从越冬、越夏场所到达寄主感病部位，或者从已经形成的发病中心向四周扩散，均需经过传播才能实现。病原物传播的方式和途径是不一样的。有些病原物可以由本身的活动，进行有限范围的传播，如真菌菌丝体和根状菌索可以随其生长而扩展，线虫在土壤中的移动，菟丝子茎蔓的攀缘等。但是，病原物传播中，主要还是借助外界的动力如气流、雨水、昆虫及人为因素等进行传播。不同的病原物由于它们的生物学特性不同，其传播方式和途径也不一样。病原真菌以气流传播为主，雨水传播也较重要；病原细菌以雨水传播为主；植物病毒则主要由昆虫介体传播。

1. 气流传播

气流传播是一些重要病原真菌的主要传播方式，如小麦锈菌、白粉菌、稻瘟病菌、玉米小斑病菌等。有时风雨交加还可以引起一些病原细菌及线虫的传播。

病原真菌小而轻，易被气流散布到空气中，可以随气流进行远或近距离传播。气传真菌孢子传播距离的远近，与孢子大小和质量有关。但是，孢子可以传播的距离不一定是传播后能引起发病的有效距离。一般情况下，真菌孢子的气流传播，多属近程传播（传播范围几米至几十米）和中程传播（传播范围百米以上至几公里）。着落的孢子一般离菌源中心的距离越近，密度就越大；越远，密度就越低。远程传播比较典型的是小麦秆锈菌和条锈菌，要实现远程传播，必须是菌源基地有大量孢子被上升气流带到千米以上的高空，再经过水平气流平移，遇下沉气流或降雨孢子着落到感病寄主上，同时具备合适的条件而引起侵染。

2. 雨水传播

植物病原细菌和产生分子孢子盘和分生孢子器的病原真菌，由于细菌或孢子间大多有胶质黏结，胶质只有遇水膨胀和溶化后，病原物才能散出，故这些病原物主要是靠雨水或露滴传播。存在于土壤中的一些病原物，如烟草黑胫病菌、软腐病菌及有些植物病原线虫，可经过雨水反溅到植物上，或随雨水或灌溉水的流动而传播。

3. 昆虫及其他介体传播

昆虫传播与病毒和菌原体病害的关系最大。蚜虫、叶蝉和飞虱是植物病毒的主要传播介体。此外，有些病毒可经线虫、真菌和菟丝子传播。类菌原体侵染植物后，存在于寄主的韧皮部筛管中，是由在韧皮部取食的叶蝉传播的。

昆虫可以传播一些病原细菌，如玉米啮叶甲传播玉米萎蔫病细菌。另外，引起小麦蜜穗病的细菌是由线虫传播的。昆虫传播病原真菌和病原线虫的典型实例是甲虫传播引起洋榆疫病的真菌，天牛传播松材线虫病的线虫。

4. 人为因素传播

带有病原物的种子、苗木和其他繁殖材料，经过人们携带和调运，可以远距离传播。农产品包装材料的流动，有时也能传播病原物；另外，人的生产活动，如农事操作和使用的农具均可引起病原物的近距离传播。

主要靠气流进行传播的病害称为气传病害，如小麦锈病、白粉病、玉米大斑病、稻瘟病、马铃薯疫病等。主要靠流水或雨水传播的病害称为水传病害，如稻白叶枯病、棉花角斑病等。发生在植株基部或地下部并且能够伴随土壤传播的病害称为土传病害，如棉花枯萎病、小麦纹枯病等。有些能伴随种子调运进行传播的病害称为种传病害，如小麦散黑穗病、粒线虫病等。

以上是按病害的主要传播方式对病害类型的划分，并不十分严格，因为一种病害都不是只靠一种方式传播，但由于这样划分与病害防治关系密切，所以人们常采用。

三、病原物的初侵染与再侵染

越冬或越夏的病原物，在植物一个生长季节中最初引起的侵染，称初次侵染或初侵染（Primary infection)。初侵染植物上病原物产生的繁殖体，经过传播，又侵染植物的健康部位和健康的植物，称为再次侵染或再侵染(Secondary infection)。

只有初侵染，没有再侵染的病害，称单循环病害（Monocyclic disease)，亦称单利病害或积年流行病。单循环病害在植物的一个生长季只有一次侵染过程，多为系统性病害，一般潜育期长，如小麦黑穗病、水稻干尖线虫病等。对此类病害只要消灭初侵染来源，就可达到防治病害的目的。

除初侵染外，还有再侵染的病害，称多循环病害（Polycyclic disease)，亦称复利病害或单年流行病。多循环病害在植物的一个生长季中有多次侵染过程，多为局部性病害，潜育期一般较短。这类病害一般初侵染的数量有限，只有在环境条件适宜、再侵染不断发生的情况下，才会使发病程度加重、发病范围扩大而引起病害流行。此类病害中，有许多重要的流行病，如稻瘟病、水稻白叶枯病、小麦条锈病、小麦白粉病和玉米大、小斑病等。对此类病害的防治往往难度较大，一般要通过种植抗病品种、改善栽培措施和药剂防治来降低病害的发展速度。

还有一些病害虽然有再侵染，但再侵染的次数少而不重要，如棉花枯萎病、大麦条纹病等，基本上与单循环病害相似，称为少循环病害。还有

些病害介于单循环和多循环病害之间称为中间型病害。小麦赤霉病虽然以子囊孢子的初侵染为主，但病穗上形成的分生孢子在气候条件适宜时，还会引起再侵染，而又与多循环病害相似。

第三节 病原物的寄生性和致病性

一、共生、共栖和寄生

自然界的生物，特别是微生物很少单独生存，它们与同一生境中的其他生物之间有不同类型的相互关系。植物与相关微生物之间主要有三种相互关系。

（一）共生（Symbiosis）

两种不同的生物紧密结合在一起，而且双方在营养空间等方面都获益的一种互利关系，如豆科植物与其根瘤细菌的关系。

（二）共栖（Commensalism）

两种不同的生物生活在一起，对双方均无害或一方可从对方得益，但对对方无害。例如，在植物的根围和叶围都有许多非病原微生物，包括多种细菌、放线菌、丝状真菌和酵母菌等。这些根围和叶围微生物虽可利用植物溢泌的有机物，但不影响植物的生长和发育，有些种类还对植物病原物有拮抗作用，可用作生防菌。

（三）寄生（Parasitism）

寄生是一种生物依赖另一种生物提供营养物质的生活方式。提供营养物质的一方称寄主，得到营养的一方称寄生物。植物病害的病原物都是异养生物，自身不能制造营养物质，需依赖对植物的寄生而生存。

二、寄生性和致病性的概念

植物病原物的寄生性和致病性是两种不同的性状。寄生性是指病原物在寄主植物活体内取得营养物质而生存的能力；致病性是指病原物所具有的破坏寄主和引起病变的能力。由于寄生物消耗寄主植物的养分和水分，当然会对寄主植物的生长和发育产生不利影响，但是单从营养和水分关系，还不能说明病害发生过程中的各类病变和不同病害所表现的特定症状。

绝大多数病原物都是寄生物，但不是所有的病原物都是寄生物。如土壤根际微生物不寄生，但分泌的有害物质可使根扭曲、矮化，这种致病方式称体外致病。不是所有的寄生物都是病原物，如某些病毒虽寄生植物，但对植物并无明显影响，不引起病害。寄生性与致病性的强弱也无一定相关性。例如，病毒都是活体营养生物，但有些并不引起严重的病害；而一些腐烂病的病原物，寄生性较弱，但对寄主的破坏作用大，如大白菜软腐病菌。

三、营养方式

寄生物从寄主植物获得养分，有两种不同的方式。死体营养是寄生物先杀死寄主植物的细胞和组织，然后从中吸取养分，这种生活方式的生物称为死体寄生物。活体营养是从活的寄主中获得养分，并不立即杀伤寄主植物的细胞和组织，这种营养方式的生物称为活体寄生物。半活体营养是指既能进行寄生又能进行腐生生活获取营养的方式，这种生物称为兼性寄生物。

寄生物的两种营养方式，反映了病原物的不同致病作用。属于死体营养的病原物，从寄主植物的伤口或自然孔口侵入后，通过它们所产生的酶或毒素等物质的作用，杀死寄主的细胞和组织，然后以死亡的植物组织作为生活基质，再进一步伤害周围的细胞和组织。死体营养的病原物腐生能力一般都较强。此外，死体营养的病原物寄主范围一般较广。

立枯丝核菌（*Rhizoctonia solani*）、齐整小核菌（*Sclerotium rolfsii*）和胡萝卜软腐欧氏菌（*Erwinia carotovora*）等，可以寄生几十种甚至上百种植物。

活体营养的病原物是更高级的寄生物，它们可以从寄主的自然孔口或直接穿透寄主的表皮侵入，甚至有的病原物生活史的一部分或大部分是在寄主细胞内完成的。这些病原物的寄主范围一般较窄，有较高的寄生专化性。它们的寄生能力很强，但是它们对寄主细胞的直接杀伤作用较小，这对它们在活细胞中的生长繁殖是有利的。一旦寄主细胞和组织死亡，它们也随之停止生育，死亡。活体营养的病原物不能脱离寄主营腐生生活。

四、寄生方式

1. 外寄生

病原物从自然孔口或直接穿透寄主的表皮侵入，侵入后在植物细胞间隙蔓延，常常形成特殊的吸取营养的机构，称为吸器，由吸器来吸取寄主细胞内的营养物质。如霜霉菌、白粉菌和锈菌。

2. 内寄生

病原物生活史的一部分或大部分是在寄主细胞内完成的，真菌孢子萌发产生芽管和菌丝，侵入寄主细胞，在细胞内和细胞间蔓延，吸取营养。发育到一定时期，产生子实体，突破寄主表皮而外露，如芸薹根肿菌。大

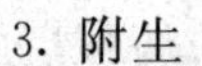

多数细菌、病毒也是内寄生。

3. 附生

少数真菌覆盖于寄主植物表面，不侵入植物体，以吸收植物分泌物和溢出的水分及蚜虫、介壳虫等的分泌物为生，但严重影响植物的光合作用，如烟霉病。

五、植物病原物的致病机制

健康植物的细胞和组织进行着正常有序的代谢活动。病原侵入后，寄主植物细胞的正常生理功能就遭到破坏。病原生物对寄主的影响，除了夺取寄主的营养物质和水分外，还对植物施加机械压力以及产生对寄主的正常生理活动有害的代谢产物，如酶、毒素和生长调节物质等，诱发一系列病变，产生病害特有的症状。除病毒和类病毒外，其他各类病原物都能产生酶、毒素和生长调节物质。这些在病害发生过程中发挥重要作用的病原物机械压力和代谢产物被称为病原物的致病因素。

1. 致病性相关酶

病原物产生的与致病性有关的酶很多，主要有：（1）角质分解酶，它是一种脂酶，能催化寄主表皮的角质多聚物水解。现已证实至少有22种植物病原真菌能够产生角质酶。（2）细胞壁降解酶类，如果胶酶、纤维素酶、半纤维素酶、木质素降解酶和蛋白酶等。根据它们的作用，果胶酶分为果胶水解酶和裂解酶两大类。（3）消化细胞内物质的酶类，如蛋白酶、淀粉酶、脂酶等，用以降解蛋白质、淀粉和类脂等重要物质。

2. 毒素

毒素是植物病原真菌和细菌代谢过程中产生的，能在非常低的浓度范围内干扰植物正常生理功能，对植物有毒害的非酶类化合物。它们可以是多糖、糖肽或多肽一类化合物。毒素是病原菌的代谢产物，对植物有毒害，不仅可以在植物体内产生，也可以在人工培养条件下产生。无论是在植物体内产生的，还是在人工培养条件下产生的，提取后用以处理健康植物，能够使寄主植物产生褪绿、坏死、萎蔫等病变，与病原物侵染所引起的病状相同或相似。毒素是一种非常高效的致病物质，它能在很低浓度下诱发植物产生病状。有些化学物质，当浓度高到一定程度时，也会对植物的生长产生不利的影响或毒害作用，这些物质就不是毒素。

毒素的作用机制一般涉及以下几个方面：一是影响植物细胞膜透性，植物细胞膜损伤、透性改变和电解质外渗几乎是各种敏感植物对毒素的普通反应；二是毒素钝化或抑制植物一些主要酶类，中断相应的酶促反应，引起植物广泛的代谢变化，包括抑制或刺激呼吸作用，抑制蛋白质合成，干扰光合作用、酚类物质代谢和水分代谢等；三是作为抗代谢物质，毒素抑制寄主细胞的磷酸化作用，使其在生理上和生化上都发生了一系列重要变化。

依据对毒素敏感的植物范围和毒素对寄主种或品种有无选择作用可将植物病原菌产生的毒素划分为两类。一类是寄主选择性毒素（host-selective toxin），亦称寄主专化性毒素（host-specific toxin），是一类对寄主植物和感病品种有较高致病性的毒素。这类毒素只对一定的寄主或品种产生毒性。病原菌各菌系（小种）的毒性强弱与其产生毒素能力的高低相一致；感病的寄主品种，对毒素也很敏感，中度抗病品种对毒素有中等程度的敏感，抗病品种对毒素则有高度的耐性，现已发现了10余种寄主选择性毒素。另一类是非寄主选择性毒素（non-host-selective toxin），亦称非寄主专化性毒素（non-host-specific toxin），这类毒素没有严格的寄主专化性和选择性，不仅对寄主植物而且对一些非寄主植物都有一定的生理活性，使之发生全部或部分症状。非寄主选择性毒素的种类很多，在115种植物病原真菌和细菌中已发现了120种非寄主选择性毒素。

3. 生长调节物质

生长调节物质亦称植物激素，各种生长调节物质是植物体细胞分裂、生长、分化、休眠和衰老所必需的。许多病原菌能合成与植物生长调节物质相同或类似的物质，严重扰乱寄主植物正常的生理过程，诱导产生徒长、矮化、畸形、赘生、落叶、顶多抑制和根尖钝化等多种形态病变。

病原菌产生的生长调节物质主要有生长素、细胞分裂素、赤霉素、脱落酸和乙烯等。此外，病原物还可通过影响植物体内生长调节系统的正常功能而引起病变。

六、寄生性和致病性的变异

病原物的寄生性和致病性是经过长期进化而形成的，是相对稳定的性状。这种特性成为人们认识植物病害并对其实施控制的基础。但是，按照生物进化论和遗传学理论，病原物的寄生性和致病性会随着寄主及环境条件的变化而发生变异，决定了植物病理学研究和植物病害控制的长期性和复杂性。

1. 致病类型相对组成发生改变

随着寄主和环境条件的改变以及时间的推移，在某种植物病原菌群体中，所有的致病类型的相对数量组成会发生变化。如 *Pucciia striiformis* 生理小种组成的变化主要与寄主的定向选择压力有关。

2. 新致病类型的产生途径

病原物的寄生性和致病性往往会发生遗传结构上的变异，产生新的致病类型（包括生物型、生理小种和专化型等），这种变异比相对组成变化

更为明显和激烈。

病原物散失了某些酶的活性或丧失合成特殊刺激生长的物质的能力、遗传基因发生重组和病原物的适应性改变均能导致寄生性和致病性发生变异。病原物新致病类型产生途径主要有五条：(1) 有性杂交，Waterhouse于1929年首先发现小麦秆锈菌生理小种之间存在有性杂交。在转主寄主（小檗）丛生地区，基因多样性丰富，遗传变异频率很高。(2) 基因突变，受物理或化学等因素的诱导，病原物发生染色体（倒位、缺失）畸变、DNA碱基（取代、插入、缺失、倒位）突变。(3) 异核现象，真菌细胞中含有两个或两个以上遗传性质不同的细胞核现象。具有异核现象的菌体称异核体，异核体的形成是真菌准性生殖的基础。(4) 准性生殖，真菌异核体偶发核融合而形成二倍体，并在其进一步有丝分裂的过程中发生基因重组。准性生殖在半知菌、锈菌（夏孢子阶段）较为常见，成为此类病原菌致病性变异的重要途径。(5) 基因及基因型流。

第四节　寄主植物的抗病性

一、植物抗病性的概念和类别

植物的抗病性是指植物避免、中止或阻滞病原物侵入与扩展，减轻发病和损失程度的一类特性。抗病性是植物与其病原生物在长期的协同进化中相互适应、相互选择的结果。病原物发展出不同类别、不同程度的寄生性和致病性，植物也相应地形成了不同类别、不同程度的抗病性。根据抗性的强弱，抗性分为以下几种类型：

1. 免疫

完全抗病，植物全然不生病，不表现任何症状。

2. 抗病

病原物能侵入寄主并建立寄生关系，虽然生病，但是症状很轻，病原物被局限在较小范围。

3. 感病

病原物侵染后，寄主发病较重，感病植物与病原物之间是亲和的。

4. 耐病

寄主遭受病原物侵染后，发生显著症状，但是对产量和品质无多大影响，即植物耐受病害的能力。

5. 避病

从时间、空间上病原物的盛发时期和寄主的感病时期错开，而不被病原菌感染，从而不发病或发病减轻的现象。

二、小种专化抗性和非小种专化抗性

1. 小种专化抗性

寄主的抗病性可以仅仅针对病原物群体中的少数几个特定小种，这称为小种专化抗性，亦称为垂直抗性或主效基因抗性。具有该种抗病性的寄主品种与病原物小种间有特异性的相互作用。小种专化抗性是由主效基因控制的，抗病效能较高，是当前抗病育种中所广泛利用的抗病性类别，其主要缺点是易因病原物小种组成的变化而“丧失”。

2. 非小种专化抗性

该抗性无小种专化性，亦称为水平抗性或微效基因抗性。具有该种抗病性的寄主品种与病原物小种间没有明显特异性相互作用，是由微效基因控制的，针对病原物整个群体的一类抗病性。

三、“基因对基因”学说

1942 年 Flor 首先发现亚麻抗锈性和亚麻锈菌毒性的对应关系。通过大量的试验验证，1954 年他正式提出“基因对基因”学说。Flor 认为，对应于寄主方面的每一个决定抗病性的基因，病原物方面也存在一个决定致病性的基因。反之，对应于病原物方面的每一个决定致病性的基因，寄主方面也存在一个决定抗病性的基因。任何一方的有关基因都只有在另一方相对应的基因作用下才能被鉴别出来。

“基因对基因”学说不仅可用以改进品种抗病基因型与病原物致病基因型的鉴定方法，预测病原物新小种的出现，而且对于抗病性机制和植物与病原物共同进化理论的研究也有指导作用。日本用 7 个已知稻瘟病生理小种来测定水稻抗性，并分析基因型，发现了 Pi－a、Pi－i、Pi－k、Pi－z、Pi－ta 等 13 个垂直抗性基因。如利用水稻珍龙 13、东农 363、鉴 77－43、Jelep、关东 51、合江 18、丽江新团黑谷一共 7 个稻瘟病鉴别寄主测定云南稻瘟病生理小种，发现 7 个群，24 个小种。

四、植物受侵染后的生理生化变化

植物被各类病原物侵染后，发生一系列具有共同特点的生理变化。植物细胞的细胞膜透性改变和电解质渗漏是侵染初期重要的生理病变，继而出现呼吸作用、光合作用、核酸和蛋白质、酚类物质、水分生理以及其他方面的变化。研究病植物的生理病变对了解寄主-病原物的相互关系有重要意义。

（一）呼吸作用

（1）呼吸强度提高是寄主植物对病原物侵染的一个重要的早期反应。但这个反应并不是特异性的。首先，各类病原物都可以引起病植物呼吸作用的明显增强。另外，由某些物理或化学因素造成的损伤也能引起植物呼吸强度的增强。

（2）除呼吸强度的变化外，病株葡萄糖降解为丙酮酸的主要代谢途径与健康植物也有明显不同。健康植物中葡萄糖降解的主要途径是糖酵解，而病植物则主要是磷酸戊糖途径，因而葡糖-6-磷酸脱氢酶和6-磷酸葡糖酸脱氢酶活性增强。磷酸戊糖途径的一些中间产物是重要的生物合成原料，与核糖核酸、酚类物质、木质素、植物保卫素等许多化合物的合成有关。

（3）病植物呼吸作用的增强主要发生在病原物定殖的组织及其邻近部位。

（4）关于病组织中呼吸作用增强的原因，还缺乏一致的看法。一般认为它涉及寄主组织中生物合成的加速、氧化磷酸化作用的解偶联作用、末端氧化酶系统的变化以及线粒体结构的破坏等复杂的机制。

（二）光合作用

（1）光合作用是绿色植物最主要的生理功能，病原物的侵染对植物光合作用产生了多方面的影响。

（2）病原物的侵染对植物最明显的影响是破坏了绿色组织，减少了植物进行正常光合作用的面积，光合作用减弱。

（3）光合产物的转移也受到病原物侵染的影响。如马铃薯晚疫病严重流行时可以使叶片完全枯死和脱落，减产的程度与叶片被破坏的程度成正比。锈病、白粉病、叶斑病和其他植物病害都有类似的情况。叶面被破坏的程度常常用来估计叶斑病和叶枯病的病害损失程度。

（三）核酸和蛋白质

植物受病原物侵染后核酸代谢发生了明显的变化。病原真菌侵染前期，病株叶肉细胞的细胞核和核仁变大，RNA 总量增加，侵染的中后期细胞核和核仁变小，RNA 总量下降。在整个侵染过程中 DNA 的变化较小，只在发病后期才有所下降。

植物受病毒侵染后常导致寄主蛋白的变相合成，以满足病毒外壳蛋白大量合成的需要。在病原真菌侵染的早期，病株总氮量和蛋白质含量增高，在侵染后期病组织内蛋白水解酶活性提高，蛋白质降解，总氮量下降，但游离氨基酸的含量明显增高。受到病原菌侵染后，抗病寄主和感病寄主中蛋白质合成能力有明显不同。病毒、细菌和真菌侵染能诱导寄主产生一类特殊的蛋白质，即病程相关蛋白，据认为这种蛋白可能与抗病性表达有关。小麦叶片被条锈菌侵染后，RNA 总量自潜育期开始显著增多，产孢期增幅更大，此后逐渐下降。感病寄主叶片中 RNA 合成能力明显增强，抗病寄主叶片中虽也有增强但增幅较小。

烟草花叶病毒（TMV）侵染寄主后，由于病毒基因组的复制，寄主体内病毒 RNA 含量增高，寄主 RNA，特别是叶绿体 rRNA 的合成受抑制，因而引起严重的黄化症状。

冠瘿土壤杆菌（*Agrobacterium tumefaciens*）侵染所引起的植物肿瘤组织中，细胞分裂加速，DNA 显著增多，并且还产生了健康植物组织中所没有的冠瘿碱一类的氨基酸衍生物。

（四）酚类物质和相关酶

酚类化合物是植物体内重要的次生代谢物质，植物受到病原菌侵染后，酚类物质和一系列酚类氧化酶都发生了明显的变化，这些变化与植物的抗病机制有密切关系。酚类物质及其氧化产物——醌的积累是植物对病原菌侵染和损伤的非专化性反应。醌类物质比酚类对病原菌的毒性高，能钝化病原菌的蛋白质、酶和核酸。病植物体内积累的酚类前体物质经一系列生化反应后可形成植物保卫素和木质素，发挥重要的抗病作用。

各类病原物侵染还引起一些酚类代谢相关酶的活性增强，最常见的有苯丙氨酸解氨酶（PAL）、过氧化物酶、过氧化氢酶和多酚氧化酶等，其中，苯丙氨酸解氨酶和过氧化物酶最重要。苯丙氨酸解氨酶可催化 L-苯丙氨酸还原脱氨生成反式肉桂酸，再进一步形成一系列羟基化肉桂酸衍生物，为植物保卫素和木质素合成提供苯丙烷碳骨架或碳桥，因此病株苯丙氨酸解氨酶活性增高，有利于植物抗病性表达。过氧化物酶在植物细胞壁木质素合成中起重要作用。

（五）水分生理

植物叶部发病后可提高或降低水分的蒸腾，依病害种类不同而异。麦类作物感染锈病后，叶片蒸腾作用增强，水分大量散失。有些病害能明显抑制气孔开放，叶片水分蒸腾减少，从而造成病组织中毒素或乙烯等有害物质积累。多种病原物侵染引起的根腐病和维管束病害显著降低根系吸水能力，阻滞导管液流上升。番茄尖镰孢侵染番茄后，病株水分和矿物盐在木质部导管中流动的速度只有健株的十分之一。番茄黄萎病病株茎内液流上升速度较健株小 200 倍。阻碍液流上升的主要原因是导管的机械阻塞，而造成阻塞的因素则可能是多方面的。病原菌产生的多糖类高分子量物质、病原细菌菌体及其分泌物、病原真菌的菌丝体和孢子、病原菌侵染诱导产生的胶质和侵填体等都有可能堵塞导管。另外，病原菌产生的毒素也能引起水分代谢失调。如镰刀菌酸（fusaric acid）是一种致萎毒素，它能损害质膜，引起细胞膜渗透性改变，电解质漏失，细胞质离子平衡被破坏

等一系列生理变化，造成病株水分失调而萎蔫。

（六）细胞和组织的坏死

病原物分泌的酶类、毒素能使细胞坏死，组织崩溃。如欧氏杆菌属的细菌分泌的果胶酶引起大白菜软腐，马铃薯晚疫病引起叶片坏死。抗病和感病的品种被病原物侵染后，生理生化变化是不同的，从而为研究植物的抗性生理提供了依据。

五、植物的抗病机制

植物在与病原物长期的共同演化过程中，针对病原物的多种致病手段，发展了复杂的抗病机制。研究植物的抗病机制，可以揭示抗病性的本质，合理利用抗病性，达到控制病害的目的。植物的抗病机制是多因素的，有先天具有的被动抗病性因素，也有病原物侵染引发的主动抗病性因素。按照抗病因素的性质则可划分为形态的、机能的和组织结构的抗病因素，即物理抗病性因素；生理的和生物化学的因素，即化学抗病性因素。任何单一的抗病因素都难以完整地解释植物抗病性。事实上，植物抗病性是多种被动和主动抗病性因素共同或相继作用的结果，所涉及抗病性因素越多，抗病性强度就越高、越稳定而持久。

（一）植物固有的物理抗性

1. 抗接触

植物表皮上的蜡质层、角质层多的比少的减少受病机会。早熟的品种可以少受后期叶锈病、秆锈病的危害。植株直立的比株形散开的减少受病机会。表皮毛多的比表皮毛少的减少受病机会。闭颖受粉的减少受病机会。

2. 抗侵入

表皮结构、侵入位点、角质层的厚薄、气孔的多少和结构影响病原物的侵入。

3. 抗扩展

潜育期的长短、病斑数量的多少、病斑的大小、病斑扩展的速度、产孢量的大小、细胞壁的物理和化学结构的特性影响病原物的扩展。

（二）植物固有的化学抗性

1. 直接的毒害作用

酚类化合物和植物根部分泌的某些糖和氨基酸对病原物有抑制作用，如葱油和大蒜素、芥子油。

2. 间接的毒害作用

有些植物的分泌物能刺激叶围和根围拮抗生物的生长，从而对病原物产生间接的影响。菊科叶片刺激产生的细菌能产生抑制灰霉菌的孢子萌发的物质；植物表面活力强的腐生菌由于对营养的竞争而抑制病原物的生长和发育。破坏病原物的致病机制，如植物中的酚类化合物、单宁和蛋白质能抑制病原物分泌的细胞壁降解相关酶类。

(三) 诱发的结构（物理）抗性

乳突的产生；细胞壁加厚；凝胶物质的形成；侵填体的形成；木栓化的形成。

(四) 诱发的化学抗性

过敏性坏死反应。氨裂解酶活性的增强、苯丙氨酸氨裂解酶、酪氨酸氨裂解酶等酶活性增强，促进木质素的形成。黑色素的形成，黑色素与抗性有关。植物抗毒素（植物保卫素）的产生。

抗毒素是植物受到病原物侵染后或受到多种生理的、物理的刺激后所产生或积累的一类低分子量抗菌性次生代谢产物。植物保卫素对真菌的毒性较强，在已知 21 科 100 种以上的植物产生植物保卫素中，豆科、茄科、锦葵科、菊科和旋花科植物产生的植物保卫素最多。90 多种植物保卫素的化学结构已被确定，其中多数为类异黄酮和类萜化合物。常见的抗毒素有豌豆素（Pisatin)、菜豆素（Phaseollin)、基维酮（Kievitone)，大豆素(Glyceollin)、日齐素（Rishitin)、块茎防疫素（Phytuberin）和甜椒醇(Capsidiol）等。

六、植物抗性的变异

植物抗性不是固定不变的，由于植物本身，如病原物的变化以及外界条件的影响，抗性可以增强，或减弱，甚至完全消失。植物的发育阶段不同，抗性不同；寄主的生活能力的影响，抗性不同；寄主的营养条件的不同，抗性不同；温度、湿度和光照等环境条件不同，抗性不同。

七、抗性的利用

利用植物抗性来防病是防治植物病害的根本。其具体方法如下：

1. 品种免疫

利用抗病品种，需要育种、推广等。

2. 栽培免疫

通过栽培措施以强化植物抗性的体现。

3. 化学免疫

使用化学物质增强植物的抗病能力，如 NS 83 增抗剂施于烟草和番茄，可以增强抗 CMV 的能力。

第五节 植物病害的流行与预测

植物病害流行（Epidemic）是指植物病原物大量传播，在一定的环境下诱发植物群体发病并且造成严重损失的过程和现象。病害仅有少量发生，一般对农业生产没有大的影响，但如大量发生则会造成种种程度的损失乃至灾害。在群体水平研究植物病害发生规律，病害预测预报和防治理论的科学称为植物病害流行学（Epidemiology），植物病害流行是一个极其复杂的生物学过程，不同病害的流行特点、预报方法和控制对策是不一样的，需要采用定性和定量相结合的方法进行研究。

一、植物病害流行类型

依据菌量积累所需时间的长短和度量病害流行时间的尺度的不同，将流行病划分为两大类：单年流行病害（Monoetic disease）和积年流行病害(Polyetic disease)，并且可能有许多病害介于两大类型之间，其被称为“中间型”。

（一）单年流行病害

单年流行病害指在作物一个生长季节中，只要条件适宜，菌量能不断积累，流行成灾的病害。度量病害流行进展的时间尺度，一般以“天”为单位，单年流行病害从其病害循环的特点看，又与多循环病害同义。病害流行与否主要决定于病害流行速率的高低。单年流行病害具有明显的由少到多、由点到面的发展过程，可以在一个生长季节内完成菌量积累，造成病害的严重流行。如马铃薯晚疫病，在最适天气条件下潜育期仅 3～4d，在一个生长季内再侵染 10 代以上，病斑面积约增长 10 亿倍。当条件不适时，病情则发展缓慢，甚至受到遏制，因而年际间、地区间因为条件的不同，流行与否或流行程度轻重会有很大差别。许多重要病害如小麦锈病、稻瘟病、玉米小斑病、马铃薯晚疫病、稻白叶枯病等属单年流行病害，故此类病害是流行学研究的重点。

单年流行病害的防治策略，以种植抗病品种，采用药剂防治和农业防治措施，控制或降低当年病害流行速率为主。气象因素、寄主的抗病性、栽培措施等是病害预测预报的重要因素。

（二）积年流行病害

积年流行病害是指病害从少量发生起，需要经过年度间的病原物积累过程，才能造成危害的病害。度量病害流行时间尺度一般以“年”为单位。积年流行病害与单循环病害同义。这类病害中也包括一些作物的重要病害，如小麦上的三种黑穗病、小麦粒线虫病、水稻恶苗病、稻曲病、大麦条纹病、麦类全蚀病、棉花枯、黄萎病以及多种果树病毒病害等。病害流行程度主要取决于初始菌量。此类病害在一个生长季中菌量增长幅度虽然不大，但能逐年积累，稳定增长，若干年后将导致较大流行，如小麦散黑穗病病穗每年增长 4～10 倍，若第一年病穗率仅为 0.1%，则第四年病穗率将达到 30%左右，造成小麦严重减产。

积年流行病害的防治策略以控制每年初侵染数量和初始病情为主，种植材料上和土壤中病原物数量常是预测预报的主要因素。

二、植物病害流行的因素

（一）病害流行的三要素

植物病害的流行是病原物群体、寄主植物群体在环境条件影响下相互作用并有利于病害在植物群体中发生与发展的结果。导致病害流行须具备三方面因素：①病原物致病性强、繁殖数量大；②寄主植物感病且大面积集中栽培；③有利的环境条件。只有当三要素都满足时，才会引起病害大流行，这些因素的相互作用决定了流行的强度和广度。

随着自然生态系统逐步被改造成农业生态系统，人也成为农业生态系统的成员之一。无论是逻辑推理还是事例分析都说明了这一点：农作物病害流行成灾，绝大多数都是人为的或与人类活动有密切关系。这一认识在研究和防治实践中具有十分重要的意义。

（二）病害流行的因素分析

1. 寄主植物

（1）寄主植物的感病性

这是病害流行的基本前提。感病的野生植物和栽培植物都是广泛存在的。病原物在感病寄主上侵染力加强，潜育期短，繁殖量大，病害循环周期短，一旦环境条件适宜，容易造成病害的流行。

（2）寄主植物大面积集中栽培

这是病害大流行的条件。农业规模经营和保护地栽培的发展，往往在特定的地区大面积种植单一农作物甚至单一品种，从而特别有利于病害的传播和病原物增殖，常导致病害大流行。

（3）抗病品种的抗性丧失

这是病害大流行的重要原因。种植抗病高产优质的品种是防病增产的有效措施。然而现在所利用的抗病品种主要是小种专化抗病性，在长期的育种实践中因不加选择而逐渐失去了植物原有的非小种专化抗病性，致使抗病品种的遗传基础狭窄，易因病原物致病性而丧失抗病性，沦为感病品种。

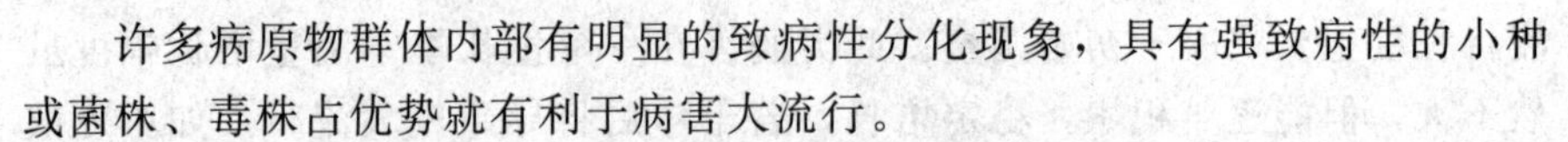

2. 病原物

(1) 具有强致病性的病原物

许多病原物群体内部有明显的致病性分化现象，具有强致病性的小种或菌株、毒株占优势就有利于病害大流行。

(2) 病原物数量巨大

单年流行病害的病原物一般具有繁殖量大的特点，只要条件适宜，在较短期内就能繁殖引起病害流行的必要菌量。这类病害流行一般与初侵染菌量的关系较少，但积年流行病害与初侵染数量关系密切，只要是品种感病，一般初侵染数量越大，发病就愈重。对于生物介体传播的病害，传毒介体数量也是重要的流行因素。

3. 环境条件

环境条件对病原物侵染寄主的各个环节都会产生深刻而复杂的影响，同一环境因素既影响病原物又影响寄主的抗病性，在具备强致病性的病原物和感病寄主的条件下，环境条件往往成为关系到病害流行与否和流行程度轻重的主导因素。环境条件主要包括气象条件、土壤条件、栽培条件等，各因素间对病害流行还会出现种种互作或综合效应。就多数病害而言，影响显著的因素是自然环境中的气象和人为因素中的耕作栽培。

(1) 气象因素

气象因素能够影响病害在广大地区的流行，其中以温度、水分（包括湿度、雨量、雨日、雾和露）和日照最为重要。气象条件既影响病原物的繁殖、传播和侵染，又影响寄主植物的抗病性，不同类型的病原物对气象条件的要求不同。例如，在寄主生长条件下，小麦条锈病菌在夏季最热旬平均温度超过23℃就不能越夏，秆锈病菌在冬季最冷旬平均温度低于10℃也难以生存；霜霉菌的孢子在水滴中才能萌发，而水滴对白粉病菌的分生孢子的萌发不利；多雨的天气容易引起霜霉病的流行，而对白粉病却有抑制作用；水稻抽穗期前后遇低温阴雨天气，稻株组织柔嫩衰弱，易感染穗颈瘟病。

(2) 耕作栽培因素

耕作制度的改变会使农田生态系统中各组成成分的关系发生变化，从而改变某些病害的危害状况。各种栽培管理措施可以通过改变上述各项流行因素特别是寄主抗病性和农田小气候而影响病害流行。例如，安徽沿江双季稻区，随着种植结构的调整，压缩了双季稻面积，扩大了一季稻的种植，形成早、中、晚混栽的种植制度，使有些地区已经被控制的水稻白叶枯病又在中稻上回升。近年来，稻田有机肥施用量急剧下降，氮素化肥用量剧增，不仅使水稻纹枯病的危害加重，还引起一些地方缺钾缺锌的生理性病害大面积发生。

（三）病害流行的主导因素

在诸多流行因素中，对具体时间、地点的某一种或某一类病害，会有一些对病害流行起主导作用的因素，称为流行的主导因素（Key factors for disease epidemic）。它们往往是病害流行必要因素中易变的和常处于病原物生理学要求的临界水平的因素，在其他条件基本满足的情况下，相对少数主导因素或大或小的变化可能导致病原物－寄主相互斗争的不同后果。“主导”是相对的，同一种病害，处于不同的时间段、不同地点可能会有不同的主导因素，需要对具体的病害系统做具体分析。例如，长江中下游地区的小麦赤霉病的流行条件中寄主与病原物条件是经常具备的，病害流行与否和流行程度轻重往往取决于小麦抽穗扬花期雨湿条件是否充足。因此，病害流行的主导因素是抽穗扬花期的雨量、雨日等气象因素。又如，品种更换可以成为稻瘟病、小麦锈病等病害流行的主导因素。再如，病原物致病性同样是许多病害流行的主导因素，玉米小斑病菌 T 小种的出现导致了 1970 年美国玉米小斑病全国性大流行。

分析病害流行的主导因素，对于流行分析、病害预测和设计防治方案都有重要意义，对于病害流行的预测预报甚为重要，因为病害流行的主导因素必然是病害预报的重要因子。

三、植物病害流行的过程

植物病害流行的过程是病害消长和病原物消长的动态变化过程。这个过程是由病原物对寄主的侵染活动和病害在时间和空间中的动态变化表现出来的。因此，植物病害流行是病害在时间和空间中不断增长，在较大范围内造成不同程度损失的变化，称为病害流行的时间动态（Temporal dynamic），病害因病原物传播而在空间扩展的过程称为病害流行的空间动态（Spatial dynamic），时间动态与病害的空间动态互联一体，组成病害流行的全貌。

（一）病害流行的时间动态

1. 季节流行曲线

针对任何一种病害，在作物一个生长季中定期系统调查田间发病情况，取得发病数量（发病率或发病指数）随病害流行时间而变化的数据，再以时间为横坐标，以发病数量为纵坐标，绘制成发病数量随时间而变化的曲线。该曲线称为病害的季节流行曲线（Disease progress curve）。

季节流行曲线是病害在单一生长季节内病害流行动态的形象表示方式，因病原物致病性、品种抗病性和环境因素而变。发病始期，最高病情和流行速率是其主要特征量，它集中反映了流行速率，曲线最高点表明流行程度。

流行曲线可以有多种类型，因病害种类不同和环境条件的变化而不同（图 3－4），不同病害或同一病害在不同条件下，有不同形式的季节流行曲线。

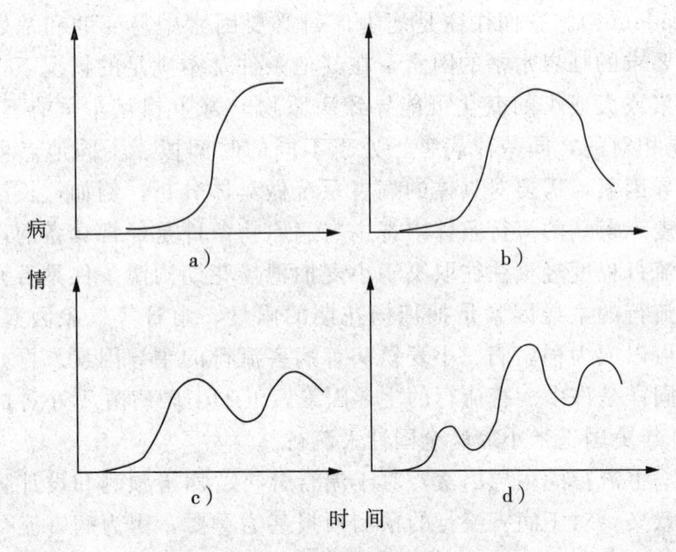

图 3－4　病害流行曲线的几种形式

a）S形；b）单峰型；c）双峰型；d）多峰型

（1）S 型曲线

S 型曲线是一种最常见的形式。典型的 S 型曲线，初始病情很低，其后病情随着时间不断上升，直至病情饱和点（100％），且寄主群体不再增长。如马铃薯晚疫病、春小麦三种锈病等。

（2）单峰曲线

单峰曲线出现多半是由于作物生长前中期发病并达到高峰，后因寄主抗性增强或气候条件不利，病情不再发展，但寄主群体仍继续生长，故病情从高峰处下降，如棉苗黑斑病、白菜白斑病等。

（3）多峰曲线

多峰曲线是指在一个季节中病害出现 2 个或 2 个以上的高峰，病情的起落可以是因环境条件的变化所造成，如中稻纹枯病，因为七八月份高温的影响，分别在前期和生长中后期出现 2 个发病高峰；也可以是寄主生育阶段抗性变化而引起，如南方稻瘟病可以在幼苗期、分蘖期、抽穗期分别形成苗瘟、叶瘟、穗颈瘟 3 个发病高峰；还可以由于传毒昆虫多次迁飞造成，如早稻油菜田的病毒病，可因有翅蚜多次迁飞而出现多个发病高峰。

在以上种种病害流行曲线中，S 型曲线是最基本形式，单峰曲线可看做是一个正 S 型曲线再接上一个反 S 型曲线，多峰曲线则是单峰曲线的重复出现。

2. 流行阶段的划分

根据S型曲线的基本形式，可将病害流行过程划分为三个阶段（图3-5）。

(1) 始发期

始发期也称指数增长期（Exponential phase），从始见微量病情到病情发展至0.05这段时期（病情以百分数表示，取值为0～1），此期经历的时间较长，病情增长的绝对数量虽不大，但增长速率很高。如初见病害时病叶率为0.0001，病叶率增长到5%（0.05）时病情增长了500倍，显然此阶段是菌量积累的关键时期，对于做好病害预报和防治工作都具有十分重要的价值。

(2) 盛发期

盛发期也称逻辑斯蒂增长期（Logistic phase），是病情从0.05发展到0.95的一段时期，此期间田间绝对病情增长很快，使人有"盛发"的感觉。此期经历时间不长，病害增长的幅度最大，但增长速率下降。

(3) 衰退期

衰退期也称流行末期，这一时期病害流行曲线趋于水平，病情不再发展。

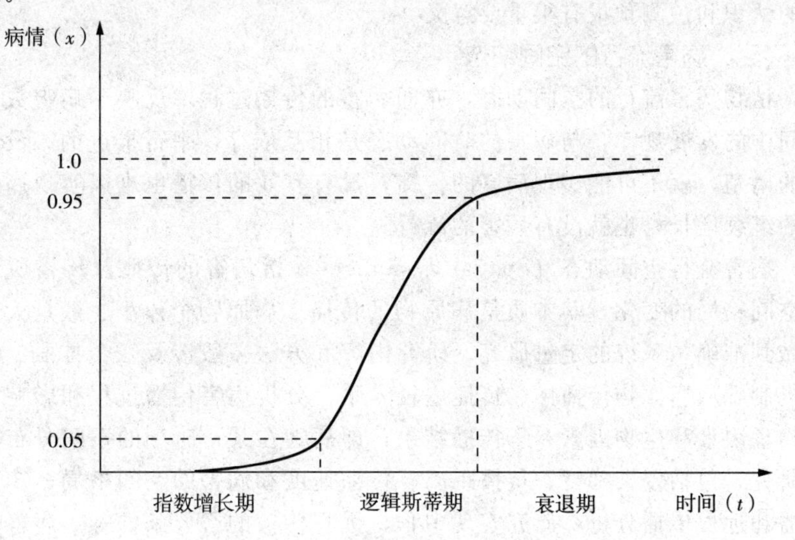

图3-5 病害流行过程三阶段

3. 流行曲线的定量表达

在病害流行过程中，病害数量的增长可以用种种数学模型描述，其中最常用的为指数增长模型和逻辑斯蒂模型。

(1) 指数增长模型（Exponential growth model）

指数增长模型的积分式为 $x_t = x_0 e^{rt}$，式中 x_0 为初始病情（普遍率或

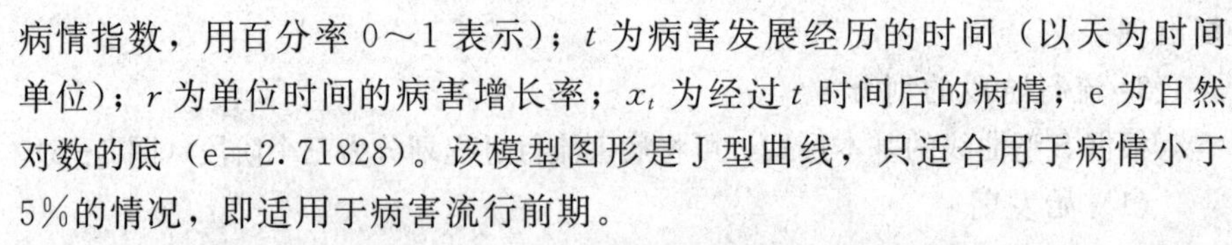

病情指数，用百分率 0～1 表示）；t 为病害发展经历的时间（以天为时间单位）；r 为单位时间的病害增长率；x_t 为经过 t 时间后的病情；e 为自然对数的底（e＝2.71828）。该模型图形是 J 型曲线，只适合用于病情小于 5%的情况，即适用于病害流行前期。

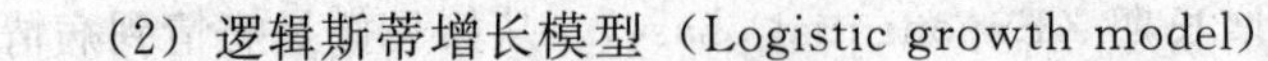

（2）逻辑斯蒂增长模型（Logistic growth model）

逻辑斯蒂增长模型的积分式为 $\frac{x_0}{1-x_t}=\frac{x_0}{1-x_0}e^{rt}$，式中各参数符号生物学含义同指数模型。逻辑斯蒂增长模型的图形为 S 型曲线，与多循环病害的季节流行曲线相似，从而可利用该数学模型来分析多循环病害的流行。模型中 r 为逻辑斯蒂侵染速率，实际上是整个流行过程的平均流行速率，通称为表现侵染速率（apparent infection rate），若以 x_1 和 x_2 分别代表 t_1 和 t_2 时间内的发病数量，则由逻辑斯蒂模型可得

$$r=\frac{1}{t_2-t_1}\left(\ln\frac{x_2}{1-x_2}-\ln\frac{x_1}{1-x_1}\right)$$

r 是一个很重要的流行学参数，可用于流行的分析比较和估计寄主、病原物、环境因素和防治措施对流行的影响。因此了解其变动规律，对病害流行的认识和预测预报有很重要意义。

（二）病害流行的空间动态

植物病害流行的空间动态，亦即病害的传播过程，反映了病害数量在空间中的发展规律，与病害的时间动态是相互依存，平行推进的。没有病害的增殖，就不可能实现病害的传播；没有有效的传播也难以实现病害数量的继续增长，也就没有病害的流行。

病害流行空间动态（Spatial dynamic）是指病害的传播及传播所致病害空间格局的变化，其本质是病原物的传播。病原物个体小、数量大，很难做到准确、系统的定量研究。研究内容和方法一般涉及三个方面：①传播机制，从病原物传播体、传播途径入手，分析病害传播过程和影响传播的物理因素和生物因素；②传播结果，即病害在某一时刻的空间分布状态的研究，包括侵染梯度、传播距离、传播速度和病害的空间格局；③中程传播和远程传播分析，研究实现中程、远程传播的必要条件等。病害的传播特点主要因病原物种类及其传播方式而异，病害传播是病原物本身有效传播的结果，不同病害的传播距离有很大差异，可区分为近程、中程和远程传播。近程传播所造成的病害在空间上是连续的有明显的侵染梯度（Infection gradient），中程传播造成的发病具有空间不连续的特点，无明显的侵染梯度。多循环气传病害流行的田间格局有中心式和弥散式两类，中心式传播的病害田间是聚集分布，弥散式传播的病害田间呈随机分布或

均匀分布的格局。

四、植物病害的预测

植物病害预测是根据病害发生发展和流行规律和必要的因素监测，结合历史资料进行分析研究，对未来病害发展趋势和流行程度做出定性或定量估计的过程。由权威机构发布预测结果称为预报，有时对二者并不做严格的区分，通称病害预测预报，简称病害预测。做好预测预报工作，为病害防治决策、防治行动以及防治效益评估提供依据。准确地测报能对病害流行防患于未然，或者减少受害的损失，有效地为经济建设服务。

（一）预测的依据

预测依据主要有以下几个方面：①病害流行的规律，包括预测对象的流行类型，病害循环、侵染过程的特点，病原物、寄主、环境条件的相互关系，病害流行的主导因素等；②历史资料，包括当地或有关地区逐年积累的病害消长资料、与病害有关的气象资料、品种栽培资料等；③实时信息，按病害测报要求，由病害监测获得的当前病情、菌量及气象实况资料；④未来信息，从其他部门获得的情报资料，如天气或天气形势测报、外来菌源预报等；⑤测报工作者的经验和直观判断。

病害流行预测的预测因子应根据病害的流行规律，由寄主、病原物和环境诸多因素中选取。一般来说，菌量、气象条件、栽培条件和寄主植物生育状况等是最重要的预测依据。

（二）预测的类别

病害预测的类别按不同的要求，从不同角度有多种区分方法。按预测内容分为发生期、发生量、损失量等。按预测形式和方法分为定性预测、分级预测、数值预测和概率预测。按预测依据的因素分为单因子预测和复因子综合预测。按特殊要求进行品种抗病性、小种动态、病害种群演替预测等。按预测期限分为短期、中期、长期和超长期预测。

（三）预测的方法

根据预测机理和主要特征，可将病害预测方法分为四大类型。

1. 综合分析法

测报工作者根据已有知识、信息和经验，权衡多种因素的作用效果，凭经验和逻辑推理做出判断，也可邀请有关专家共同商讨而做出判断，多属定性预测。预测的可靠程度取决于测报工作者或专家们的业务水平及信息质量和经验丰富程度。近年来，通过计算机实现上述判断过程的计算机专家系统预测法正在研究。计算机专家系统是将专家综合分析预测病害所需的知识、经验、推理、判断方法归纳成一定规格的知识和准则，建立一套由知识库、推理机、数据库、用户接口等部分做成的软件输入计算机，

投入应用，这方面的研究目前尚处在发展中。定性的综合分析，过去应用较广，许多病害的趋势分析，大多应用此类方法，现在主要用于问题复杂的及难以取得定量数据病害的预测或超长期病害预测上。

2. 条件类推法

该法包括预测圃法、物候预测法、应用某些环境指标预测法等。例如，在稻瘟病病害流行区设置自然病圃预测小种变化动态；在水稻白叶枯病区创造有利于发病的条件设置预测圃，根据预测圃中白叶枯病发生发展情况，指导大田调查和防治。指标预测法对一些以环境因素为主要条件的流行病，也是一种常用的方法。例如，湖北省应用雨量、雨日数、日照时数的指标，预测小麦赤霉病的流行程度。英国西部应用标蒙（Beaumount）预测指标，即48h内最低气温不低于10℃，相对湿度在75%以上，预测马铃薯晚疫病3个星期内将发生。我国参照标蒙氏的指标，预测15～20d后马铃薯晚疫病可能出现中心病株。条件类推法基本上属直观经验预测，往往适用于特定地域。

3. 数理统计预测法

运用各种统计方法，对病害发生的历史资料进行统计分析，提取预测值与预报因子之间的关系，建立数学公式，然后按公式进行预测。这种方法是将病害流行系统看成一个“黑盒”，不研究分析病害流行过程及内部机理，所以又称整体模型。在数理统计预测中，国内外应用最广的是回归分析法，因为病害流行受到多因素的影响，是多个自变量与一个因变量的关系，故一般应用多元回归分析。国外对玉米小斑病、小麦秆锈病、叶锈病、烟草白粉病等多种病害应用多元回归分析法预测病害的发展水平。国内对稻瘟病、小麦赤霉病先通过逐步回归筛选相关因子，然后组建多元回归电算预报系统。国内还有将多元回归方程与逻辑斯蒂方程结合起来进行病害预测的做法。一般先用多元回归预测病害的流行速率；然后根据实查的初始病害，再次预测S型曲线上关键点的病情，如小麦条锈病春季流行、玉米小斑病和水稻纹枯病发生程度的预测，就采用了这一方法。此外，还有人应用模糊聚类方法、条件判别法、同期分析、马尔可夫链等方法进行病害预测。数理统计法一般适用于影响的主导因素较少、有长期定量调查数据的病害。

4. 系统分析法

将病害流行作为系统，对系统的结构和功能进行分析、综合，组建模型，模拟系统的变化规律，从而可预测病害任何时期的发展水平。系统分析的过程大体是：先将病害流行过程分成若干子过程，如潜伏、病斑扩展、传播等；再找出影响每一个子过程发展的因素，组建子模型；最后按生物学逻辑把各个子模型组装成计算机系统的模拟模型。国内已研制成小麦条锈病、白粉病、稻纹枯病、稻瘟病等模拟模型。模拟模型能反映病害流行的动态变化和内部机理，但模拟模型的组建比较复杂而且困难，现在研制的多数模型离生产应用尚有一定距离。

思考题

1. 名词解释。

(1) 单年流行病

(2) 积年流行病

(3) 侵染过程

(4) 病害循环

(5) 潜伏侵染

(6) 局部侵染

(7) 系统侵染

(8) 潜育期

(9) 初侵染和再侵染

(10) 活体营养寄生物

(11) 死体营养寄生物

2. 病原物侵入寄主有哪些途径？

3. 病原物的传播方式有哪些？

4. 简述病原物越冬越夏场所及影响因素。

5. 简述影响病程的各个因素。

6. 多循环季节流行曲线一般分为几个阶段，各个阶段有何特点？哪个阶段对病害预测和防治更加重要？

7. 试举出流行因素变动导致病害大流行的实例，流行主导因素分析有何意义？

8. 病害预测分哪些类型？预测的方法主要有哪些？

9. 为什么说病原物产生的植物细胞壁降解酶是重要的致病因素？

10. 区分寄主选择性毒素与寄主非选择性毒素有何意义？

11. 举例说明病原物各种致病因素的协同作用。

12. 举例说明植物被病原物侵染后所发生的主要生理变化。

13. 物理主动抗性机制有哪些？

14. 谈谈过敏性坏死反应、植物保卫素的作用。

15. 如何理解抗病性的概念和概念的相对性？

16. 病原物致病性变异的主要途径有哪些？

17. 垂直抗性和水平抗性的概念。

18. 谈谈“基因对基因”假说及其意义。

植物有复杂社会行为　讲“兄弟义气”

据国外媒体报道，加拿大科学家最新研究表明，像动物一样，植物也有复杂的社会行为能力：它们会对“亲戚”和“朋友”奉行利他主义，特别讲义气，而对陌生人却斤斤计较，极力竞争获取养分。

加拿大麦克马斯特大学（McMaster University）的一个研究小组做了大量的实验，研究表明，植物能够感知邻居的存在，并能够识别它们的邻居是“亲属”还是“陌生人”，从而做出不同的响应。植物会配合它们的亲属一起生长发育，尤其是对同科的“兄弟姐妹”特别友善，互让养分。研究人员发现，与那些同“陌生人”栽种在一起的植物相比，与自己的同族生活在一起的植物的根系要小得多。这意味着当它们感知周围的同族后，会通过生长较小的根系来做出利他的响应，特别无私，特别讲义气；当它们感知周围是其他种类的植物时，会积极争取有限的养分。

第四章　植物病害的诊断和防治

【学习要求】

通过学习，掌握病害类别的识别；病害综合治理的原则及措施；各种植物病害防治法的特点及利弊，指导病害的有效防治。

【技能要求】

学会综合运用几种病害防治方法，掌握农业防治法和生物防治法在病害综合治理中的地位。

【学习重点】

掌握植物检疫法、农业防治法、生物防治法、物理机械防治法、化学防治法的应用。

【学习方法】

理论联系实际，可以在实习过程中运用几种病害防治方法。

第一节　植物病害的诊断

诊断就是判断植物生病的原因，确定病原类型和病害种类，为病害防治提供科学依据。

一、植物病害诊断工作的重要性

（一）病害诊断工作是处理涉及植物病害有关工作的关键步骤

（1）病害诊断工作是进行病害防治工作的前提。在实际生产中，经常发现由于某些农技人员误诊而致使不少病害未得到及时防治而造成损失；也常造成某些地方对本来不需防治的病害卖力地进行“防治”的后果。

（2）病害诊断工作是处理涉农诉讼案件的依据。在实际工作中，经常在一些农作物受到某种灾害后农民要求某些涉农部门进行赔偿，如果这种灾害和病害有关，则要求对病害进行正确的诊断。

(3) 在植物检疫工作中，对病害的诊断更是至关重要的。

(二) 病害诊断工作的困难性对科技人员提出了较高的要求

这种困难性表现在：很多情况下要求科技人员现场做出快速诊断，这就使科技人员难以有充裕时间去查阅资料或利用实验室内的科技手段来进行诊断。另外，在实际诊断工作中，病害和其他有害生物所致灾害以及农事活动不当所致损害不易区分。还有一点，在病害的正确诊断和某些农民利益冲突时，农民可能有意不提供病害发生进程的真实情况。

上述原因决定了病害诊断工作是植病工作者解决生产问题的重要手段，为获取这种手段，就应当受到专门系统的训练，并不断积累起丰富的实践经验。

二、病害诊断的基本依据和原则

(一) 病害诊断的基本依据

1. 要确知当地每种作物上现有重要病害的种类及其基本特征

由于病害诊断工作是一种地域性很强的工作，又由于病害诊断的基本方法是“排除法”，故在诊断实际病害之前就知道当地所发生的病害种类是十分必要的，这可使你成竹在胸，且不会在当地没有的病害范围内去浪费时间。

2. 要掌握权威可靠的工具书及诊断资料

由于种种原因，我们所面对的某些工具书或参考资料中经常有错误或遗漏出现，也有不少生产中的新问题在其中没体现，故必须对工具书及参考资料有所比较和鉴别。

3. 要正确处理通过“症状及发病条件”进行诊断与鉴定“病原、病因”的关系

事实上，如果你真正对各种病害都比较熟悉，则多数情况下根据病害症状及其发病条件就可以做出正确的诊断，但也存在一些症状很相似的病害，则只有通过对其病原的鉴定，才能做出正确的诊断。因此，为适应在生产现场中快速诊断的需要，我们应当掌握主要通过症状与发病条件进行病害诊断的方法，但在某些不易做出确切诊断时也可利用实验室内的条件(如显微观察等) 来最后确定诊断结果。

4. 要建立适合当地病害的鉴别体系

适合当地病害 (以症状及发病条件诊断为主，以病因病原鉴定为辅) 的鉴别体系可以作为病害鉴定的基本依据。

(二) 病害暂时诊断不清时的三个处理原则

(1) 在遇到一时不易诊断的病害时，要首先弄清楚它是否是危险性病

害，如果可能是危险性病害，则应务必尽早诊断清楚，以免贻误防治时机。如果不是危险性病害，则可以从容处置。在仅为解决“是否需要防治”而进行病害诊断时，也可以不去弄清具体病害名称，只答复不需防治即可。

（2）防治及处置方法基本相同的病害，可以（暂时）合并诊断，不一定非要弄清到底是哪一种。

（3）在无法做出具体的确切诊断时也应给出几种可能的诊断，并提出妥善的处置办法。

三、病害诊断的基本程序及方法

（一）常见病害的诊断程序

（1）症状观察；

（2）询问送诊人员有关发病条件及过程；

（3）必要时进行病原检查；

（4）做出诊断。

（二）不常见“病害”的诊断程序

（1）受害植物被害状观察；

（2）详尽询问送诊人员有关灾害的发生条件、过程、发生的区域、面积、危害程度、已采取的措施及效果等；

（3）初步判断可能是哪一类灾害；

（4）用放大镜、显微镜寻找检视有害生物源，特别要注意以不受害植株作为对照；

（5）必要时到灾害现场进行实地调查，这对于非侵染性病害的诊断更为重要；

（6）查阅工具书及参考资料，咨询同行专家，必要时进行会诊；

（7）做出诊断并提出应对灾害的处理意见。

（三）诊断一种新病害中要注意的问题

（1）一种被害现象的本质可能要经过若干次反复才能被认识清楚，不要急于过早下结论。

（2）有些病害可能出现以下情况，即病原所在部位和症状表现部位不同。

（3）在有些情况下，标本材料很少且个体较小，可以利用不制片的方法直接进行显微检查。

（4）诊断新病害的基本功是病原学知识，故应当对重要病原物的形态、分类特征及其学名熟练掌握。

四、柯赫氏法则

柯赫氏法则（Koch's Rule）是用来确定侵染性病害病原物的操作程序。如发现一种新的病害或疑难病害时，就需要用柯赫氏法则来完成诊断与鉴定。柯赫氏法则常用来诊断和鉴定侵染性病害，操作步骤如下：

（1）在病植物上常伴随有一种病原生物存在；

（2）该微生物可在离体的或人工培养基上分离纯化而得到纯培养；

（3）将纯培养接种到相同品种的健株上，表现出相同症状的病害；

（4）从接种发病的植物上再分离到其纯培养，性状与原来的记录（2）相同。

五、植物病害的诊断要点

植物病害的诊断，首先要区分是属于侵染性病害还是非侵染性病害。如果是侵染性病害，再确定病原的大类型，是否为真菌性病害、细菌性病害、病毒性病害、线虫性病害等。

（一）侵染性病害的特征

病原生物侵染所致的病害特征是：病害有一个发生发展或传染的过程；在特定的品种或环境条件下，病害轻重不一；在病株的表面或内部可以发现其病原生物体存在（病征），它们的症状也有一定的特征。大多数的真菌病害、细菌病害和线虫病害以及所有的寄生植物，可以在病部表面看到病原物，少数要在组织内部才能看到，多数线虫病害侵害根部，要挖取根系仔细寻找。有些真菌和细菌病害、所有的病毒病害和原生动物的病害，在植物表面没有病征，但症状特点仍然是明显的。

1. 真菌病害的鉴定

大多数真菌病害在病部产生病征，或稍加保湿培养即可长出子实体来。但要区分这些子实体是真正病原真菌的子实体，还是次生或腐生真菌的子实体，较为可靠的方法是从新鲜病斑的边缘做镜检或分离，选择合适的培养基进行分离培养，一些特殊性诊断技术也可以选用。按柯赫氏法则进行鉴定，尤其是看接种后是否发生同样病害，是最基本的、也是最可靠的一项。

2. 细菌病害的鉴定

大多数细菌病害的症状有一定特点，初期有水渍状或油渍状边缘，半透明，病斑上有菌脓外溢，斑点、腐烂、萎蔫、肿瘤大多数是细菌病害的特征，部分真菌也引起萎蔫与肿瘤。

切片镜检有无喷菌现象是最简便易行又最可靠的诊断技术，要注意制片方法与镜检要点。

用选择性培养基来分离细菌，挑选出来，再用于过敏反应的测定和接种，也是很常用的方法。

3. 病毒病害的鉴定

病毒病害的症状以花叶、矮缩、坏死为多见，无病征。撕取表皮镜检时有时可见有内含体。在电镜下可见到病毒粒体和内含体。采取病株叶片用汁液摩擦接种或用蚜虫传毒接种可引起发病；用血清学诊断技术可快速做出正确的诊断。必要时做进一步的鉴定试验，电镜观察病毒粒子。

4. 线虫病害的鉴定

在植物根表、根内、根际土壤、茎或籽粒（虫瘿）中可见到有线虫寄生，或者发现有口针的线虫存在。线虫病的病状有虫瘿或根结、胞囊、茎（芽、叶）坏死、植株矮化黄化、缺肥状。

5. 寄生性植物引起的病害

在病植物体上或根际可以看到其寄生物，如寄生藻、菟丝子、独脚金等。

6. 复合侵染的诊断

当一株植物上有两种或两种以上的病原物侵染时可能产生两种完全不同的症状，如花叶和斑点、肿瘤和坏死，首先要确认或排除一种病原物，然后对第二种做鉴定。两种病毒或两种真菌复合侵染是常见的，可以采用不同介体或不同鉴别寄主过筛的方法将其分开。

柯赫氏法则在鉴定侵染性病原物时是始终要遵守的准则。

（二）非侵染性病害的特征

从病植物上看不到任何病征，也分离不到病原物；往往大面积同时发生同一症状的病害，没有逐步传染扩散的现象等，大体上可考虑是非浸染性病害。除了植物遗传性疾病之外，主要是不良的环境因素所致。不良的环境因素种类繁多，但大体上可从发病范围、病害特点和病史几方面来分析。下列几点可以帮助诊断其病因：

（1）病害突然大面积同时发生，发病时间短，只有几天，大多是由于大气污染、三废污染或气候因素如冻害、干热风、日灼所致。

（2）病害只限于某一品种发生，多为生长不宜或有系统性的症状表现，多为遗传性障碍所致。

（3）有明显的枯斑、灼伤，且多集中在某一部位的叶或芽上，无既往病史，大多是由于使用农药或化肥不当所致。

（4）明显的缺素症状，多见于老叶或顶部新叶。非侵染性病害约占植物病害总数的1/3，植病工作者应该充分掌握对生理性病害和非侵染性病害的诊断技术。只有分清病因以后，才能准确地提出防治对策，提高防治效果。

第二节　植物病害的防治原理

一、植物病害管理的概念

综合防治就是因时因地制宜，协调应用化学、生物、物理、农业防治等措施，经济、安全、有效地防治病害。综合防治是对有害生物进行科学管理的体系。从农业生态系总体出发，根据有害生物和环境之间的相互关系，充分发挥自然控制因素的作用，因地制宜地协调应用必要的措施，将有害生物控制在经济受害允许水平之下，以获得最佳的经济、生态和社会效益。国际上则认为综合防治是指在病原物与寄主共存的前提下，综合协调农业生态系统中各因素间的关系，建立人为的病害平衡，将病害控制在造成经济危害水平之下。

二、植物病害防治原理

植物侵染性病害发生流行取决于寄主、病原物和环境因素的作用，植物病害的防治措施应从这三方面入手，削弱或终止病害循环过程。

1. 增强寄主抗病性或保护寄主不受侵染

选用及培育抗病品种；根据地区土壤性质和气候条件，选用最适合当地生长的作物种类；加强整地、施肥、管理，增强植物生长势，提高抗病性；施用保护性杀菌剂，保护植株不受侵染。

2. 消灭或控制病原物

实行植物检疫，防止病原物传入；砍除病株及转主寄主，清除病株残体以减少侵染来源；土壤消毒和轮作以减少土壤中的病原物；消灭媒介昆虫，防止接种体传播；种子和无性繁殖材料的化学和热力处理，以杀死其中携带的病原物；喷洒或注射杀菌剂进行化学治疗。

3. 改变环境条件使其有利于寄主而不利于病原物

理论上，这三个方面只要有一个方面的措施有效，就可以防止病害发生或流行。生产实践中，大多数病害用单一的方法不能取得满意的防治效果，只有从多方面采取措施才能控制病害流行。

三、病害管理的原则

（1）准确认识各种病害的潜在危险性，确定是否纳入控制范围以及何时应加以控制。

（2）充分认识植病系统是农业生态系统的子系统；农业系统是一种依

靠人类管理才能维持的不稳定系统，作物生产的任一环节均会影响植病子系统的平衡；因此作物生产的各个人为环节必须考虑病害的管理。

(3) 发展监测技术，确定经济阈值、病原物群体毒力、病害发生水平，研究以价值判断为基础的经济阈值。

植物病害的防治方法可分为植物病害检疫、农业防治、选用抗病品种、生物防治、物理防治和化学防治六个方面。

第三节　植物病害综合治理措施

一、植物检疫

(一) 植物检疫的意义

1. 定义

利用立法或行政措施对植物及植物产品进行管理和控制，防止有害的危险性生物的人为传播，叫做植物检疫，又称法规防治。其是通过政府制定法规法律来实施的。

2. 目的

在检疫法规规定的范围内通过禁止或限制植物、植物产品和其他传播载体的输入、输出，以达到防止有害生物通过人为的扩散蔓延，保护农业生产和环境的目的。对病原物起杜绝、回避接触的作用。

3. 任务

禁止危险性有害生物随植物及其产品或其他传播载体由国外输入或国内输出；将国内局部发生的危险性有害生物封锁在一定范围内，不让其传播到尚未发生的地区，并采取措施逐步扑灭；当危险性有害生物传入新区时，采取一切措施就地肃清。

4. 检疫对象

局部地区发生的、人为远距离传播为主的危险性病害（对农林生产或环境可造成重大危害或具有严重威胁）。

对象的确定不是一成不变的，可根据实际情况进行修订。检疫对象分为对外检疫和国内检疫，国内检疫中各省级区域还要针对本地需要增设补充名单。

(二) 检疫措施

1. 禁止进境

危险性极大的有害生物，严禁寄主相关植物、植物产品、一切土壤进境。

2. 限制进境

符合条件允许进境，限制时间、种类、地点、数量，在原产地检疫有除害处理状况证明。

3. 调运检疫

国家间、国内地区间，在指定地点、场所、实施检疫和处理，经签发准运检疫证方能调运。

4. 产地检疫

在植物原产地或加工地实施检测和处理。

5. 国外引种检疫

引进一切植物繁育材料均需检疫、隔离种植。

6. 携带物、邮寄、托运物检疫

国际旅行客人进境携带所有植物及其产品均需实施检疫，国内邮政、交通运输等流通的植物及其产品均需按规定实施检疫。

二、农业防治（栽培防病、环境管理，生态防治、植物保健、植物健身法等）

（一）特点和意义

所用措施为农艺管理的基本措施，与丰产栽培措施相吻合，操作上可与常规农艺管理相结合；单用难以奏效，但又是必不可少的辅助措施。

通过运用各种农艺调控措施，达到减少病原物数量；创造有利于植物生长发育和抗性表达，不利于病原物活动、繁殖、侵染的农业生态环境，达到减轻病害发生发展的目的。

（二）常用方法和防病原理

1. 使用无病繁育材料——培养无病苗木

减少初始菌量，起杜绝和回避作用。针对病害对象——繁育材料传播病害，在新建果园、苗圃、种子繁育基地列为必要措施。

具体措施：建立无病繁殖材料原种基地，使用脱毒苗，育苗前的热力处理等。

2. 建立合理栽培制度

减少初始菌量，起铲除和回避作用。如轮作，尤其是水旱轮作对土传病害具有较好的效果。

3. 保持田园卫生

越冬越夏场所的处理、处理再侵染源；减少初始菌量和再侵染菌量、降低流行速度，起铲除作用。

具体措施：清除病株残体，深耕除草，砍除转主寄主，拔除田间病株、摘除病叶。

4. 加强栽培管理

降低流行速度，起保护、抵抗作用；合理的肥水管理，提高植株抗病能力；改善土壤透气性和降低地层湿度；合理修剪，调整营养分配，增强树势，增加果园的通风透光性；适期播种，避开不良气候，加快出苗速度，减少染病机会。

三、生物防治

(一) 原理

其原理是利用有益生物及其代谢产物以防治病害的相关措施；铲除病原物以减少初始菌量，降低流行速度；通过调节植株的微生态环境中接种体的数量、诱导抗性，达到抑制病害发生的目的。其特点是与环境相容、不易产生负作用、效果不稳定、适用范围窄、效益低，仅作为辅助措施。

(二) 生防的作用和应用

1. 拮抗作用

一种生物产生某些特殊代谢产物或可改变环境条件，从而抑制或杀死另一种生物的现象。

具有拮抗作用的微生物称为抗生菌，以放线菌为主，也有真菌、细菌。抗生菌产生有拮抗作用的代谢产物称为抗生素或抗菌素。

拮抗作用的利用：抗生素的施用，改变微生态环境中的某些物理、化学因子促进抗生菌大量增殖。

2. 竞争作用

利用植株根围、叶围非病原习居菌或内生菌的腐生竞争作用或位点占据作用减少病原物群体数量和侵染。

3. 重寄生作用

利用其他微生物寄生病原物。

4. 交互保护作用

接种弱毒力微生物诱发植株产生局部抗性或系统抗性，如病毒弱株系的应用。

四、物理防治

利用各种物理手段，如热力、干燥、辐射等来钝化或杀死病原物以达到防治病害的目的。对病原物起铲除和治疗作用，减少初始菌量。主要用于繁育材料的处理，防止病原物通过繁育材料传播。

五、化学防治

(一) 化学防治原理

利用化学农药抑制、杀灭病原物或钝化病原物的有毒代谢产物，以防治植物病害，起铲除、治疗和保护作用，可减少初始菌量，降低流行速度。防治病害的农药统称杀菌剂（含病毒抑制剂）。

(二) 杀菌剂的作用方式

保护性杀菌剂：在病原菌侵入之前施用，使植物体表形成一层药膜杀灭或抑制在植物体表的病原物繁殖体，从而达到阻止病原物侵入、保护植物的目的。

内吸性杀菌剂：能进入植物体组织内部，抑制或杀死已经侵入植物体内的病原菌，使植物病情减轻或恢复健康。一般能在植物体内运输传导，又称治疗剂。

铲除性杀菌剂：对病原物有强烈的杀伤作用，通过直接触杀、熏蒸或渗透植物表皮发挥杀菌作用。

(三) 化学防治的主要方法

喷雾法、喷粉法、种子处理、土壤处理、熏蒸法、烟雾法、浸果法、涂抹法等。

(四) 化学防治的特点

(1) 高效、速效、使用方便、经济效益高；

(2) 易引起药害、人畜中毒、病原物抗药性，对环境有副作用；

(3) 多数杀菌剂是保护剂，用药适期在病原物侵入之前，与其他有害生物的化学防治剂相比，使用技术要求高。

六、选用抗病品种

(一) 特点

(1) 经济有效：防治效果显著，最经济、有效；

(2) 可操作性强：绝大多数作物均能育成抗主要病害的品种；

(3) 能控制多种其他措施难以对付或治理成本高的病害；

(4) 抗病育种是作物育种的组成部分，不需额外投入防治费用。

(二) 对象

(1) 大范围流行的毁灭性病害，如玉米小斑病、赤霉病；

(2) 流行性强的气传病害，如锈病、稻瘟病、白粉病；

(3) 顽固的土传病害，如镰刀菌枯萎病、青枯病；

(4) 其他方法难以防治的病害，如病毒；

(5) 病原物群体致病性分化显著的病害。

（三）抗性鉴定方法

在病害自然流行或人工接种发病的条件下鉴别植物材料的抗病性类型、评价抗病程度。鉴定结果要求能代表一定程度的病害流行条件的抗病水平；一定病原物的数量和毒力基因数目、适宜的发病环境、已知抗性程度的品种做对照、准确可靠的方法和标准（田间设计、气候要求、鉴定时间、次数、计量方法）。

1. 田间病圃鉴定法（天然病圃、人工病圃）

天然病辅是在病害常发区，依靠自然菌源和条件，造成流行，以鉴定抗性；加上人工接种病原物为人工病圃。在群体和个体层面上认识抗性，全面反映抗性类型和田间表现水平；周期长，受季节和环境限制，不能鉴定出对毒性基因类型的抗性，不能接新病原物、新毒性基因。

2. 室内鉴定法

在特定的人工气候室或温室内的隔离条件下，人工接种和控制环境条件，造成病害发生，鉴定供试材料的抗性。不受季节限制，省工省时，可测定对不同毒性基因的抗性，不能代表田间实际抗性表现，需有专门设施和技术。

3. 离体鉴定

以器官、组织或细胞为材料接种病原物或用毒素处理鉴定供试材料的抗性。处理材料多，省工省时，仅是辅助。

4. 间接鉴定

以生理系列化或形态性状为指标间接测定抗性水平，对性状与抗性表达有较大的关联或相关的材料可以用，仅是辅助。

（四）抗病育种的途径

1. 引种

直接引进抗病品种，便捷，应注意病原物毒力基因的差异。如欧柔抗小麦锈病、NCO310 抗甘蔗霜霉病。

2. 系统选育

从原有品种中选育，根据品种个体间遗传组成的异质性或自然突变株选择出新的抗病品种。

3. 杂交育种

杂交育种是最常用最有效的抗病育种方法，包括单交、复交、回交、品种间杂交、远源杂交/杂种优势利用。至少选择一个抗病亲本，回交的非轮回亲本的抗性遗传要求简单的显性基因，后代的抗性筛选显性基因从 F2 或 BF1 选起，隐性基因推迟一代选。

4. 诱变育种

用物理（如 Co60 辐射）、化学（如甲基磺酸乙酯）方法诱变出突变体进行育种，后代的抗性筛选应从 M2 代开始。

5. 组织或细胞系培养

利用体细胞或性细胞，组织培养系在愈伤组织分化过程中产生变异体选育抗病株。目前以毒素为选择压力进行诱导，被广泛利用；用分子代替生物体、用细胞代替植株的抗性筛选其效率提高千万倍。

6. 转基因技术

应用基因工程进行转基因抗病育种，发展迅速。如利用病毒外壳蛋白 CP 基因建立抗病转基因植物，现已转化了烟草、番茄、瓜类、甜菜、马铃薯、苜蓿和水稻等多种栽培植物。

抗病育种的途径有上述 6 种，选用何种途径主要视作物种类、抗性遗传类型和技术水平与条件而异。实际上，可以利用 2～3 种途径结合在一个抗病育种计划中进行。

（五）抗病基因的合理利用

品种抗性维持年限与抗病基因数目成正相关，但实际的育种技术和多数作物的抗性遗传问题使一个品种能拥有的基因数目受到一定的限制。

单主效基因轮换：育成具有单主效基因的抗病品种定期进行轮换。但必须育成一套具有不同抗病基因的品种供选择，必须掌握病原物群体的毒力基因数目和分布频率，预测病原物群体对单主效基因的致病潜力变化趋势。

聚合多个主效基因：采用有效的育种途径，将多个抗病主效基因聚合在一个品种内。但育种时间长、难度大。一旦抗性丧失往往无接班品种，易导致单一品种大面积连年种植使病原物毒力基因定向选择而加速抗性丧失，导致出现克服各抗性基因。

多系品种：将不同抗病基因转移到一个品种中，该品种由多个农艺性状相同或相近而能抗不同毒力基因的近等基因系组成。应用时，根据病原物毒力基因组成变化情况，把若干个品系机械混合在一起种植。抗性不易丧失，对病原物有一定的稳定性选择作用；用转基因技术可能会大大缩短育成的时间；难度大，较多品系抗性丧失后通过桥梁作用快速形成克服多抗性基因的超级强毒力小种，长期使用破坏农业生态系统的平衡易造成新的重要病害大流行。

微效基因主效化：将许多品种的微效基因聚集在一起。抗性不易克服，受环境影响大，有利流行条件下表达不完全，难以鉴定微效基因是否聚合在一起。

思考题

1. 如何理解植物病害管理的概念?

2. 谈谈植物病害管理措施的流行学效应。

3. 分别举出粮食作物和经济作物运用农业防治、生物防治和物理防治的实例，并说明其可能的防病机制。

4. 当前在农作物抗病品种选育和使用方面存在哪些主要问题? 应采取哪些改进措施?

5. 调查当地主要作物病害化学防治现状，提出改进化学防治的建议。

6. 如何合理使用杀菌剂?

为什么美国土豆容易变黑

有人称“美国的土豆（又称马铃薯）削皮切丝仍然变黑，仍需要水洗，可是中国已经没有这样的土豆了。无论在云南还是北京，土豆削皮切丝永远不会变色”。由此有人推断，“全中国城市出售的土豆都是转基因”。

实际上，马铃薯在削皮或切开后，薯块失去了表皮的保护作用和受到机械伤害，与空气接触便产生褐变，并造成外观变差、产生不良风味。褐变发生的原因主要是薯块中含有酚类化学物质和多酚氧化酶，切割破坏了薯块内部细胞膜的结构，导致隔离的多酚类物质流出，与外界氧气接触，在多酚氧化酶催化作用下形成一种叫邻醌的物质再相互聚合或与蛋白质、氨基酸等作用形成高分子络合物，从而使薯块切割面发生褐变（放置时间长了就变黑）。通俗地讲，一旦马铃薯去皮或切开并与空气接触就容易变褐变黑。

这种褐变因品种而异，有些品种因薯块中的酚类物质比较多或多酚氧化酶活性高，削皮或切开后容易变黑，而有些品种不容易变黑；另外褐变也受环境条件的影响，比方说低温冷藏后的马铃薯就容易褐变，美国的马铃薯一般都在低温库中贮藏，因此容易变黑。

马铃薯削皮切开后，只要将切块浸在水中使薯块与空气隔离、用热水漂洗使切块表面的多酚氧化酶失去活性、维生素C和柠檬酸溶液处理、气调包装、真空包装等方法可以在一定程度上控制马铃薯切割后的褐变。

目前中国的马铃薯基本上是西部区域小种植户生产，生产上用的品种

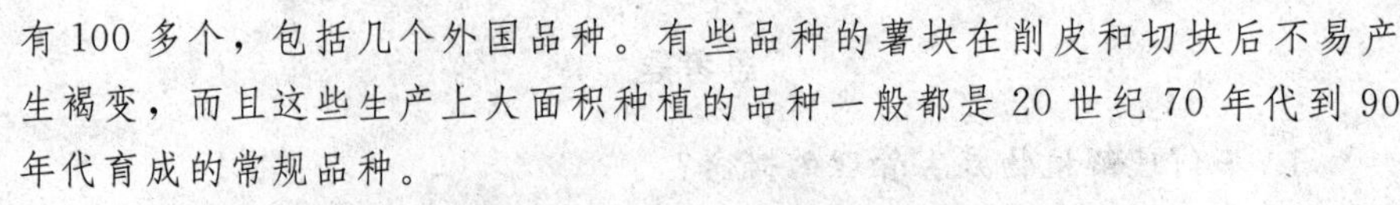

有100多个，包括几个外国品种。有些品种的薯块在削皮和切块后不易产生褐变，而且这些生产上大面积种植的品种一般都是20世纪70年代到90年代育成的常规品种。

在国内马铃薯丝的炒制过程中，一般切丝后不会长时间放置，而且都会用水漂洗。马铃薯削皮后是否变黑与品种、制作方法等都有很大关系，只要在削皮和切丝后掌握好烹调时间、用水或热水漂洗均能控制好变黑问题，与是否转基因没有关系。

中篇　农业植物病害防治

第一章 水稻病害

【学习要求】

通过学习，掌握水稻三大病害、稻曲病、水稻胡麻斑病、水稻细菌性条斑病、水稻黑条矮缩病的症状识别、发病规律及防治措施。

【技能要求】

加强水稻病害症状大田识别能力，病害发生的调查能力，学会水稻病害的预测预报，指导病害的防治。

【学习重点】

以稻瘟病为代表，系统掌握水稻“三大病害”的侵染循环、病原生物学、病害发生流行规律及综合防治技术措施。

【学习方法】

理论联系实际，在实习实训中加强水稻主要病害症状的识别。

第一节 稻瘟病

（一）识别与诊断

水稻各生育期、各个部位均可发生，根据发生时期和部位分为苗瘟、叶瘟、叶枕瘟、节瘟、穗颈瘟、枝梗瘟、谷粒瘟等，常发病危害大的主要为苗瘟、叶瘟和穗颈瘟。

1. 苗瘟

苗瘟多发生在2～3叶期，病菌侵染稻苗基部，出现灰黑色，造成稻苗卷缩枯死。

2. 叶瘟

叶瘟在3叶期后至穗期均可发生，病斑有以下四种类型，如图1-1所示。

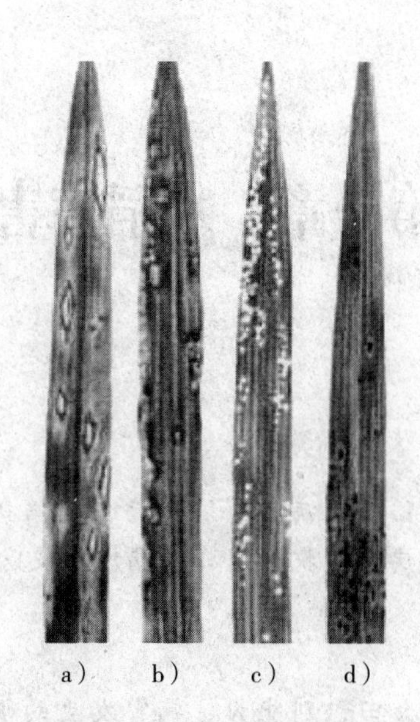

图 1-1　叶瘟的四种症状

a）慢性型；b）急性型；c）白点型；d）褐点型

（1）慢性型

慢性型又称典型病斑，为叶片上最常见的症状，病斑呈梭形，最外层中毒部为黄色晕圈，内圈坏死部为褐色，中央崩溃部为灰白色，两端有褐色坏死线。

（2）急性型

急性型是指病斑呈暗绿色、水渍状，多数呈近圆形或不规则形。品种感病，氮肥偏多，气象条件适宜时大量出现。

（3）白点型

白点型是指病斑呈近圆形小斑点，多在不利气象条件下出现，条件转好病斑可发展成急性型，条件继续不适则转变为慢性型。

（4）褐点型

褐点型是指病斑呈褐色小斑点，局限于叶脉之间，多在抗病品种和下部老叶上出现。

以上四种病斑中前两种为产孢病斑，直接影响病害的发生、发展。

3. 穗颈瘟

穗颈瘟发生于主穗梗至第一枝梗分枝的穗颈部，先呈褐色小点，以后环状扩展呈灰色或墨绿色。发病早，多形成白穗，严重影响结实、粒重、米质。

（二）预测预报

稻瘟病是气流传播的单年流行病害，发病程度与品种的感病程度及感病品种的种植面积、毒性小种种群数量、流行期的天气条件及肥水管理等关系密切。对上述因子进行综合分析，才能做出准确预测。

1. 叶瘟预测

叶瘟始见期预测的方法，一般是将当年发病的病节或病穗颈干燥贮存，翌年春播前剪取 3～4cm 左右的病节或病穗颈 200 根，缚成两束，置于室外。当平均气温达 15℃时，逐日取样观察产孢情况，孢子始见日后 30d 左右，大田感病品种上通常可始见叶瘟病斑。

水稻分蘖盛期生长旺，叶瘟的进一步扩展流行的预测，主要根据天气条件和品种的抗感病性。当气温在 20℃以上，田间有发病中心出现，若今后数日内有连阴雨天气，7～9d 后大田可能普遍发生叶瘟。若急性型病斑急剧增加，则说明寄主、病菌和天气条件均对病害发生有利，3～5d 内病害迅速扩展，应及时发出防治预报。

2. 穗颈瘟预测

孕穗期稻株恋青，抽穗前期剑叶发病重，特别是叶片上出现急性型病斑或出现叶枕瘟，抽穗期间雨日多，穗颈瘟将会流行。另外，还可根据空中孢子捕捉量或结露时间的长短，结合田间病情、寄主感病状况、天气条件等综合分析，进行预测。中国和日本等国利用与稻瘟病发生有关的气象因子、病理学因子等，应用计算机分析并建立的预测模型正在试用中。

（三）防治技术

稻瘟病防治应采用以种植抗病优质品种为中心，健身栽培为基础，药剂保护为辅的综合防治措施。

（1）合理利用抗病品种

稻瘟病菌生理分化显著，高抗品种大面积种植容易丧失抗病性，利用抗病品种要注意选择适合本地区的抗病良种，注意抗病品种的合理布局，切忌抗病品种大面积单一种植。

（2）科学田间管理

科学管理肥、水，既可改善环境条件，控制病菌的繁殖和侵染，又可促进水稻健壮生长，提高抗病性，从而获得高产稳产。注意氮、磷、钾配合施用，有机肥和化肥配合使用，适当施用含硅酸的肥料（如草木灰、矿渣、窑灰钾肥等），做到施足钾肥，早施追肥，中期看苗、看田、看天巧施肥。硅、镁肥混施，可促进硅酸的吸收，能较大幅度地降低发病率。绿肥埋青量要适当，适量施用石灰可促进其腐烂，中和酸性。冷浸田应注意增施磷肥。

水肥管理必须密切配合。搞好农田基本建设，降低地下水位，合理排灌，以水调肥，促控结合，根据水稻黄黑变化规律，满足水稻各生育期对水的需求。一般在保水返青后，分蘖期浅水勤灌，促进分蘖，达到一定苗

数后适度晒田，控制无效分蘖，使叶片迅速落黄，复水后应干干湿湿，既可控制田间小气候，又可使稻株体内可溶性氮化物减少，碳水化合物增加，促进根系生长，增加吸收营养和硅酸盐，增强抗病性。

(3) 种子处理

10%401 抗菌剂 1000 倍液浸种 48h 或 80%402 抗菌剂 8000 倍液浸种 48～72h 直接催芽，或 20%三环唑可湿性粉剂 500～700 倍液浸种 24h，洗净后催芽。

(4) 药剂防治

针对感病品种和易感生育阶段，结合田间病情和天气变化情况，适时施药防治。本田防治叶瘟，在天气有利于病害发生的情况下，首次施药不宜过迟。稻株上部三片叶片病叶率为 3%左右时及时施药。防治穗瘟，应在破口至始穗期施第一次药，然后根据天气情况在齐穗期施第二次药。药剂选择：每亩 75%三环唑可湿性粉剂 30g 或 40%富士 1 号 100g 或 40%克瘟散乳油 150～200g。为了保证药剂防治效果每亩应保证 50kg 用水量，不宜盲目加大用药量。

【知识加油站】

病原物为半知菌亚门灰梨孢（*Pyricularia grisea*）。分生孢子形成温度为 8℃～37℃，适温为 26℃～28℃；RH>93%，并需有一定时间光暗交替条件。分生孢子萌发相对湿度为 RH>90%，最好有水滴或水膜。稻瘟病病菌主要以菌丝体和分生孢子在病谷、病稻草上越冬，气流传播。种子带菌易引起南方双季早稻的苗瘟，在分蘖至孕穗期，经常低温多雨易造成叶瘟暴发，抽穗前期多雨易引起穗颈瘟流行。山区、长期深灌、冷浸田、偏施氮肥等都容易引发稻瘟病。

第二节　水稻白叶枯病

(一) 识别与诊断

水稻白叶枯病的症状主要有三种类型，如图 1-2 所示。

(1) 普通型

其一般在分蘖后期出现，先在叶尖或叶缘出现黄绿色或暗绿色斑点，后沿叶脉或中脉发展成条斑，病部灰白色，病健部交界线明显，呈波纹状。空气湿度大时肉眼可见病部有“鱼卵”状菌脓（内有许多白叶枯病细菌），水稻类型不同，病斑颜色略有差异。

图 1-2　水稻白叶枯病的三种症状

a）普通型；b）急性型；c）凋萎型

（2）急性型

其主要在环境条件适宜，品种感病情况下发生，病斑暗绿色，扩展迅速，似开水烫伤状，病部有菌脓。

（3）凋萎型

其多在秧田后期和拔节期发生，心叶青卷呈青枯状，和螟虫引起的枯心有相似之处。

（二）预测预报

根据气象条件、水稻生育期及长势和田间菌量进行预测。6 月下旬雨日数达 8d 左右，早稻白叶枯可能重发；7～8 月中阴雨多达 20d，平均气温 30℃以下中稻重发；7～8 月雨日达 6d 以上，同时伴随台风，晚稻重发。

（三）防治技术

稻白叶枯病的防治应以控制菌源为前提，以种植抗病品种为基础，秧苗防治为关键，狠抓肥水管理，辅以药剂防治。

（1）农业措施

培育无病壮秧，加强肥水管理，切忌深灌、串灌、漫灌。

（2）利用抗病品种

早稻抗病品种有二九丰、特青 1 号、湘早籼 3 号等。中稻有杨稻 4 号、6 号、7 号，水源 290、抗优 63 等。晚稻有秀水 664 等。

（3）杜绝病草入田，进行种子处理

80％402 抗菌剂 2000 倍液浸种 48～72h 或 20％叶青双可湿性粉剂 500

～600 倍液浸种 24～48h。

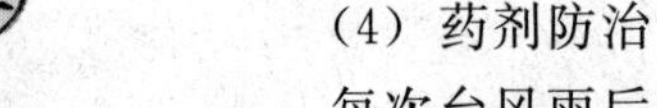
（4）药剂防治

每次台风雨后应加强田间病情检查，一旦发现病株，及时施药挑治，封锁发病中心，控制病害于点发阶段，防止病情进一步扩大蔓延。病区关键抓秧田防治，在秧苗三叶一心期进行，大田在出现零星病株（发病中心）时进行。药剂可选用 20％叶枯唑可湿性粉剂 500 倍液、或 72％农用链霉素可溶性粉剂 2700～5400 倍液等，每次喷药隔 7d 左右，连续 2～3 次。施药后如遇雨，应雨后补施。

【知识加油站】

稻白叶枯病是由薄壁菌门水稻黄单胞杆菌水稻致病变种（*Xanthomonas oryzae* pv. *oryzae*）侵染引起的细菌病害。病原物主要在病稻草、稻桩、再生稻、稻种及一些杂草上越冬，次年主要通过流水、风雨传播，从水稻的水孔或伤口处侵染发病。高温、多湿、多台风、暴雨是病害流行的条件。适温、多雨、日照不足利于发病，特别是台风、暴雨和洪涝利于病菌的传播和侵入，更易引起暴发流行（台风暴雨造成伤口，雨水传播，淹水则蔓延）。稻田流水串灌、偏施氮肥、土壤酸性等有利于病害发生。

第三节　水稻纹枯病

（一）识别与诊断

水稻秧苗期至穗期均可发生水稻纹枯病，以抽穗前后最盛。该病主要危害叶鞘、叶片，严重时侵入茎秆并蔓延至穗部。病斑最初在近水面的叶鞘上出现，初为椭圆形，水渍状，后呈灰绿色或淡褐色逐渐向植株上部扩展，病斑常相互合并为不规则形状，病斑边缘灰褐色，中央灰白色。肉眼常可见叶表气生菌丝纠成的菌核，其症状如图 1－3 所示。

a）　　b）　　c）

图 1－3　水稻纹枯病症状

a）叶鞘病斑；b）叶片病斑；c）菌核

（二）预测预报

根据氮肥、品种、气象条件和生育期等因素综合分析，对病害发生趋势做出估计，指导大田防治。两查两定测报：分蘖末期、孕穗中期、抽穗期查病丛，定防治时期和防治对象田：分蘖末期丛发病率5%～10%、孕穗中期丛发病率15%～20%、抽穗期丛发病率25%～35%为防治指标。

（三）防治技术

水稻纹枯病的防治应以农业措施为基础，结合药剂防治。

（1）抓好以肥水管理为中心的栽培防病

肥料应注意稳施氮、磷肥，增钾、锌肥，以施足基肥，保证穗肥为原则，水稻生长中期不宜施氮肥提苗。灌水要贯彻“前浅，中晒，后湿润”的原则。

（2）药剂防治

根据病情发展情况，及时施药，控制病害扩展，过迟或过早施药，防治效果均不理想。一般在水稻分蘖末期丛发病率达15%，或拔节到孕穗期丛发病率达20%的田块，需要用药防治。前期（分蘖末期）施药可杀死气生菌丝，控制病害的水平扩展；后期（孕穗期至抽穗期）施药，可抑制菌核的形成和控制病害的垂直扩展，保护稻株顶部功能叶不受侵染。以保护稻株最后3～4片叶为主，施药不宜过早（拔节期以前）或过迟（抽穗期以后）。药剂选择：5%井冈霉素水剂每亩150mL或12.5%纹霉清水剂100～200mL，或20%纹霉清悬浮剂60～100mL或15%粉锈宁可湿性粉剂50g，兑水50～70kg喷雾。喷雾时要保证用水量，喷到稻株中、基部。

【知识加油站】

稻纹枯病是由半知菌亚门立枯丝核菌（*Rhizoctonia solani*）侵染引起的一种真菌病害。稻纹枯病菌主要以菌核在土壤中越冬，也能以菌丝体和菌核在病稻草和其他寄主残体上越冬。该病菌寄主范围很广，生命力强，菌源地广泛。土壤中菌核第二年漂浮水面，萌发侵入稻株，形成病斑，再长出菌丝向四周蔓延。菌核有多次萌发特征，随水漂流，造成多次侵染。高温、高湿有利于纹枯病的发生。适温（25℃～32℃）高湿条件，氮肥使用偏迟、过量，田水过深，保持时间长等对该病发生有利。

第四节　水稻胡麻斑病

（一）识别与诊断

该病在水稻各生育期和地上各部位均可发生，以叶片发病最普遍，其次为谷粒、穗颈和枝梗等。叶片受害后初为小褐点后扩大为椭圆形褐色病斑，因大小似胡麻籽，故称之为胡麻斑病，其症状如图1-4所示。病斑边

缘明显，外围常有黄色晕圈，后期病斑中央呈灰黄或灰白色。严重时病斑密生，常相联合，形成不规则大斑。谷粒上病斑与叶片上病斑相似，可扩展至全谷粒，湿度大时内外颖合缝处及谷粒表面产生大量黑色绒毛状霉层。穗颈和枝梗受害，症状与稻瘟病相似，但病部呈深褐色，变色部较长。

图 1-4　水稻胡麻斑病症状

（二）防治技术

该病以农业防治为主，加强深耕改土和肥水管理，辅以药剂防治。改土以增施有机肥，适量使用生石灰，促进有机质分解。另外，在施足基肥的同时注意氮、磷、钾肥的配合使用，科学使用微量元素肥料，如锌肥等。药剂防治参照稻瘟病。

【知识加油站】

水稻胡麻斑病是由半知菌亚门平脐蠕孢霉菌（*Bipolaris oryzae*）侵染引起的真菌病害。病菌以分生孢子附着在稻种或病稻草上或菌丝体潜伏于病稻草内越冬。翌年播种后稻谷上的病菌可直接侵染幼苗，病稻草上的病菌产生大量分生孢子随气流传播，引起秧田和本田的侵染。该病菌的侵染对气象因子要求不严格，但薄地、沙质土、酸性土、缺肥、缺水、长期积水、日照不足、根部受伤等引起水稻生长发育不良的因子对病害的发生均有利。

第五节　稻曲病

（一）识别与诊断

该病仅在穗部发生，危害小穗，其症状如图 1-5 所示。病菌侵入谷粒后破坏病粒内部组织，形成菌丝块并逐渐增大，先从内外颖壳合缝处露出淡黄绿色的块状物（孢子座）后包裹颖壳，形成墨绿色球状物，其后表面龟裂，散布墨绿色的厚壁孢子。一般病穗上有数粒至数十粒发病，病粒上的墨绿色球状孢子座直径为 0.7～1.5cm。

图 1-5　稻曲病症状

（二）防治技术

（1）选种

选用适合本地的抗病品种。

（2）施肥

合理施肥，增施钾肥，补施硼、锌肥。

（3）种子处理

应避免在病田留种；若在病田留种，播种前搞好种子消毒，可先用泥水或盐水选种，消除病粒，再用1%石灰水或50%多菌灵1000倍液浸种24～48h。

（4）药剂防治

防治适期应在水稻剑叶完全展开叶耳超过倒二叶的叶耳1～5cm时（破口前5～10d），每公顷用5%井冈霉素6750mL兑水750kg喷施，其他有效药剂有络氨铜、可杀得（铜制剂使用宜早不宜迟，破口期后使用易发生药害）、苯乙锡铜（瘟曲克敌）、三唑酮、烯唑醇等。

【知识加油站】

稻曲病是由无性态为半知菌亚门稻绿核菌（*Ustilaginoidea virens*），有性态为子囊菌亚门稻麦角菌（*Clavicepsoryzae-sativae*）侵染引起的真菌病害。通常在中、晚稻及杂交稻上发病较重。病菌以厚壁孢子附着种子表面和落入田间越冬，也可以菌核落入田间越冬。翌年厚壁孢子萌发产生分生孢子，菌核萌发形成子座产生子囊壳和子囊孢子，在水稻的孕穗期（主要在破口期6～10d）借气流、雨、露传播，侵入剑叶叶鞘内，侵染花器及幼颖，引起谷粒发病。偏施氮肥，水稻孕穗至抽穗期多雨、多雾、多露有利于发病。

第六节　水稻恶苗病

（一）识别与诊断

病苗细长，叶色淡绿，比健苗高，病株节间伸长，茎节上逆生不定根，茎秆逐渐变褐，腐烂，其内有白色蜘蛛丝状菌丝。病株一般不能抽穗或不能完全抽穗，在垂死或死亡病株的叶鞘和茎秆上可产生淡红色粉状物（分生孢子梗和分生孢子），后期可见散生或群生蓝黑色小粒（子囊壳）。抽穗期后谷粒也可受害，严重的变为褐色，不结实或在颖壳接缝处产生淡红色霉层。该病常见病状是稻株徒长，但也有呈现矮化或外观正常的现象。

（二）防治技术

此病以种子带菌为主要初侵染源，建立无病留种田和进行种子处理是关键的防病措施。

（1）选种

选用无病种子，不在病田及附近田块留种。

（2）种子处理

①抗菌剂浸种：10％401 抗菌剂 1000 倍或 80％402 抗菌剂 8000 倍液浸种 2～3d 后直接催芽；②温汤浸种：52℃～55℃温水浸种 30min，灭菌效果较好。③药剂浸种：50％福美双可湿性粉剂 1500 倍液或 50％多菌灵或 50％甲基托布津可湿性粉剂 1000 倍液浸种 2～3d，每天翻动 2～3 次。

（3）清除菌源

及时拔除病株，减少再侵染。

（4）处理病稻草

不用病稻草作为催芽时覆盖物和捆秧把。

【知识加油站】

水稻恶苗病是由无性态为半知菌亚门的串珠镰孢菌（*Fusarium moniliforme*）、有性态为子囊菌亚门的藤仓赤霉菌（*Gibberella fujikuroi*）侵染引起的真菌病害，又称徒长病，从苗期至抽穗期均可发生。带菌种子是该病的主要初侵染来源，其次是病稻草。病菌以分生孢子或菌丝体潜伏种子内越冬，在浸种过程中污染无病种子。另外，病稻草做铺盖物，病株上产生的分生孢子也可传播到健苗，从水稻茎部伤口等部位侵入，引起再侵染。一般土温在 30℃～35℃时，最适合发病，20℃以下或 40℃以上都不表现症状。伤口有利于病菌侵入，因此，秧苗栽插过深，拔秧后过夜等有利于病菌侵染。

第七节　水稻细菌性条斑病

(一) 识别与诊断

病害症状多在叶片上，初呈暗绿色水渍状半透明小斑点，后沿叶脉扩展成为宽约 0.5～1mm，长为 1～4mm 的水渍状暗绿色至黄褐色条斑，病斑上生出许多很小的露珠状深蜜黄色菌脓，干燥后不易脱落。病斑可以在叶面的任何部位发生。严重时，病斑增多而联合，局部呈不规则的黄褐色至枯白色斑块，外观与白叶枯病有些相似，但对光检视，仍可看见联合的大病斑是由许多透明小条斑融合而成的。病菌形态与白叶枯病菌相似，但生长快，水解明胶和淀粉能力强。

(二) 防治技术

水稻细菌性条斑病的防治技术主要参照稻白叶枯病。需要注意的是：

(1) 加强检疫

严格实行检疫，不从病区调种。

(2) 种子处理

更加强调种子处理，可用 85%强氯精 300 倍液浸种，先将稻种用清水浸 12h，然后在药液中浸 24h，用清水充分洗净后催芽；或用酸性 402（盐酸 0.4%和 80%402 抗菌剂 0.1%）浸种 48h，淘洗后催芽。

【知识加油站】

水稻细菌性条斑病是由薄壁菌门水稻黄单胞杆菌稻生致病变种（*Xanthomonas oryzae* pv. *oryzicola*）侵染引起的一种细菌病害，是我国重要的植物检疫对象，目前不仅沿海省份，在江苏、安徽、湖南等省局部地区都有发生。病菌主要在病稻谷和病稻草上越冬，成为翌年初侵染来源。其主要通过灌溉水、雨水等传播，从气孔或伤口侵入。高温、高湿、多雨是病害流行的主要条件，台风、暴雨、氮肥偏施或使用偏迟有利于病害发生。

第八节　水稻病毒病

目前全世界有 16 种病毒病（含类菌原体病），我国有 11 种（普矮、黄矮、黑条矮缩、条纹叶枯、黄萎、簇矮、草状矮化、橙叶病、东格鲁病、锯齿叶矮缩病和疣矮病），主要分布在长江以南稻区，其中以黑条矮缩病、条纹叶枯病发生普遍。

（一）识别与诊断

1. 条纹叶枯病

病株心叶沿叶脉呈现断续的黄绿色或黄白色短条斑，以后常合并成大片，病叶一半或大半变成黄白色，但在其边缘部分仍呈现褪绿短条斑。病株矮化不明显，但分蘖一般减少，高秆品种发病后心叶细长柔软并卷曲成纸捻状，弯曲下垂而成“假枯心”；矮秆品种发病后心叶展开仍较正常。发病早的植株枯死；发病迟的只在剑叶或叶鞘上有褪色斑，但抽穗不良或畸形不实，形成“假白穗”。撕下病叶鞘内表皮于显微镜下观察，可以看到细胞内有“8”或“0”形内含体。

2. 黑条矮缩病

叶片深绿，分蘖增多，严重矮缩，叶片背面或基部茎秆（剥开叶鞘）沿叶脉出现隆起的蜡白色短条斑（肿瘤），后变黑色。

（二）防治技术

应采取以农业防治为基础、治虫防病为中心的综合防治措施。

（1）选用抗病品种

目前对条纹叶枯病抗性较好的品种粳稻、糯稻可因地制宜选用。此外，条纹叶枯病主要危害粳稻和糯稻，籼稻发病较轻，重病区可适当压缩粳稻和糯稻的种植面积，扩种籼稻。

（2）改革栽培制度

在长江中下游地区，改稻-麦两熟制为油-稻-稻或大麦-稻-稻三熟制，同时尽量压缩单季中稻特别是单季晚稻的种植面积，有利于控制此病的发生与流行。

（3）合理作物布局，改进栽培技术

在双季稻为主的稻区，应尽量压缩单季中稻和单季晚稻的种植面积，以减少灰飞虱的辗转危害。早稻和晚稻应尽可能按品种、熟期连片种植，减少插花田，以阻止或限制介体昆虫在上下季水稻和同季不同成熟期水稻间迁移传毒。秧田要远离虫源田、重病田，减少感病机会。

此外，在一季稻区，根据常年灰飞虱发生期，适当调整水稻播栽期，多选用旱育秧、塑盆育秧等轻型简化育秧技术，尽可能缩短秧苗持田期，使水稻易感病期避开灰飞虱在麦收后的扩散高峰期，可减少感染机会，对控制条纹叶枯病的危害有一定作用。

（4）治虫防病

根据传毒介体灰飞虱的发生规律，将灰飞虱消灭在传毒之前，要抓住两个关键时期：第一代成虫从麦田向早稻田及早栽本田的迁飞初期；第三、四代成虫从早稻本田向晚稻秧田和早栽本田的迁飞初期，进行喷药治虫。防治灰飞虱的药剂很多，常用的有吡虫磷、扑虱灵、速灭威等。此外，在病害显症期喷施病毒钝化剂盐酸吗啉胍·乙酮及高效叶面营养剂，能在一定程度上减轻病害的危害。

【知识加油站】

病毒主要通过灰飞虱传播，白脊飞虱、白带飞虱和白条飞虱也可传播，但作用不大。灰飞虱在病稻株上一般吸食30min以上才能传毒，但也有少数只需3～10min。灰飞虱获毒后不能马上传毒，需要经过一段循回期才能传毒。病毒在灰飞虱体内循回期为4～23d，平均为8.3d。通过循回期后带毒灰飞虱可连续传毒30～40d，但也有间歇传毒现象。病毒可经卵传递，至第六年的第四十代仍有较高的传毒率。病毒主要在越冬的灰飞虱若虫体内越冬，部分在大、小麦及杂草病株内越冬，成为翌年发病的初侵染源。在长江中下游稻区灰飞虱一年发生5～6代。一般以四龄若虫在杂草、麦田和紫云英田内越冬，翌春羽化为成虫，在杂草或麦株上产卵繁殖。第一代成虫在麦子成熟期或收割时（5月中下旬）迁入秧田传毒危害，至早稻后期（7月上旬至8月上旬），第三、四代成虫先后大量迁入双季晚稻秧田及早栽本田传病危害，造成晚稻严重发病。此后在晚稻田繁殖至第五、六代，到晚稻收割前后迁到麦田、绿肥田及田边杂草上过冬。

思考题

1. 为什么皖南山区易发生稻瘟病？
2. 为什么台风暴雨后，稻白叶枯病易流行？
3. 稻瘟病药剂防治对策是什么？如何根据具体情况进行药剂防治？
4. 稻细菌性条斑病和白叶枯病症状如何区分？
5. 稻纹枯病的侵染过程有何特点。
6. 为什么防治稻纹枯要采用“水控”和“药治”并举？
7. 稻瘟病和稻纹枯病的病程及侵染循环有何特点？
8. 为什么氮肥过多，会加重稻瘟病发生。
9. 简述灰飞虱传播条纹叶枯病和黑条矮缩病的传播特征、传毒过程及病害的传播循环。
10. 水稻生长中后期病害如何进行综合防治。

水稻病虫害绿色防控技术

1. 稻田耕沤灭螟技术

在螟虫越冬代化蛹高峰期，翻耕冬闲田、绿肥田，灌深水浸沤，使螟虫不能正常羽化，达到杀蛹灭螟、降低发生基数的目的。早稻收割后应及时翻耕灭茬，阻断螟虫安全过渡到晚稻；冬种田在收获后及时耕沤，也有一定灭螟效果。

2. 选用抗病品种防病技术

选用抗（耐）稻瘟病和稻曲病品种，淘汰抗性差、易感病品种，及时轮换种植年限长的品种，是预防稻瘟病和稻曲病的根本措施。

3. 种子消毒预防病虫技术

用25%咪酰胺乳油2000～3000倍液间歇浸种24～36h，直接催芽播种，预防早稻恶苗病和稻瘟病；用10%吡虫啉可湿性粉剂10g拌稻种2.5kg，预防中晚稻秧苗期稻蓟马、稻飞虱和稻瘿蚊。

4. 秧田超级送嫁药预防大田病虫害技术

秧苗移栽前2～3d，喷施超级送嫁药，预防或减轻大田病虫的发生危害。每亩用40%三唑磷乳油100mL或5%氟虫腈悬浮剂60mL加75%三环唑可湿性粉剂60g兑水30kg喷雾，预防早稻螟虫和稻瘟病等；每亩用40%三唑磷乳油100mL或5%氟虫腈悬浮剂60mL加10%吡虫啉可湿性粉剂40g兑水30kg喷雾，预防中晚稻稻蓟马、螟虫。

5. 稻鸭共育治虫治草技术

为减轻纹枯病、稻飞虱和杂草等发生危害，可在水稻分蘖盛期的稻田放养鸭子，每亩稻田15日龄鸭子12～15只，破口前收鸭。

6. 性引诱剂诱杀二化螟技术

使用二化螟性引诱剂诱杀二化螟雄蛾，使雌蛾不能正常交配繁殖，减少下代基数，减轻发生危害。在二化螟主要代蛾期，每亩放一个诱捕器，内置诱芯1个，每代放1次，诱捕器应高出水稻30cm。

7. 灯光诱杀害虫技术

每30～50亩稻田安装一盏频振式杀虫灯，杀虫灯底部距地面1.5m，诱杀二化螟、三化螟、稻纵卷叶螟、稻飞虱等多种水稻害虫。在4月中旬至10月上旬，每晚天黑至夜间12：00开灯。

8. 生物农药应用技术

推广使用生物农药防治水稻病虫害，用井冈霉素或井冈霉素和蜡质芽孢杆菌的复配剂防治纹枯病、稻曲病；用枯草芽孢杆菌或春雷霉素防治稻瘟病；用农用链霉素防治细菌性条斑病；用苏云金杆菌、阿维菌素防治螟虫、稻纵卷叶螟。生物农药要比化学农药提前2～3d使用，避免高温干旱时使用。

9. 保护利用天敌治虫技术

保护利用稻田天敌，发挥天敌对害虫的控制作用。常用措施有：田埂种豆保护利用蜘蛛等天敌，保护青蛙、释放赤眼蜂等。

10. 科学用药技术

根据不同病虫害，正确选用高效低毒低残留的对路化学农药品种，做到对症下药。螟虫用三唑磷、丁烯氟虫腈、氟虫腈等；稻纵卷叶螟用丙溴磷；稻飞虱用噻嗪酮、噻虫嗪；稻瘟病用三环唑、稻瘟灵；纹枯病、稻曲病用苯醚·甲环唑；细菌性条斑病用噻菌铜、三氯异氰尿酸。在药液中加增效剂，增强农药黏着、扩散和渗透性能，提高药效，减少农药用量。常用增效剂有氮酮、有机硅等。稻破口期，采用混合用药统防统治，减少用药次数，提高防治效果。早稻主要防治螟虫、稻纵卷叶螟、稻飞虱和稻瘟病等；晚稻主要防治螟虫、稻飞虱和稻曲病等。使用化学农药防治病虫害，应在害虫低龄幼虫期和病害发病初期施药。穗期施药，应执行安全间隔期。

第二章　油料作物病害

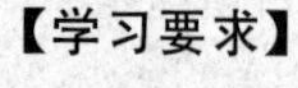
【学习要求】

通过学习，主要了解油菜、大豆和花生上常见病害发生危害概况。重点掌握油菜菌核病、大豆胞囊线虫病、花生叶斑病的发生流行规律及综合治理措施。

【技能要求】

要求学生掌握油料作物主要病害症状的识别、发生规律及防治方法。

【学习重点】

系统掌握油菜菌核病、病毒病的侵染循环特点、病原物生物学特性、病害发生流行规律及综合防治技术措施。

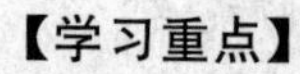
【学习方法】

理论联系实际，学会综合分析病害的发生发展及防治。

第一节　油菜菌核病

（一）识别与诊断

菌核病从苗期到成熟前都可发病，以后期受害较重。茎、叶、花、荚均可受害，其症状如图 2 - 1 所示。茎部受害初期，病斑呈水浸状，淡褐色，椭圆形，多发生于茎基处，后变为梭形或长条形，略凹陷，中部变为灰白色，边缘褐色。天气潮湿时，病斑发展很快，上生白色絮状霉层。病害后期，病茎表皮腐烂，皮层纵裂，维管束外露如麻，极易折断。病茎中有黑色鼠粪状的菌核，潮湿时，病茎表面也能形成菌核。叶上发病时，病斑先呈圆形水浸状，后变青褐色，有时具有轮纹，高温时产生白色霉层，病斑中央黄褐色，易开裂穿孔，病斑周围变黄。花器感病，变色，易脱落。受害荚果变白色，种子瘦秕，荚内常形成黑色小菌核。

a)　　　　　　　　　　　　b)

图 2-1　油菜菌核病症状

a）病叶；b）病茎秆

（二）预测预报

油菜菌核病主要取决于越冬菌核的数量、春季 2～4 月（特别是油菜开花期）的气象条件、油菜盛花期与子囊盘的盛发期的吻合程度及栽培条件和品种抗性等。冬油菜菌核病发生程度预测预报与升花期气象条件的关系如表 2-1 所示。根据油菜生育预测成熟发病期：①一般盛花期为叶片的始病期；②终花期前后为叶病的高峰期和茎秆的始病期；③成熟期为茎秆发病高峰期。

表 2-1　冬油菜菌核病发生程度与开花期气象条件的相关性

气象因子	气象指标	病害发生程度
旬雨量	＞50mm	病害严重
	＜30mm	发病较轻
	＜10mm	很难发病
同期月平均 RH	＞80%～85%	病害严重
	＝60%～75%	发病较轻
	＜60%	很难发病

（三）防治技术

采用以农业防治为基础，结合药剂防治的综合措施。

（1）选用抗病品种

（2）减少初浸染源

①水旱轮作：旱地油菜的轮作年限应在两年以上，且应大面积实施；②选种和种子处理：选无病株留种，筛去种子中的大菌核，然后用盐水（5kg 水加食盐 0.5～0.75kg）或硫酸铵水（5kg 水加硫酸铵 0.5～1kg）选种，外用清水洗种；也可用 50℃温水浸种 10～20min 或 1∶200 福尔马林浸种 3min。油菜收后深耕，在油菜抽薹期培土。

（3）改善油菜生态环境

如重施基肥、苗肥，早施或控施蕾薹肥，施足磷、钾肥，防止贪青倒

伏。深沟窄畦，清沟防渍。在油菜开花期摘除病、黄、老叶。适时播种，适当迟播。坚持“抓住适期，主动出击，全面用药”的防治对策，在主茎开花株率80%～100%、一次枝梗开花株率在50%左右时防治。每亩用25%多菌灵可湿性粉剂150～250g，40%菌核净可湿性粉剂100～150g，50%腐霉利（速克灵）可湿性粉剂35～50g。在对苯并咪唑类药剂产生抗性的菌核病地区，应使用菌核净、腐霉利（速克灵）、使百克（咪鲜胺）、万霉灵（乙霉威）、敌力脱（丙环唑）等单剂及其复配剂，如25%咪鲜胺40～50mL、50%万霉灵100g、25%敌力脱25～30mL、50%福菌核（福美双和菌核净）80～100g等。要用足水量，每亩用水量不少于60kg，全面喷透，以提高防效。

【知识加油站】

病原物为核盘菌（*Sclerotinia sclerotiorum*），子囊菌亚门核盘菌属。病菌主要以菌核在土壤、种子和残株或其他寄主上越夏（冬油菜区）、越冬（冬、春油菜区）。菌核萌发形成子囊盘，内生子囊孢子。孢子可随气流传播至数公里。孢子在寄主上发芽，产生侵入丝侵入油菜器官组织（通常为花瓣），然后发育为菌丝，菌丝再侵染油菜其他组织。少数情况下，菌核可直接萌发产生菌丝。阴雨潮湿利于发病。上年遗留在土壤、病残体中的菌核春季萌发，释放子囊孢子随气流扩散传播，为初侵染源，飘落在植株上的孢子产生菌丝，侵入衰老叶片、花瓣引起发病。一般油菜盛花期为发病始盛期，随着发病的花瓣、老叶败落至植株其他部位，常在主茎叶柄或分枝处形成病斑，或通过败叶搭接，导致茎秆或分枝发病，一般终花期前后为叶片发病高峰期和茎秆始病期。终花后茎秆发病率迅速上升。油菜始花期至成熟期多阴雨，是病害重发的最主要因素。连作地或与十字花科留种蔬菜、莴苣等换茬病害重，偏施氮肥、排水不良、冻害重田块发病重。影响菌核病发生轻重的主要因子是花期气候条件，由于油菜花期最易感病，花期与子囊孢子飞散期吻合时间越长，病害越重，花期多雨高湿、日照少，病害发生重。

第二节　油菜霜霉病和白锈病

（一）识别与诊断

油菜霜霉病自苗期至开花结荚期均可发生，主要危害叶、茎、花和角果，其症状如图2-2所示。发病初期叶片上出现淡黄色斑点，后扩大成黄褐色不规则大斑，湿度大时，叶背病斑上出现白色霜状霉层。茎薹、分枝发病初生褪绿斑点，后扩大成不规则形黄褐色至黑褐色病斑，上生霜状霉层。花梗受害后有时出现肿大、弯曲呈“龙头”状，药器变绿肿大，也出现霉层，干枯不实。

图 2-2　油菜霜霉病症状

油菜地上部分均受白锈病危害。叶片正面开始感病时产生淡绿色小斑点，后变黄；病斑背面长出稍隆起的白色有光的小疱斑，破裂后散出白色粉末，即病菌的孢子囊。严重时，疱斑密布全叶，引起叶片枯黄脱落。茎部受害，亦产生白色疱斑，由于病菌的刺激，幼茎和花轴肿大弯曲成“龙头”状，受害花器的花瓣，膨大变绿呈叶状，肥厚肿胀，不能结实。角果染病，也同样膨肿，产生白色疱斑，不能结籽。

（二）预测预报

油霜霉病的发生与气候、品种和栽培条件关系密切。气温 8℃～16℃、相对湿度高于 90%、弱光利于霜霉菌的侵染。低温多雨、高湿、日照少利于病害发生。在长江流域油菜区，冬季气温低，雨水少发病轻，春季气温上升，雨水多，田间湿度大，易发病或引致薹花期病害的流行。连作地、播种早、偏施过施氮肥或缺钾地块及密度大、田间湿气滞留地块易发病。地势高、排水好的地块比低洼地、排水不良的地块发病轻。白菜型、芥菜型地块比甘蓝型油菜的地块发病重。

白锈病的发生轻重取决于 2～4 月的雨日雨量和相对湿度。同时，连作地、早播油菜、偏施过施氮肥和低洼排水不良地发病一般较重。

（三）防治技术

防治采取农业措施与药剂防治相结合的综合防治方法效果较好。农业防治措施主要是采取轮作倒茬、选用抗病品种、选择无病株苗种、合理施用氮肥、摘除中下部病叶以及拔除油菜残茬等。药剂防治于 3 月早春始病期和油菜抽薹至初花期，病株率达 10%以上时用药防治。每亩用 70%代森锰锌 100g，或 69%烯酰码啉-锰锌 100～130g，或 66.5%霜霉威（普力克）水剂 50～75mL，或 58%甲霜灵锰锌（瑞毒霉锰锌）150～175g，或 64%霜锰锌（杀毒矾）可湿性粉剂 120～150g 等喷雾防治，阿美西达（嘧菌酯）、醚菌酯等药剂也有较好的效果。

【知识加油站】

油菜霜霉病病原为寄生霜霉（*Peronospora parasitica* Fries），属鞭毛

菌亚门霜霉属十字花科油菜霜霉菌。油菜白锈病的病原为白锈病菌(*Albugo candida* Kuntze)，属鞭毛菌亚门白锈菌属白锈菌。油菜霜霉病和白锈病初侵染源主要来自在病残体、土壤和种子上越冬、越夏的卵孢子。病斑上产生的孢子囊随风雨及气流传播，形成再侵染。冬油菜区，秋季感病叶上菌丝或卵孢子在病叶中越冬，常造成翌年再次传播流行。其是一种低温高湿型病害，春季4～5月温度回升至10℃～20℃、遇多雨潮湿天气易流行。偏施氮肥、地势低洼、排水不良、田间郁闭、连作地发病重。

第三节　油菜病毒病

（一）识别与诊断

不同类型油菜上的症状差异很大。

甘蓝型油菜苗期症状有：①黄斑和枯斑。二者常伴有叶脉坏死和叶片皱缩，老叶先显症。前者病斑较大，淡黄色或橙黄色，病健分界明显。后者较小，淡褐色，略凹陷，中心有一黑点，叶背面病斑周围有一圈油渍状灰黑色小斑点。②花叶。与白菜型油菜花叶相似，支脉和小脉半透明，叶片成为黄绿相间的花叶，有时出现疱斑，叶片皱缩。

成株期茎秆上症状有：①条斑。病斑初为褐色至黑褐色梭形斑、后成长条形枯斑，连片后常致植株半边或全株枯死。病斑后期纵裂，裂口处有白色分泌物。②轮纹斑。在棱形或椭圆形病斑中心开始为针尖大的枯点，其周围有一圈褐色油渍状环带，整个病斑稍凸出，病斑扩大，中心呈淡褐色枯斑，上有分泌物，外围有2～5层褐色油渍状环带，形成同心圈。病斑连片后呈花斑状。③点状枯斑。茎秆上散生黑色针尖大的小斑点，斑周围稍呈油渍状，病斑连片后斑点不扩大。发病株一般矮化，畸形，薹茎短缩，花果丛集，角果短小扭曲，上有小黑斑，有时似鸡爪状。白菜型和芥菜型油菜的主要症状，苗期为花叶和皱缩，后期植株矮化，茎和果轴短缩。

（二）防治技术

预防苗期感病，防止蚜虫传毒是防治本病关键。

（1）农业防治

适时播种；因播种过早，苗期温度较高，温度较小，适宜蚜虫繁殖，这样发病就重。选用早熟丰产的抗病品种。及时拔除病株，减少蚜虫传毒机会。

（2）药剂防治

彻底防治蚜虫。在油菜长出真叶时即开始用40%的乐果乳油3000倍液，或50%的抗蚜威可湿性粉剂2000～3000倍液喷杀蚜虫，每次喷药隔7d左右，连喷2～3次。

移栽前用乐果乳油喷1次，或用乐果乳油蘸苗（地上部分）后再移栽，杀灭蚜虫，减少病害。

【知识加油站】

病原物主要为芜菁花叶病毒（Turnip Mosaic Virus，TuMV）。其次为黄瓜花叶病毒（Cucumber Mosaic Virus，CMV）和烟草花叶病毒（Tobacco Mosaic Virus，TMV）。其寄主范围广，主要由蚜虫传播。初侵染源主要来自其他感病寄主，如十字花科蔬菜、自生油菜和杂草上的带毒蚜虫。油菜子叶至抽薹期均可感病。冬天病毒在植株体内越冬，春天又显症。秋天温度15℃～20℃，干旱少雨，蚜虫迁飞量大有利于发病。在蚜虫发生早而重的年份，发病普遍严重。病毒主要由蚜虫传播，其发生程度主要取决于油菜易感病生育期（子叶期至6片真叶期）传毒蚜虫数量、气候条件等因素。油菜苗期，有翅蚜数量大，月平均气温15℃～20℃、相对湿度小于77%发生重，苗床或油菜直播田位于蔬菜田附近或前茬为蔬菜的田块发病重，白菜型发病重。播种期对发病影响也很大，一般播种愈早，发病愈重。

第四节　大豆胞囊线虫病

（一）识别与诊断

植株地上部症状以开花前后症状最明显，生长发育不良，明显矮小节间短，叶片黄早落，花芽少。地下部主根和侧根发育不良，须根增多，须根上着生许多白色至黄白色小颗粒（雌线虫和胞囊）。

（二）防治技术

（1）加强检疫，保护无病区

（2）轮作

轮作倒茬，与禾本科作物轮作3年以上（目前最有效措施）。

（3）药剂防治

D-D混剂每亩30～50kg，沟施20cm深，施后起垄镇压15～20d后播种；3%呋喃丹颗粒剂每亩5～6kg与肥料混拌后临播种时施（有药害）；15%涕灭威颗粒每亩1.2～1.5kg，沟深约10cm施药，浅覆土后播种。

(4) 选育抗病品种

【知识加油站】

大豆胞囊线虫病病原线虫（*Heterodera glycines*）以东北三省发生普遍而严重，我省淮北大豆集中产区发生普遍，且集中于黄泛区、沙土，轻病田减产10%，重病田减产30%～50%，甚至绝收，有的地方导致大面积毁种，或5～6年内不能种大豆。发病代数安徽省一年4～5代，第一代30d左右，夏大豆造成严重危害主要是第一代，春大豆可能是第二代危害，进入第二代处于7月中旬～8月中旬，温度大于30℃，连续几天，虫量受抑。通气性良好的砂土，发病重，连作发病重。

第五节 花生根结线虫病

(一) 识别与诊断

花生根结线虫病主要危害根部，使幼根尖端逐渐膨大成小米粒至绿豆大小的瘤状物（虫瘿），并在瘤状物上长出许多不定须根，须根再受害时又形成瘤。经过重复侵染，至盛花期全株根系成乱发状的须根团。果壳得病，表面也能产生大小不等的褐色虫瘿，由于根系吸收机能受阻，致使病株矮小，茎叶变黄、开花推迟、结荚很少。病株出苗以后大约半个月，地上部即可表现症状，而以团棵期（麦收前后）最明显。到七八月份伏雨来临，病株由黄转绿，但仍较健株矮小。虫瘿和花生根部正常根瘤的区别是：固氮菌根瘤多生在主根、侧根的一旁，瘤上不生须根，瘤内为淡色、紫色的汁液；而虫瘿多发生在根系的端部，使整个根端呈不规则膨大，上生许多不定毛根，瘿内有白色砂粒状的雌线虫。

(二) 防治技术

(1) 加强检疫，保护无病区

(2) 轮作

轮作倒茬，与非寄主作物或不良寄主作物轮作2～3年。

(3) 防病施肥

清洁田园，深刨病根，集中烧毁。增肥改土，增施腐熟有机肥。

(4) 科学田间管理

铲除杂草，重病田可改为夏播。修建排水沟。忌串灌，防止水流传播。

(5) 药剂防治

用10%防线一号乳油，每亩2～2.5kg加细土20kg制成毒土撒入穴内，覆土后播种，或用10%涕灭威（铁灭克）颗粒剂2.5～5kg、3%呋喃丹（克百威）颗粒剂5～6kg、5%克线磷颗粒剂2～12kg、5%硫线磷（克线丹）颗粒剂8kg、5%米乐尔颗粒剂3.6kg，也可用10%甲基异柳磷或甲拌磷、硫环磷、灭克磷颗粒剂4～6kg，播种时要分层播种，防止药害。同时要注意人畜安全。用呋喃丹等内吸杀菌剂制成种衣剂，播前2d天处理种子，药液浓度宜在30%以上。熏蒸剂防治如D-D混剂、二溴乙烷（EDB）、棉隆（必速灭）等，使用方法参见大豆胞囊线虫病。

（6）生物防治

应用淡紫拟青霉和厚垣孢子轮枝菌，能明显起到降低线虫群体和消解其卵的作用。

【知识加油站】

花生根结线虫主要有两个种：北方根结线虫（*Meloidogyne hapla*）和花生根结线虫（*M. arenaria*），均属植物寄生线虫。花生根结线虫病又称花生线虫病、地黄病、黄秧病等。在我国各主要花生生产区都有发生，以山东、河北、辽宁等省较重。花生感病后，根的吸收功能被破坏，植株矮小发黄，花小且开花晚，果少，一般减产20%～30%，严重者可达70%～80%，甚至绝收。病原线虫主要以卵和幼虫随病根、病果在土壤或粪肥中越冬，来年4月份土壤温度达到10℃～12℃时，卵孵化为幼虫，侵入花生幼根，形成虫瘿。花生根结线虫侵染花生有明显的两个高峰期，出现在花生出苗后的21～31d，第一个高峰期正值花生大量新根增长期，第二个高峰期正值第二代幼虫在土壤中口密度增长期。线虫主要分布在40cm土层内，在砂土平均每天移动1cm。病原线虫可借病果及混有病株残体的粪肥作近距离传播，也可借农具、人畜、地面流水作近距离的扩散。一般讲，连作病重，轮作病轻；砂壤土病重，黏壤土病重；早播病重，晚播病轻；春播病重，夏播病轻；干旱年份发病重，多雨年份发病轻。

第六节　花生叶斑病

（一）识别与诊断

花生叶斑病主要是黑斑、褐斑病。褐斑病在苗期即可发病，发病初期在叶片上形成黄褐色或铁锈色针头大小的病斑，以后逐渐扩大，形成直径4～10mm大小不等的圆形或不规则形病斑，叶片正面病斑表面生灰色，背面褐色或淡褐色，周围有黄色晕圈，后期病斑表面生灰色霉层。

发生严重时，病斑汇合成大斑块，引起叶片干枯脱落。叶柄和茎上病斑长椭圆形，暗褐色，稍凹陷。黑斑病叶片发病均由上而下，发病稍晚，一般进入花期以后开始发生，发病初期叶片症状与褐斑病难以区别。到后期病斑多为圆形，直径比褐斑病小，一般 1～8mm，呈黑褐色，叶片正面反面颜色基本一致，病斑边缘无黄色晕圈或不明显。老斑背面有许多小黑点，排列成同心轮纹，在潮湿情况下，产生灰褐色霉状物。发病严重时，病斑密集汇合，引起叶片皱缩，枯死脱落。叶柄和茎上病斑长圆形、黑色。

（二）防治技术

（1）清除菌源

除田间病残体，及时耕翻整地，播前清除田间花生秸秆；使用有病株沤制的粪肥时，要使其充分腐熟后再用，以减少病原。

（2）农业防治

采取 2 年以上轮作；合理密植，科学施肥，采取有效措施，使植株生长健壮，增强抗病能力。

（3）选种

选用抗病品种，如冀花 2 号、海花一等。

（4）药物防治

在发病初期，田间病叶率达到 10%～15%时，喷 25%多菌灵 40 倍液，或 75%百菌清可湿粉剂 400～500 倍液，15d 喷 1 次，连喷 2～3 次即可，如以上两种药和叶面肥混喷，并加入黏着剂，药效会更好。

【知识加油站】

叶斑病主要是黑斑、褐斑病，是靠风雨和昆虫传播的病害，一般在花生生长中后期开始发病，但发病高峰均在收获前半个月，叶片、叶柄、托叶和茎秆均可受害，花生生长后期如遇多雨潮湿，则发病度较高。

思考题

1. 简述油菜菌核病的发生发展过程及其影响因素。

2. 试从油菜菌核病的发生特点，阐述其防治方法。

3. 简述油菜病毒病传毒昆虫的传毒特性及影响病害流行的主要因素，说明防治该病的主要措施。

4. 简述油菜菌核病药剂防治适期和主要药剂及用量。

油菜缺素怎么补救

油菜进入早春田管阶段，由于播种和移栽期间施肥不当或土质缺少某种营养元素，引起油菜生长不良，如果不及时采取补救方法，会对产量造成影响。

1. 缺氮

油菜缺氮时，叶片带黄色，长势弱，植株矮小，一般干旱脱肥时容易出现缺氮红叶。

补救措施：每亩追施7.5kg尿素，或15～20kg碳铵兑水500～700kg泼施。

2. 缺磷

油菜植株缺磷，生长慢而矮小，叶片变小，叶肉变厚，叶色暗绿或灰绿，缺乏光泽。叶柄紫色，叶脉边缘呈紫红色斑点或斑块。叶片比正常植株少2～3片，抽薹慢，苔色发红。

补救措施：每亩追施过磷酸钙25～30kg，或连续对叶片喷施磷酸二氢钾2～3次。

3. 缺钾

油菜缺钾先从老叶开始，后向新叶发展，最初呈黄色斑，叶尖、叶缘逐渐出现"焦边"和淡褐色枯斑，叶片变厚、变硬、变脆，叶肉组织呈明显"烫伤"，随之出现萎蔫。这些组织在枯死以后仍保留褐色。

补救措施：每亩追施7.5～10kg氯化钾兑水500～700kg泼施，或掺入100～150kg草木灰中撒施。

4. 缺硼

油菜对硼肥需求量大，然而土壤中含硼量较少，所以油菜最容易缺硼。缺硼的植株根停止生长，没有根毛和侧根，有的根端有小瘤状突起，根皮变褐色。叶片出现紫色斑块或蓝紫斑块，叶缘倒卷，根茎膨大。花期缺硼会出现"花而不实"，即开花后不结荚现象。

补救措施：每亩用150～200g硼砂兑水150～200kg浇施，或硼砂50～100g兑水50kg，选晴天下午叶面喷施。

第三章　小麦病害

【学习要求】

通过学习，要求学生了解小麦常发病害和主要病害类别。掌握小麦三种锈病、小麦白粉病、小麦赤霉病发生流行规律及综合防治措施。

【技能要求】

要求学生掌握小麦三大锈病的区别及其他主要病害症状的识别、发生规律及防治方法。

【学习重点】

以小麦赤霉病为代表，系统掌握小麦“三锈”，赤霉病、白粉病田间诊断鉴定，病原物生物学特性、病害发生流行规律及综合防治技术。难点为三种锈病的侵染循环特点及药剂防治适期。

【学习方法】

理论联系实际，学会综合分析小麦病害的发生发展及防治。

第一节　小麦锈病（三大锈病）

一、小麦条锈病

（一）识别与诊断

小麦条锈病主要危害叶片，严重时也危害叶鞘、茎秆和穗部，其症状如图 3－1 所示。病叶上初形成褪绿斑点，后逐渐形成隆起的黄色疱疹斑（夏孢子堆）。夏孢

图 3－1　小麦条锈病症状

子堆较小，椭圆形，鲜黄色，与叶脉平行排列成整齐的虚线条状。后期寄主表皮破裂，散出鲜黄色粉末（夏孢子）。小麦近成熟时，在病部出现较扁平的短线条状黑褐色斑点（冬孢子堆），表皮不破裂。在小麦幼苗叶片上，病菌常以侵入点为中心向四周扩展，形成同心圆状排列的夏孢子堆。

（二）预测预报

条锈病在西北、华北等冬麦区的春季流行，在大面积种植感病品种的前提下，取决于早春的气候条件，其中主要是温度、湿度的影响。由于条锈病是一种多循环、单年流行病害，如当地具有越冬菌源，即使数量甚少，只要气候条件适宜，病害也可能大流行。因此，条锈病的流行预测主要根据气候条件和初始菌源量进行。根据预报时间的长短，可分为冬前长期预测、早春中期预测和穗期短期预测。

(1) 冬前长期预测

根据秋季小麦苗期发病轻重和气象预报，对翌年该病的发生情况做粗略估计。如果秋苗发病重于常年，气象预报预告当年冬季气温偏高，翌春降雨多，尤其是早春一个月左右的雨量高于常年（大于 40mm），则翌春病害可能大流行或中度流行。

(2) 早春中期预测

在小麦返青至拔节期，根据上年秋苗发病情况、冬季温度、早春温度和湿度以及病菌越冬情况，以及未来的天气预报对今后病害发生与流行的可能性做出预测。其方法是于 3 月下旬至 4 月中旬重点调查至少 20 块易发病的田块，每块田 5 点取样，每点 13.3，目测每点的发病中心数（15～16cm 长单垄中各有 5 片以上条锈病叶的麦丛，即为一个发病中心）。以实查点数乘以 13.3m^2，得实查面积，进而求得每公顷发病中心数。以每公顷发病中心数代表菌量，再根据 4 月份雨湿情况，进行流行程度的预测（表 3-1）。

表 3-1　小麦条锈病流行程度预测表

平均每公顷发病中心（点）	4 月份湿度因素［雨露日（d）/雨量（mm）］		
	＞15/＞50	10～15/20～40	＜5/＜20
＞150	大流行	大或中度流行	中度流行
15～150	大或中度流行	中度流行	轻度流行
＜15	中度流行	轻度流行	不流行

(3) 短期预测

在小麦孕穗至抽穗期，根据当前病情及近期的天气预报，对短期内条锈病的流行情况做出预测。一般来说，小麦拔节期病害发生早且普遍，孕穗期发病较早较重，近期内有较多降雨，病害可能在小麦生长的中后期流行。

（三）防治技术

条锈病防治应采用以种植抗病品种为主，药剂防治及栽培防治为辅的综合防治措施。

(1) 抗病品种的选育和利用

选育和种植抗病品种是防治条锈病经济有效的措施。选育抗条锈病品种，既要培育小种专化抗性品种，也要注意培育非小种专化抗性品种。在利用小种专化抗性品种时，要根据生理小种的种类及数量分布，进行抗病品种的合理布局，尤其要注意避免大面积种植单一品种。在一个地区，轮换种植具有不同抗性基因的抗病品种，或同时种植具有不同抗性基因的多个品种，使抗性基因多样化，延长抗病品种的使用年限。另外，还可以培育和利用聚合品种（将多个抗性基因聚合在一个品种中）、多系品种（抗不同生理小种的多个品系的组合）或多抗品种（抗多个小种，或兼抗其他病害的品种）。

鉴于非小种专化的慢锈性在生产上具有较大应用价值，目前已有一些慢锈性品种在生产上推广。在病害流行条件下，南郑大穗麦、小偃 6 号、山阳扇子把等高温抗条锈品种（系）具有明显的保产效果。

(2) 药剂防治

药剂防治是减轻病害的重要辅助措施，其主要目的是控制秋苗菌源和春季流行。三唑酮是目前普遍使用的防治锈病的有效药剂，在秋苗常发病区，用种子重量 0.03%（有效成分）拌种，播种后 45d 仍保持 90%左右的防效（注意超过药量易发生药害，会降低出苗率），也可用戊唑醇等药剂拌种。秋苗发病早的地区或田块，每公顷用三唑酮 60～120g（有效成分）或烯唑醇（每公顷 30～60g，有效成分）对幼苗喷药。拔节至抽穗期，要在发病初期及时喷洒三唑酮等药剂以消灭发病中心或进行全面防治。可根据品种抗病性不同确定每公顷用药量（有效成分）：高感品种 135～180g，中感品种 105～135g，慢锈性品种 60～90g。一般施药 1 次即可，如果流行时间早，流行速度快，品种又比较感病时，则需喷药 2～3 次。此外，三唑类杀菌剂还可兼治白粉病、叶枯病、黑穗病等。用于春季防治条锈病的药剂还有烯唑醇、丙环唑、戊唑醇、腈菌唑等。

(3) 加强栽培管理

适期播种，避免过早播种，以降低秋苗发病率，减少早播冬麦区向相邻地区传播的菌源量；铲除海拔1400m以上地区的冬、春麦自生麦苗，可大大减少越夏菌源和早播地区的秋苗发病；施足基肥，早施追肥，适当增施磷钾肥。南方麦区注意开沟排水，合理密植，降低湿度；北方麦区在条锈病发生流行时还要及时灌水，以避免由于水分过度散失引起的叶片早枯。

【知识加油站】

条锈病菌为活体营养生物，病菌冬孢子在病害循环中不起作用，而是依靠夏孢子完成病害循环，但夏孢子又不能脱离寄主而长期存活，因此，病菌在病害循环的各个阶段均离不开其寄主，必须依赖于其寄主的存在才能完成病害循环。

条锈病的病害循环包括越夏、秋苗感染、越冬和春季流行四个环节。

(1) 越夏

越夏是条锈病周年循环的关键。条锈菌喜凉不耐热，其越夏的温度界限为20℃～22℃。在有感病麦株存在的前提下，凡夏季最热月（七八月）旬平均温度在20℃以下的地区，条锈病菌就能顺利越夏；旬平均温度在20℃～22℃的地区，越夏困难，超过23℃的地区，病菌不能侵染寄主，已被侵染的叶片也不能正常发病，病菌不能越夏。所以，在我国平原麦区，由于夏季高温高湿，病菌不能越夏，夏孢子经气流远程传播到高寒麦区，并在高寒麦区逐代繁殖、传染，度过夏季。我国条锈病菌的主要越夏地区包括甘肃的陇南、陇东，青海东部，四川西北部等，这些地区海拔高，气温低，并且有处于不同生育期的自生麦苗、晚熟冬麦和春麦（成熟期最迟可至9月以后）可供病菌寄生，因而成为病菌理想的越夏场所。

(2) 秋苗感染

随着越夏区小麦成熟和收割，进入秋季，越夏菌源随气流远程传播至平原冬麦区，导致秋苗感染。越夏地区和邻近越夏地区的早播冬麦麦苗发病最早且重，而距越夏地区越远、播期越迟的冬麦区，秋苗发病越迟、越轻。如陇东、陇南等越夏地区及邻近的陕西关中西部地区的早播麦田9月底10月初即可发现病叶，平原麦区黄河以北一般到10月或11月才始见病叶，而淮北、豫南等地一般要到11月以后才有零星发病。秋苗发病后，如当地秋雨较多或经常结露，病菌尚可繁殖2～3代，病菌群体增大，病情有所发展，可由零星发病发展成为大小不等的发病中心。

(3) 越冬

旬平均气温低至2℃，侵入后的菌丝体仍能缓慢扩展，当旬平均温度下降到2℃以下时，病菌即进入越冬阶段。病菌主要以侵入后未发病的潜

育菌丝在麦叶组织内越冬。大部分冬麦区，冬季条锈病菌停止扩展，但只要受侵叶片未被冻死，病菌即可渡过严寒的冬季。条锈菌能否越冬的临界温度为最冷月均温－7℃～－6℃，但长时期较厚积雪覆盖的麦田，即使低于－10℃仍能安全越冬。以常年气候而言，我国条锈菌越冬的地理界限是，从山东德州起，经石家庄、山西介休至陕西黄陵为界。该线以北越冬率很低，以南则每年均可越冬，且有很高的越冬率。

小麦条锈菌越冬期在麦叶上可能出现多种症状，有人将冬季麦叶症状变化归为正常孢子堆型、变色孢子堆型、疱状孢子堆型、花斑型和无斑型，其中无斑型病叶为越冬的主要形式，其余各型病叶大多在越冬区因不抗寒而冻死。

在条锈菌越冬区北部如华北、关中等地，秋苗发病程度与其越冬率有显著的相关性。一般单片病叶不能越冬，只有秋苗期形成的发病中心才能顺利越冬。华北平原南部及其以南各地，冬季温暖湿润，小麦仍缓慢生长，条锈菌在冬季正常侵染，不存在休止越冬问题。如江淮、江汉和四川盆地等麦区条锈菌可在冬季持续侵染蔓延，形成大量的菌源，成为来年北方麦田的菌源基地，有人将该地区称为条锈菌的“冬繁区”。

(4) 春季流行

小麦条锈病春季流行因各越冬区的生态条件和菌源的来源不同而表现不同的特点。在华北、西北等气温较低的麦区，小麦条锈菌越冬之后，早春旬均温上升到2℃～3℃和旬均最高气温上升到2℃～9℃后，越冬病叶中的菌丝体开始形成孢子堆，若遇春雨和结露，所产孢子侵染新生叶片，病情不断向上部和周围叶片发展，进入春季流行期。病害春季的流行程度取决于当地的雨水条件。华北地区常年春季干旱少雨，造成越冬病叶大量死亡，少数残存病叶要重新形成发病中心才能蔓延扩展，此过程称“越春阶段”。一般自3月下旬越冬病叶开始产孢，整个春季可繁殖4代。陕西关中则在2月上中旬越冬病叶开始产孢，在有利于发病的条件下，整个春季流行过程中，条锈菌有效繁殖倍数可达百万倍。

小麦条锈病在田间的发病过程与菌源的来源有密切关系。在以当地越冬菌源为主的地区，春季流行要经过单片病叶、发病中心和全田普发3个阶段。但在越冬菌量大，冬季温暖潮湿和锈病冬季持续发展的田块，可直接造成全田发病。条锈菌不能越冬或越冬率极低的地区，其菌源以外来的为主。这些地区田间发病的特点是大面积突然同时发病，病情发展速度远远超过当地当时气候条件所允许量的最大值，田间病叶分布均匀，发病部位多在旗叶和旗下一叶，找不到或很难找到基部病叶向上部和四周叶片蔓延的中心。一般条锈病发生流行以本地菌源为主，若外来菌源来得早且数量大时，亦可引起严重危害。

春季流行是小麦条锈病危害的主要时期。在大面积种植感病品种的条件下，决定我国大多数麦区春季流行的关键因素是越冬菌量和春季降雨量。

二、小麦叶锈病

（一）识别与诊断

叶锈病一般只发生在叶片上，有时也危害叶鞘，但很少危害茎秆或穗，其症状如图3-2所示。叶片受害，产生圆形或近圆形橘红色夏孢子堆，表皮破裂后，散出黄褐色粉末（夏孢子）。夏孢子堆较小，不规则散生，多发生在叶片正面。有时病菌可穿透叶片，在叶片两面同时形成夏孢子堆。后期在叶背面产生暗褐色至深褐色、椭圆形的冬孢子堆，散生或排列成条状。

图3-2 小麦叶锈病症状

（二）防治技术

小麦叶锈病应采取以种植抗病品种为主，栽培防病和药剂防治为辅的综合防治措施。

（1）选育推广抗病品种

在品种选育和推广中应重视抗锈基因的多样化和品种的合理布局，防止具有某一抗病基因的品种大面积单一种植。根据目前东北春麦区、华北冬麦区和江淮半冬麦区小麦主要生产品种、后备品种和亲本材料所携带的抗叶锈病基因状况及各区小麦叶锈菌的毒性基因组成特点，江淮半冬麦区适当减少具有Lrbg、Lr26等含单个无效抗病基因的品种，适当增加携带Lr2b、Lr3ka和Lr30基因品种的种植面积。另外，要注意应用具有避病性（早熟）、慢锈性和耐锈病性等品种。

（2）加强栽培防病措施

消灭自生麦苗，减少越夏菌源；在秋苗易发生叶锈病的地区，避免过早播种，可显著减轻秋苗发病。合理密植和适量、适时追肥，避免过多、过迟施用氮肥。锈病发生时，南方多雨麦区要开沟排水；北方干旱麦区要及时灌水，可补充因锈菌破坏叶面而蒸腾掉的大量水分，减轻产量损失。

（3）药剂防治

用种子重量的0.03%～0.04%（有效成分）叶锈特或用种子重量0.2%的20%三唑酮乳油拌种，可有效控制秋苗发病，减少越冬菌源数量，推迟春季叶锈病流行。同时于发病初期喷洒20%三唑酮乳油1000倍液可兼治条锈病、秆锈病和白粉病，每次喷药隔10～20d，防治

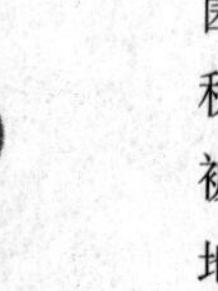

1～2次。

【知识加油站】

叶锈病菌越夏和越冬的地区较广，我国大部分麦区小麦收获后，病菌转移到自生麦苗上越夏，冬小麦秋播出土后，病菌从自生麦苗转移到秋苗上危害，并以菌丝体潜伏在叶组织内越冬。冬季寒冷地区，秋苗易被冻死，病菌的越冬率很低；冬季较温暖地区，病菌越冬率较高。同一地区病菌越冬率的高低，与翌春病害流行程度呈正相关。小麦叶锈菌越冬后，当早春旬平均气温上升到5℃时，潜育病叶开始复苏显症，产生夏孢子，进行再侵染，但此时叶锈菌发展很慢。当旬平均温度稳定在10℃以上时，才能较顺利地侵染新生叶片，普遍率明显上升，进入春季流行的盛发期。

叶锈病的发生和流行主要取决于锈菌生理小种的变化、小麦品种的抗锈性以及环境条件的影响。

三、小麦秆锈病

（一）识别与诊断

小麦秆锈病主要危害叶鞘、茎秆及叶片，严重时麦穗的颖片和芒上也有发生，其症状如图3-3所示。受害部位产生的夏孢子堆较大，长椭圆形，红褐色，排列不规则，表皮很早破裂并外翻，大量的锈褐色夏孢子向外扩散。小麦成熟前，在夏孢子堆中或其附近产生长椭圆形或长条形的黑色冬孢子堆，后期表皮破裂。发生在叶片上的孢子堆穿透能力较强，导致同一侵染点叶片两面均出现孢子堆，且叶背面的孢子堆一般比正面的大。

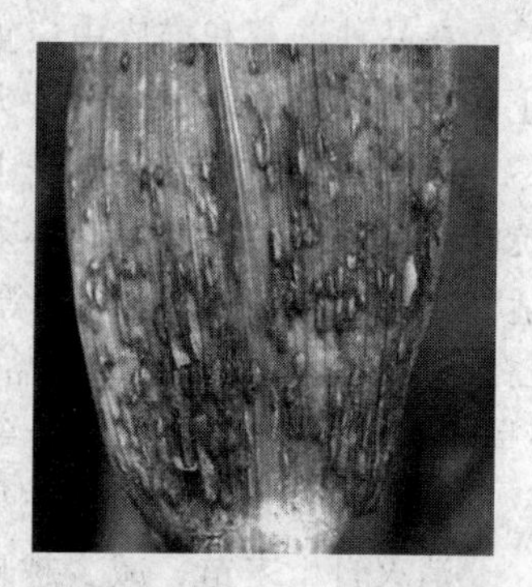

图3-3　小麦秆锈病症状

条锈病与叶锈病、秆锈病的症状区别，可根据“条锈成行叶锈乱，秆锈是个大红斑”加以区分，但有时三种锈病易混淆。秆锈病和叶锈病的主要区别在于二者孢子堆穿透叶片的情况不同，前者孢子堆穿透力较强，每侵入点均导致叶正反面出现孢子堆，且叶背面孢子堆较正面的大；而叶锈孢子堆偶尔可穿透叶片，叶背面孢子堆小于正面。在幼苗叶片上夏孢子堆密集时，叶锈病与条锈病有时亦难以区分。条锈病主要根据孢子堆有多重轮生现象来判断，因条锈病有系统侵染现象，每一侵入点可由菌丝向四周扩展，生出一圈圈日龄不同的孢子堆，最外围为褪绿环；而叶锈病则为多点同时侵入的同龄孢子堆。

（二）防治技术

小麦秆锈病的防治应以种植抗病品种为主要措施。由于这些品种均为小种专化性抗病品种。因此，在推广种植时应根据当地病菌生理小种的组成，注意抗原的多样化和合理布局。另外，小麦近缘种中存在许多抗秆锈病基因，应加速对这些抗原的利用。同时，要加强对水平抗性或慢锈性品种的选育和利用工作。

【知识加油站】

小麦秆锈病菌夏孢子不耐寒冷，在北部麦区不能越冬。据考察，秆锈病菌的越冬区域比较小，主要在福建、广东等东南沿海地区和云南南部地区越冬。这些地区冬季最冷月份月均温可达10℃左右，小麦可持续生长，秆锈菌可不断侵染危害，不存在休止越冬的问题。而且小麦播期从9月到12月，收获期从1月到4月，为秆锈菌越冬提供了寄主条件。此外，山东半岛和江苏徐淮地区，虽然秋苗发病普遍，但受害叶片大多不能存活到翌年返青后。因此，病菌越冬率极低，仅可为当地局部麦田提供少量菌源，对全国范围的秆锈病的流行影响很小。

春、夏季，越冬区的菌源自南向北、向西逐步传播，经由长江流域、华北平原到东北、西北及内蒙古等地的春麦区，造成全国大范围的春、夏季流行。由于大多数地区都没有或极少有本地菌源。因此，春、夏季的病害流行几乎全部是由南方早发地区的外来菌源所引起，所以一旦发病便是大面积普发，没有发病中心。

秆锈病菌主要在西北、西南等高寒地区的晚熟春小麦和自生麦苗上越夏，也可在部分平原麦区如山东胶东、江苏淮北等地冬小麦自生麦苗上越夏。至于越夏菌源如何于秋季到达越冬基地，以及病菌是否还可在其他地区越冬等问题，尚待进一步研究。

在种植感病品种的条件下，秆锈病流行与否及流行程度与小麦抽穗期前后的气候条件及菌源量有密切关系。一般小麦抽穗期的气温可满足秆锈菌夏孢子萌发和侵染的要求，决定病害是否流行的主要因素是湿度条件。但在长江、淮河流域，常年4～5月降雨较多，所以湿度并非病害流行的限制因素，病害流行受温度的影响较大，通常4月中下旬的平均气温上升到16℃以上，同时外来菌源量大，来得早，病害就可能流行。

第二节　小麦白粉病

（一）识别与诊断

小麦白粉病在各个生育期均可发生，主要危害叶片和叶鞘，严重时也可危害茎秆及穗部。通常叶面病斑多于叶背，下部叶片较上部叶片受害重。病部开始时出现黄色小点，然后逐渐扩大为圆形或椭圆形病斑，上面生有一层白粉状霉层，后期霉层变为灰白色或灰褐色，其中生有许多黑色小点（闭囊壳）。病斑多时可愈合成片，并导致叶片发黄枯死，茎秆和叶鞘受害后植株易倒伏。发病严重时，叶片上长满霉层，叶片枯死，植株矮小细弱，穗小粒少，严重影响产量。

（二）防治技术

白粉病的防治应以推广抗病品种为主，辅以减少菌源、栽培防病和药剂防治的综合措施。

（1）选用抗病品种

目前生产上推广的小麦品种多数是感病的，而少数抗病品种（系）的抗原均来自黑麦属1B/1R衍生系，抗源的单一化易造成白粉病的大面积发生与流行。由于小麦白粉病菌是专性寄生菌，病菌变异速度快，经常导致品种抗病性丧失，因此在利用抗病品种时应加强对当地病菌毒性结构的监测，对抗病品种做出合理布局，除利用低反应型抗病品种外，还要充分利用慢粉性和耐病性小麦品种。

（2）减少菌源

由于自生麦苗上的分生孢子和带病麦秸上的闭囊壳是小麦秋苗的主要初侵染源，因此麦收后应深翻土壤、清除病株残体；麦播前要尽可能铲除自生麦苗，以减少菌源，降低秋苗发病率并且要及时拔除初发病的秋苗，以减少翌春小麦白粉病的初侵染源。

（3）农业防治

适时适量播种，控制田间群体密度，以改善田间通风透光，增强植株抗病能力，减少早春分蘖发病；根据土壤肥力状况控制氮肥用量，增施有机肥和磷钾肥，避免偏施氮肥造成麦苗旺长而感病；合理灌水，降低田间湿度，如遇干旱，则须及时浇水，促进植株生长，提高抗病能力。

（4）药剂防治

使用化学药剂是防治小麦白粉病的关键措施。药剂防治包括播种期种子处理和生长期喷药防治，多数地区孕穗末期至抽穗初期施药，防治效果最佳。①拌种：在秋苗发病早且严重的地区，采用播种期拌种能有效控制苗期白粉病的发生，同时可以兼治条锈病和纹枯病等根部病害。用种子重量0.03%（有效成分）25%三唑酮（粉锈宁）可湿性粉剂拌种。②生长期喷药防治：在春季发病初期病情指数1以上或病叶率达到10%，要及时进行喷药防治，开始喷洒20%三唑酮乳油1000倍液或40%福星乳油8000倍液，也可根据田间情况采用杀虫杀菌剂混配做到关键期一次用药，兼治小麦白粉病、锈病等主要病虫害。国外新开发的甲氧基丙烯酸酯类杀菌剂，在欧洲国家已被大量用于白粉病的防治，我国沈阳化工研究院1997年开发合成的甲氧基丙烯酸酯类杀菌剂烯肟菌酯（SYP～Z071）对小麦白粉病有较好的防效，但白粉菌对此类药剂极易产生抗药性，为延缓抗药性可与三唑类杀菌剂混用或交替使用。

【知识加油站】

小麦白粉病是一种世界性病害，在世界各产麦区均有发生。该病可危害小麦、大麦及燕麦等，尤其以小麦受害最重。我国于1927年首先在江苏省发现小麦白粉病，20世纪70年代之前仅西南各省和山东沿海地区发生较重，70年代以后，随着耕作制度的改变、矮秆品种的推广以及水肥条件的改善，病害逐年加重并且发病面积和范围不断扩大，目前全国已有20个省市（区）普遍发生，其中除西南地区外，河南、湖北、江苏、安徽等省发病较重。近年来小麦白粉病的危害范围仍逐渐北移，在河北省甚至辽宁省的一些地方受害明显加重。据统计，1981年小麦白粉病的总发生面积只有66万公顷，到1989年已发展到233～267万公顷，估计目前超过400万公顷。小麦受害后，导致叶片早枯，成穗率降低，千粒重下降，一般减产10%左右，严重地块损失高达20%～30%，个别地块甚至达到50%以上，成为我国小麦生产上的重大病害之一。

病菌的越夏有两种方式：一是在夏季气温较低的地区（最热一旬的平均气温不超过24℃），以分生孢子在自生麦苗或夏播小麦上继续侵染，或以潜育菌丝状态越夏。分生孢子在病残体上仅能存活数天，自生麦苗是病菌的主要越夏寄主。分生孢子能否在自生麦苗上越夏取决于当地夏季的温度，夏季最热一旬的平均气温在23.5℃以下，分生孢子可以顺利越夏，在24℃～26℃的地区，可以在荫蔽处勉强越夏。对于广大的平原麦区，由于夏季气温较高，病原菌难以存活，加上大多数自生麦苗到麦播前已经死亡，因此小麦白粉病菌不能在这些地区越夏。二是在低温干燥地区，病菌以闭囊壳混杂于小麦种子内或在病残体上越夏，是秋苗发病的主要初侵染源。闭囊壳在湿度较高的条件下，不能渡过整个夏季，但低湿干燥的新疆、内蒙古等地，则可以闭囊壳越夏直接侵染秋苗，如种子中混杂闭囊壳较多，成活率高，在冬小麦秋播后可导致秋苗发病，但不能成为春小麦的初侵染源。

秋苗受越夏菌源侵染发病后，病菌一般都能越冬。越冬方式主要有两种：一是以菌丝体潜伏在植株下部叶片或叶鞘内越冬，二是以分生孢子形态越冬。影响病菌越冬存活率高低的主要因素是温度和湿度，冬季温暖、雨雪较多或土壤湿度大，有利于病菌越冬。冬季气温偏高或在冬季温暖的地区，病菌可在密度较大的麦丛基部叶片和土层内的叶鞘上继续危害，不存在明显的越冬期。山区越冬菌量显著高于平原地区。

秋播小麦白粉病的初次侵染源有两种，一种来自夏季自生麦苗上的白粉病菌分生孢子，一种是保存在干燥处的小麦残株上和小麦种子上的闭囊壳中的子囊孢子。东北地区春小麦白粉病初侵染源主要来自胶东半岛和黄淮海麦区。

春季是白粉病主要流行时期，其流行程度主要取决于品种抗病性、气候条件、栽培条件和菌源数量等因素。

第三节　小麦赤霉病

（一）识别与诊断

小麦赤霉病自幼苗至穗期都可发生，引起苗枯、茎基腐、秆腐和穗腐，其中危害最严重的是穗腐，其症状如图 3－4 所示。

苗枯由种子带菌或土壤中病残体上病菌侵染所致。在幼苗的芽鞘和根鞘上呈黄褐色水浸状腐烂，轻者病苗黄瘦，严重时全苗枯死，枯死麦苗在湿度大时可产生粉红色霉层。

图 3－4　小麦赤霉病症状

茎基腐又称脚腐，自幼苗出土至成熟均可发生。茎基部受害先变为褐色，后期变软腐烂，造成整株死亡，拔起病株时，易在茎基腐烂处撕断，断口处呈褐色，带有黏性的腐烂组织，其上粘有菌丝和泥土等物。

秆腐多发生在穗下第一、二节，初在旗叶的叶鞘上出现水渍状褪绿斑，后扩展为淡褐色至红褐色不规则形斑或向茎内扩展。病情严重时，造成病部以上枯黄，有时不能抽穗或抽出枯黄穗。气候潮湿时病部表现可见粉红色霉层，刮风时病株易被吹折。

穗腐于小麦扬花后出现。初在小穗和颖片上产生水浸状浅褐色斑，然后沿主穗轴上下扩展至整个小穗。湿度大时，发病小穗颖缝处产生粉红色胶状霉层（分生孢子座及分生孢子），后期病部产生蓝黑色小颗粒（子囊壳）。空气干燥时，病部和病部以上枯死，形成枯白穗，不产生霉层，后期病部可产生黑色颗粒状物。病穗的籽粒干瘪，并伴有白色至粉红色霉层。

（二）预测预报

赤霉病是一种典型气象型病害，年季间病害流行程度主要受气象条件制约，因此，该病流行与否取决于感病生育期、菌量和气象条件及其吻合程度。主要根据气象条件、结合菌量动态进行预测，但区域性强，预报准确性取决于气象预报的准确性，各种有较大差异。

总之，充足的菌源、适宜的气象条件和小麦抽穗扬花期三者吻合，赤霉病就会流行，否则就不会大流行。

（三）防治技术

防治小麦赤霉病应采取以充分利用抗（耐）病品种为基础、适时喷施化学药剂为重点、结合农业防治和减少初侵染来源的综合防治措施。

（1）选用和推广抗（耐）病品种

虽然尚未发现对赤霉病免疫的小麦品种，但我国已选育出一批比较抗病的品种，如苏麦3号、望水白等已被公认为世界上最好的抗源，但因其丰产性较差而不能直接应用。其中一些中抗或耐病且丰产性好的品种，如江苏的宁8026、宁7840、扬麦4号，湖北的鄂麦6号、荆州1号，湖南的湘麦10号，安徽的皖麦38，江西的万年2号，福建的繁635、60085，辽宁的辽春4号等在生产上被广泛利用。最近，又选育了一批抗病且农艺性状较好的抗病品种（系），如宁895004（生抗一号）、宁962390、92P28（扬麦9号）、TFSL037、长江8809、W14、川育19、生抗2号、豫麦36、郑农16、新麦9号、山东1355等。此外，可根据品种的避病性，选用早熟或特早熟品种，使抽穗扬花期避过有利发病的气候条件，也可减轻病害。

（2）加强农业防治，减少菌源数量

适时早播，使花期提前，避开发病有利时期；播种前要及时清除上茬病残体并翻耕灭茬，促使植株残体腐烂，减少田间菌源数量；播种时要精选种子，减少种子带菌率；控制播种量，避免植株群体过于密集和通风透光不良；增施磷、钾肥，控制氮肥施用量，防止倒伏和早衰；小麦扬花期应少灌水，多雨地区要注意排水降湿，避免制造利于小麦赤霉病的发病条件；小麦成熟后要及时收割，尽快脱粒晒干，保持仓内较低的湿度，减少霉垛和霉堆造成的损失。

(3) 药剂防治

在当前品种普遍抗性较差的情况下，化学药剂防治仍是防治小麦赤霉病的重要手段。防治效果主要取决于首次施药时间，通常最佳施药时间为扬花期；遇穗期高温的年份，小麦边抽穗边扬花，应于齐穗期施药。若施药关键时期遇雨，应于雨停间隙时喷施，并于5～7d后再喷一次。每亩用50％多菌灵可湿性粉剂100g或70％甲基托布津可湿性粉剂50～75g加水50～75kg常量喷雾。但多菌灵使用较频繁的江苏、浙江等省已发现抗药性菌株且抗性比例逐年上升。近期研究发现，戊唑醇、烯唑醇、叶菌唑、咪鲜胺等三唑类或咪唑类杀菌剂对赤霉病有很好的防效。

【知识加油站】

小麦赤霉病菌腐生能力很强，麦收后可继续在土壤中残留的麦秆、稻桩、玉米秆、豆秆、稗草等植物残体上存活，也可以危害棉花、玉米等方式越夏，但不能在淹水的水稻田土壤内越夏。秋收后，以子囊壳、菌丝体在各种寄主植物残体上越冬。土壤和带菌种子也是重要的越夏、越冬场所。

病残体上产生的子囊孢子和分生孢子是下一个生长季的主要初侵染源。此外，种子带菌是造成苗枯的主要原因，土壤中病菌多则利于产生茎基腐症状。子囊壳成熟后，遇水滴或相对湿度为98％的条件即能释放子囊孢子。因此，雨后尤其是小雨后最利于孢子释放，孢子释放后借气流和风雨传播，通常传播高度为1～1.3m，少量可达10m以上，但仍以作物层中孢子最多。因此，小麦赤霉病菌的传播以本田或本地为主。小麦赤霉病虽是一种多循环病害，由于病菌的侵染多集中在扬花期，因此在生育期较一致时，分生孢子的再侵染作用不大，但在成熟期早晚相差很大的地区，早熟品种的病穗上产生的分生孢子便可侵染晚熟小麦，病菌侵入穗组织后，如天气干燥，则病菌潜伏在寄主组织中而不继续发展，外表也无症状，一旦雨湿条件满足，病害便暴发，对这种潜伏侵染的现象在生产上应引起重视。

小麦赤霉病的发生和流行强度主要取决于气象条件、菌源数量、寄主抗病性及易感病生育期等因素。充足的菌源，适宜的气候条件，感病品种以及和小麦扬花期相吻合，就会造成赤霉病流行。

第四节　小麦黑穗病

一、小麦散黑穗病

小麦散黑穗病和大麦散黑穗病俗称黑疸、灰包等，在我国冬、春麦区普遍发生，长江流域冬麦区和东北的春麦区发生较重。近年来，由于广泛推广种子处理技术，小麦散黑穗病得到有效控制。

（一）识别与诊断

散黑穗病主要危害穗部，少数情况下茎及叶等部位也可发生。穗部受害形成一包黑粉，外部包被一层淡灰色薄膜，随薄膜破裂，黑粉散出，残留穗轴。有时穗的上部有少数健全小穗，下部变为黑粉。一般病株主杆及分蘖全部抽出病穗，偶有个别分蘖生长正常。

茎部受害在田间不易见到。病部多发生在邻近穗轴的基部，孢子堆呈疱状和条纹状，灰黑色。叶部受害，症状多出现在叶片的基部，其症状类似于茎部。

（二）防治技术

防治小麦散黑穗病，除利用抗病品种外，应采用以种植无病种子和种子处理为主的综合防治措施。

（1）种子处理

① 药剂处理。每100kg种子使用20％粉锈宁乳油100～150g、5％烯唑醇可湿性粉剂80g、40％拌种双可湿性粉剂150g等；防治大麦散黑穗病还可用12.5％烯唑醇可湿性粉剂200g、40％特富灵可湿性粉剂200g等。拌种时应严格掌握烯唑醇、粉锈宁、拌种双等的拌种用药量，否则易产生药害。此外，为确保拌种均匀，提高防病效果，建议采用湿拌法（烯唑醇最好用干拌法，否则易产生药害），即先将一定量的药剂按种子重量的2％配制成药液，然后均匀地喷洒于种子上，晾干后播种。②物理消毒。温汤浸种有变温浸种和恒温浸种两种方法。变温浸种是先将种子在冷水中预浸4～6h使菌丝萌动，再在49℃的水中浸1min，然后浸在52℃～54℃的水中10min。变温浸种防病效果较好，但须严格掌握温度，且操作较繁，实际应用不太方便。恒温浸种系将种子于44℃～46℃水中浸3h，然后捞出种子，冷却并晾干备用。恒温浸种比较安全，并有良好的防病效果，可以将发病率降低到0.5％以下，便于大面积处理。

此外，南方还有冷浸日晒法。方法是在当地7月下旬至8月下旬期间，先将麦种以冷水预浸5h，然后摊开在烈日下暴晒1d（上午11时至下午3

时）即可。温度达50℃以上，如超过55℃～56℃以上，则可能降低小麦发芽率。此法须根据各地实际情况灵活应用。

生理杀菌处理也是常见方法。用生石灰或消石灰0.5kg，加水100kg，浸麦种30～35kg，种子层厚度以0.6m左右为宜，水面高出麦种0.1m左右。浸种后，不可搅动。浸种时间长短与水温有关：水温在35℃以上时只需1d，30℃～34℃时需1.5～2d，25℃～29℃时需2～3d，20℃～24℃时需3～4d，15℃～19℃需4～5d，10℃～15℃时需7d。通常在夏季高温时进行。石灰水浸种经济、有效、安全、易行，仍为不少地方所采用。

石灰水浸种的杀菌作用机理是一种生理杀菌。种子在无氧的情况下，产生乙酸或乙醛，杀死潜伏在种子内部的菌丝体。在处理过程中，石灰只起防腐作用，与杀死种子内潜伏的病菌并无关系。

（2）繁殖无病种子

在良种场或种子繁殖基地繁殖无病种子。无病种子田距离大田至少在100m以外。

（3）选育抗病品种

小麦散黑穗病菌生理小种变异速度较为缓慢，小麦对散黑穗病抗性是单基因显性遗传，抗源也丰富，有利于抗病品种的选育。

【知识加油站】

小麦散黑穗病的病原菌以休眠菌丝在种子胚内越冬，因此，唯一的越冬方式是种子带病。冬孢子在田间只能存活几个星期，越冬后绝无侵染的可能性。

在田间，小麦散黑穗病菌的冬孢子主要由风力传播，通过伸出或张开的雄蕊颖壳裂口侵入内部。一般冬孢子可以传播到距发病中心100m以外的地方，最远可传播到1000m以外。传播远近与风速和气流的运动方式有关。

小麦散黑穗病的发生轻重与上年扬花期间相对湿度的高低有密切关系。小麦抽穗后，田间气温经常在病菌要求的适温范围内，故湿度成为影响发病的主导因素。

扬花期间湿度高与次年发病率较高的原因，可能因为相对湿度高时，一般颖片张开角度大且张开时间也较长，因而病菌侵入机会也较多。另外，在高湿度的情况下，冬孢子萌芽较快，芽管也较长。相反，在干旱的情况下，冬孢子萌发慢，芽管也较短，不利于病菌的侵入。

微风有利于孢子的传播，多雾或多雨，有利于孢子的萌发和侵入。大雨易将病菌孢子淋落在土中，故对第二年发病不利。

二、小麦腥黑穗病

小麦腥黑穗病，俗称“鬼麦”、“乌麦”、“黑疤”等，包括普通腥黑穗病、矮腥黑穗病和印度腥黑穗病三种。在我国只有普通腥黑穗病，后两种均未发现。小麦腥黑穗病不仅使小麦减产10%～20%，还降低小麦品质和面粉质量。含有病菌孢子的小麦，制成面粉后有鱼腥气味，作为饲料会引起畜禽中毒。

（一）识别与诊断

普通腥黑穗病包括光腥黑穗病和网腥黑穗病，二者在症状上基本一致。病株较健株矮化，但矮化程度因品种不同而有差别。穗部受害，病穗颜色比健株深，最初灰绿色，后期灰白色。病穗比健穗短，小穗密度较稀，有芒品种麦芒变弯曲变短，后期易脱落。病穗后期颖片张开，露出灰黑色或灰白色菌瘿，外部有一层灰色薄膜，破裂后散出黑色粉末，即病菌的冬孢子。在抗病品种或特殊的情况下，病穗的一部分小穗可能免于受害，且能正常结实。在个别情况下，病株分蘖减少，根系发育受到抑制，也可能出现叶片数量减少及幼苗畸形。

小麦感染矮腥黑穗病后，植株产生较多分蘖，一般比健株多一倍以上，多达30～40个。有些小麦品种幼苗叶片上出现褪绿斑点或条纹。拔节后，病株茎秆伸长受抑制，明显矮化，高度仅为健株的1/4～2/3，个别病株高度只有10～25cm，但一些半矮秆品种病株高度降低较少。病株穗子较长，较宽大，小花增多，达5～7个，有的品种芒短而弯，向外开张，因而病穗外观比健穗肥大，病穗有鱼腥臭味。各小花都成为菌瘿，菌瘿黑褐色，较网腥的菌瘿略小，更接近球形，坚硬、不易压碎，破碎后呈块状，内部充满黑粉，即病原菌的冬孢子。在小麦生长后期，病粒遇潮、遇水可被胀破，孢子外溢，干燥后成为不规则的硬块。

（二）防治技术

防治小麦腥黑穗病应采取种子处理为主，结合调种检疫，选用抗病品种和栽培管理的综合防治措施。

（1）种子处理

可用15%三唑酮可湿性粉剂按种子量0.2%的药量拌种，或用2%戊唑醇湿拌剂按种子重量0.1%～0.15%的药量拌种，或3%敌萎丹悬浮种衣剂1∶500（药∶种）包衣，均可取得较好的防治效果。为防止药害，用药量不得超过规定量。在土壤粪肥传播为主的地区，可采用种子处理与药土混播的方法。

（2）加强种子调运检疫

为防止腥黑穗病的传播蔓延，要认真做好种子检验工作。要尽量不去

病区调种，病区应建立无病留种田。

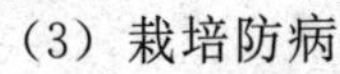
(3) 栽培防病

冬麦区不宜过迟播种，春麦区不宜过早播种，深度不要过深，可以使发病率降低。在粪肥传染地区，不用麦糠（颖壳）、病麦秆和场土作垫草或沤肥。重病地实行轮作可减轻发病。

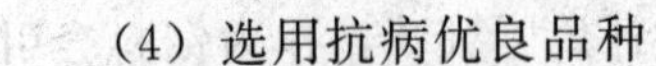
(4) 选用抗病优良品种

在病害有所回升的地区以及个别严重发生的地区，应对生产上推广的小麦品种进行抗性调查和鉴定，选择种植抗病品种。

【知识加油站】

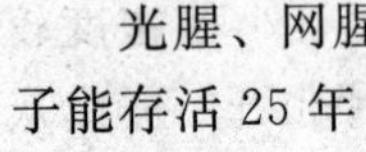

光腥、网腥黑穗病菌均有很强的存活力。保存在实验室内的光腥冬孢子能存活25年，网腥冬孢子能存活18年，在干土内能存活7年，在病粒中的冬孢子不易死亡，即使在土壤中也能存活一年以上，但分散的孢子在潮湿的土壤中寿命很短，约为1～2个月。病菌冬孢子通过牛、马、骡、驴、羊、鸡、鸭肠胃后，粪便中的光腥、网腥冬孢子仍有萌发力和致病力。

腥黑穗病的侵染方式属幼苗系统侵染。小麦种子发芽时，冬孢子也开始萌发。小麦腥黑穗病菌的传播途径有种子传播、土壤传播和粪肥传播等。当小麦成熟收割脱粒时，病粒破裂，散出黑粉，冬孢子附着在种子表面，使种子带菌。种子带菌是小麦腥黑穗病远距离传播的重要途径。土壤传染、用带菌的麦草麦糠等喂牲畜或作为牲畜褥草而造成粪肥带菌传染也是网腥黑穗病的重要传播途径。

第五节　小麦纹枯病

（一）识别与诊断

小麦各生育期均可受害，造成烂芽、病苗死苗、花秆烂茎、倒伏、枯孕穗等多种症状。

1. 烂芽

种子发芽后，芽鞘受侵染变褐，继而烂芽枯死，不能出苗。

2. 病苗死苗

病苗死苗主要在小麦3～4叶期发生，在第一叶鞘上呈现中央灰白、边缘褐色的病斑，严重时因抽不出新叶而造成死苗。

3. 花秆烂茎

返青拔节后，病斑最早出现在下部叶鞘上，产生中部灰白色、边缘浅褐色的云纹状病斑，多个病斑相连接，形成云纹状的花秆，条件适宜时，病斑向上扩展，并向内扩展到小麦的茎秆，在茎秆上出现近椭圆形的“眼斑”，病斑中部灰褐色，边缘深褐色，两端稍尖。田间湿度大时，病叶鞘内侧及茎秆上可见蛛丝状白色的菌丝体，以及由菌丝纠缠形成的黄褐色的菌核。小麦茎秆上的云纹状病斑及菌核是纹枯病诊断识别的典型症状。

4. 倒伏

由于茎部腐烂，后期极易造成倒伏。

5. 枯孕穗

发病严重的主茎和大分蘖常抽不出穗，形成“枯孕穗”，有的虽能够抽穗，但结实减少，籽粒秕瘦，形成“枯白穗”。枯白穗在小麦灌浆乳熟期最为明显，发病严重时田间出现成片的枯死。此时若田间湿度较大，病植株下部可见病菌产生的菌核，菌核近似油菜子状，极易脱落到地面上。

(二) 防治技术

小麦纹枯病的发生与农田生态状况关系密切，在病害控制上提出以改善农田生态条件为基础，结合药剂防治的策略。

(1) 种植抗（耐）病品种

目前生产上缺乏高抗纹枯病品种，重病地块选用耐病品种能明显减轻病害造成的损失。研究表明，选用当地丰产性能好、耐性强或轻度感病品种，在同等条件下可降低病情 20%～30%。山东省在 20 世纪 90 年代初期大面积推广有一定抗性的小麦品种鲁麦 4 号，在生产中起到了一定效果。另外，近年各地也鉴定出了一批抗性较好或比较耐病的品种，如偃 4110、豫麦 34 等，均可考虑选种。

(2) 加强栽培管理

高产田块应适当增施有机肥，有机底肥的施用量达到每公顷 37500kg 左右，使土壤有机质含量在 1%以上。平衡施用氮、磷、钾肥，避免大量施用氮肥，小麦返青期追肥不宜过重。重病地块适期晚播，控制播量，做到合理密植。田边地头设置排水沟以防止麦田积水，灌溉时忌大水漫灌。及时防除杂草，改善田间生态环境。

(3) 药剂防治

①种子处理。可用 15%三唑酮可湿性粉剂按种子量的 0.03%(a.i)，或 12.5%的烯唑醇可湿性粉剂按种子量的 0.02%（a.i）拌种，对小麦纹枯病的防治有很好的防治效果。近年研究报道，2%戊唑醇湿拌剂 1∶1000（药∶种）拌种，或 2.5%适乐时悬浮种衣剂和 3%敌萎丹悬浮种衣剂 1∶500 包衣处理对苗期小麦纹枯病防效较好。②春季喷药。由于春季是病害的发生高峰期，仅靠种子处理很难控制春季病害流行，在小麦返青拔节期应根据病情发展及时进行喷雾防治。可使用 12.5%的烯

唑醇可湿性粉剂1500倍液，或15%三唑酮可湿性粉剂1000倍液，25%敌力脱乳油1000倍液药剂等喷雾，均有较好的控制作用，同时还可兼治小麦白粉病和锈病。

(4) 生物防治

目前，人们正在积极探讨一些生物方法防治小麦纹枯病。麦丰宁B_3在江苏等地试验效果达70%左右。从小麦植株上分离筛选出Rb_2、Rb_{26}等芽孢杆菌，室内抑苗测定及苗期盆栽试验中对小麦纹枯病有一定的作用。利用丝核菌弱致病株系也有一定的控制效果。

【知识加油站】

病菌以菌核和病残体中的菌丝体在田间越夏越冬，作为第二年的初侵染源，其中菌核的作用更为重要。此病是典型的土传病害，带菌土壤可以传播病害，混有病残体和病土而未腐熟的有机肥也可以传病。此外，农事操作也可传播。

土壤中的菌核和病残体长出的菌丝接触寄主后，形成附着胞或侵染垫产生侵入丝直接侵入寄主，或从根部伤口侵入。冬麦区小麦纹枯病在田间的发生过程可分为以下5个阶段：

(1) 冬前发病期

土壤中越夏后的病菌侵染麦苗，在3叶期前后始见病斑，整个冬前分蘖期内，病株率一般在10%以下，早播田块有些可达10%～20%。侵染以接触土壤的叶鞘为主，冬前这部分病株是后期形成白穗的主要来源。

(2) 越冬静止期

麦苗进入越冬阶段，病情停止发展，冬前发病株可以带菌越冬，并成为春季早期发病的重要侵染来源之一。

(3) 病情回升期

本期以病株率的增加为主要特点，时间一般在2月下旬至4月上旬。随着气温逐渐回升，病菌开始大量侵染麦株，病株率明显增加，激增期在分蘖末期至拔节期，此时病情严重度不高，多为1～2级。

(4) 发病高峰期

一般发生在4月上中旬至5月上旬。随着植株拔节与病菌的蔓延发展，病菌向上发展，严重度增加。高峰期在拔节后期至孕穗期。

(5) 病情稳定期

抽穗以后，茎秆变硬，气温也升高，阻止了病菌继续扩展。一般在5月上旬、中旬，病斑高度与侵染茎数都基本稳定，病株上产生菌核而后落入土壤，重病株因失水枯死，田间出现枯孕穗和枯白穗。

小麦纹枯病靠病部产生的菌丝向周围蔓延扩展引起再侵染。田间发病有两个侵染高峰，第一个是在冬前秋苗期；第二个则是在春季小麦的返青拔节期。

影响小麦纹枯病发生流行的因素包括品种抗性、气候因素、耕作制度及栽培技术等。

第六节　小麦胞囊线虫病

（一）识别与诊断

此病主要危害根部，苗期受害植株发黄，僵苗不长，似缺水缺肥状，不分蘖或分蘖减少。病根生长点停止生长，在靠近侵染点处大量分叉，产生须根团并使根系呈乱麻状，严重时可导致植株枯死。拔节后地上部表现为植株生长矮化，分蘖成穗少，生长稀疏，穗小而粒秕。抽穗扬花期，根上可见白色亮晶状的胞囊，这是识别该病发生的重要特征，也是区别该病与其他生理病害的主要依据。至成熟期，根上胞囊变成褐色，随病残体或直接遗落于土壤中。

（二）防治技术

（1）加强检疫

此病目前在我国仍属局部发生，应避免去病区调种，防止此病随种子中的土块扩散蔓延。

（2）选育和推广抗病品种

种植抗病、耐病品种是防治该病经济有效的办法。目前在生产上发现品种之间对小麦胞囊线虫病存在明显差异，各地可根据具体情况对当地大面积推广和新近选育的小麦品种进行抗（耐）性鉴定，从中选择抗性强、丰产性好的品种加以利用。世界各国对该病的抗病育种工作都比较重视，已相继开展有关工作，其中澳大利亚已育种世界上第一个抗性小麦品种。同时，也可以种植耐病品种以减少损失。河南农业大学鉴定发现，太空6号等品种对小麦胞囊线虫病具有较好的抗性。

（3）实行轮作

将小麦与非寄主作物如豆科植物进行2～3年轮作，可以大大降低土壤中线虫群体数量，有效减轻病害造成的损失。在长江流域麦区可以将小麦与水稻进行轮作，效果更好。

（4）栽培措施

冬麦区适当早播或春麦区适当晚播，可以避开线虫的孵化高峰，减少侵染几率。加强水肥管理，增施肥料特别是增施有机肥，可以促进小麦生长，提高小麦抗逆能力，能够部分补偿损失，减轻危害。

(5) 药剂防治

在小麦播种期，用35%呋喃丹种衣剂，按每千克种子拌20～30g药剂比例进行拌种处理；或用10%克线磷颗粒剂，每1/15公顷200～300g，15%涕灭威颗粒剂100～200g；3%呋喃丹颗粒剂，每1/15公顷200～400g，播种时沟施；每667m^2施用3%万强颗粒剂200g，也可用24%万强水剂600倍液在小麦返青时喷雾，都能有效地防治该线虫。有条件地区可应用熏蒸性杀线虫剂处理土壤，或杀线虫颗粒剂沟施，也可用杀线虫种衣剂处理种子，控制早期侵染。

【知识加油站】

胞囊线虫病是世界小麦等禾谷作物上重要病害。该病1874年在德国首先报道，目前已在法国、英国、意大利、俄罗斯、美国、加拿大、澳大利亚、南非和印度等30多个产麦国家发生危害。据报道，在澳大利亚的维多利亚和南澳大利亚，小麦发病面积达200多万公顷，产量损失20%～50%，严重地块损失达70%以上；在印度的拉贾斯坦，小麦因该病损失达到47.2%，大麦则损失87.2%。

此病在我国于1989年在湖北首次报道。目前已证实该病在河南、河北、山东、湖北、安徽、北京、山西、甘肃、青海等10多个省市均有分布，发生面积10万多公顷。一般使小麦减产20%～30%，严重地块达50%以上。

在我国，小麦胞囊线虫病的病原主要是燕麦胞囊线虫（*Heterodera avenae* Wollenweber），属于线形动物门垫刃线虫目，异皮线虫科，胞囊线虫属（或异皮线虫属）。小麦胞囊线虫主要以胞囊在土壤中越冬、越夏。当秋季气温降低且湿度适中时，越夏胞囊内的卵先孵化成一龄幼虫，在卵内蜕第一次皮后，破壳变成二龄侵染性幼虫进入土壤。二龄幼虫移动至小麦根尖，从紧靠生长点的延长区侵入，在根内移行至维管束中柱，用口针刺吸维管束细胞吸取营养。同时，线虫食道腺分泌液经口针进入取食点细胞，刺激周围细胞形成合胞体细胞。此后，线虫定居于薄壁组织中，幼虫从合胞体细胞中取食发育变为豆荚形，以后再蜕皮2次，经过三龄（长颈瓶形）、四龄（葫芦形），第四次蜕皮后发育为雌成虫（柠檬形）、雄成虫（线形）。而雄虫四龄前与雌虫外形相似，四龄后体呈“8”形卷曲在蜕皮了的壳内，经再次蜕皮（第四次蜕皮）出壳伸直成线形，进入土壤寻找雌虫进行交配，然后即死去；而雌成虫定居原处取食为害，开始孕卵，此时体躯急剧膨大，撑破寄主根表皮露于根表。初期体壁外表附有一层亚晶膜，虫体白色透明发亮，即白胞囊阶段；随着虫体进一步发育老熟，体壁加厚，颜色加深，变成暗褐不透明的革质胞囊（称褐胞囊），散落于土中，成为下季作物的侵染来源。

该线虫在我国华中、华北麦区一年发生一代。二龄幼虫在小麦播种出苗后即可开始侵染。冬季线虫在小麦根内越冬，次年春季气温回升，二龄幼虫开始发育。

小麦胞囊线虫卵孵化受温度和湿度影响很大。该线虫属低温型线虫，孵化所需的温度较低，而且低温可以刺激孵化，高温则抑制孵化，并引起滞育。在我国，该线虫孵化的最适温度为10℃～15℃，25℃以上则不孵化。

由于该线虫以胞囊内卵和幼虫在土壤中越冬或越夏，土壤传播是该线虫传播的主要途径。农机具、农事操作的物具，人畜粘带的土壤以及水流等也可进行近距离传播。在澳大利亚，大风刮起的尘土是该线虫远距离传播的主要途径。

第七节　小麦全蚀病

（一）识别与诊断

小麦全蚀病主要危害小麦根部和茎基部第一、二节处，苗期至成株期均可发生。幼苗期受害，初生根（种子根）和根茎变黑褐色，特别是病根中柱部分变为黑色。次生根上有大量黑褐色病斑，严重时病斑联合，根系死亡，造成死苗。尚能存活的病苗叶色变浅，基部叶片黄化，植株矮小，病株易自根茎处拔断。潮湿条件下，茎基部1～2节变成褐色至灰黑色（俗称“黑脚”）。返青至拔节期表现为病株返青迟缓，黄叶增多，拔节后叶片自下而上黄化，植株矮化，重病株根部变黑。发病初期在变色根表面有褐色粗糙的匍匐菌丝。抽穗后，根系腐烂，病株早枯，形成“白穗”。发病后期在潮湿条件下，茎基部表面及叶鞘内侧布满紧密交织的黑褐色菌丝层（俗称“黑膏药”）。病根中柱部分黑色、匍匐菌丝和“黑膏药”是诊断全蚀病的主要依据。在潮湿情况下，小麦近成熟时在病株基部叶鞘内侧生有黑色颗粒状突起，即病原菌的子囊壳。但在干旱条件下，病株基部“黑脚”症状不明显，也不产生子囊壳。

（二）防治技术

全蚀病的防治目前主要采取农业防治和药剂拌种相结合的措施。

（1）加强检疫，防止病害扩散蔓延

目前长江流域及其以南地区全蚀病尚未普遍发生，因此，应认真做好病害普查工作。无病区严禁调运病区种子。

（2）选用高产耐病品种

至今尚未发现抗小麦全蚀病的材料，但在燕麦、黑麦、冰草、一粒小麦、山羊草等小麦远缘属和近缘植物中发现了高抗和中抗材料。我国已通过燕麦与小麦杂交获得一批高抗材料，如贵农 775 等，室内外鉴定结果表明其抗性稳定。今后，应进一步开拓小麦全蚀病抗性资源，为抗病育种提供材料，以获得可用于生产的抗病高产优质的小麦品种。目前，生产上可利用具较好丰产性和一定耐病性的品种。

（3）加强栽培管理

适当增施充分腐熟的有机肥和硫酸铵或氯化铵、过磷酸钙等，提高土壤肥力，增强植株抗病力。氮肥中的氨态氮可明显减轻病害发生，而硝态氮有利于病害发生。增加土壤中钙、镁、锰和锌等微量元素也能明显降低病害发生。零星发病区，要及时拔除病株并烧毁。重病区在拌种前深翻改土，并实行轮作换茬。旱粮地区，每隔 2～3 年改种一茬大豆、油菜、甘薯、马铃薯等作物；在经济作物区，可改种棉花、烟草、大麻、西瓜及蔬菜等作物；在稻作区实行 1 年以上的稻麦轮作，均可明显减轻病害。

（4）化学防治

①种子和土壤处理：每 10kg 种子用 12.5％的全蚀净悬浮种衣剂 20～30mL 包衣，或用 3％敌萎丹悬浮种衣剂（1：300）～（1：200）（药种比）包衣，或用三唑酮按种子量 0.03％的有效成分拌种，对小麦全蚀病具有较好的防治效果。此外，还可在播前进行土壤处理，每公顷用 50％甲基硫菌灵可湿性粉剂 30～45kg，加细干土 300～450kg 拌匀，播前施于播沟中，可有效防治该病。②秋季防治：麦苗 3～4 叶时，每公顷用 20％三唑酮乳油1125～1500mL 或 15％粉锈宁可湿性粉剂 1500g 兑水 600～750kg 喷雾。③春季防治：小麦返青期每公顷用 12％三唑醇可湿性粉剂 3000g 拌细土 375kg，顺垄撒施，适量浇水，有一定的防治效果；也可以每公顷用 20％三唑酮乳油 1500mL 或 15％三唑酮可湿性粉剂 2250g，兑水 1500kg，去除喷头旋片，对准小麦茎基部喷射。在重病区，于小麦抽穗期再喷一次。如用 15％三唑醇 4500g 兑水 30000kg，于小麦拔节期灌根，每隔 15d 灌 1 次，共灌 3 次，可有效抑制病害发生，并能大幅度挽回产量损失。

（5）生物防治

国内外对小麦全蚀病的生物防治进行了大量的研究工作。研究发现荧光假单胞杆菌、木霉菌等对小麦全蚀病菌均有一定抑制作用。我国曾试验将木霉菌施于拌种沟内，使白穗率明显下降。最近，采用荧光假单胞杆菌制剂如“蚀敌”、“消蚀灵”等拌种或浸种，对小麦全蚀病有一定的防病和增产效果。

【知识加油站】

病菌主要以菌丝体随病残体在土壤中或混杂于种子和粪肥中越夏、越冬。也可寄生在自生麦苗和禾本科杂草上存活，成为下季侵染小麦的初侵染源。落入土壤中的子囊孢子因对土壤微生物的颉颃作用敏感，其萌发和侵染均受到抑制，因此，传病作用不如菌丝重要。在栽培土壤中，大多数病原菌在 1 年内失去活力。在浸水条件下，病菌存活率显著降低。播种后，病菌多从麦苗根毛处侵入。小麦返青后，土温升高，菌丝加快繁殖，沿根扩展，并侵害分蘖节和茎基部。拔节至抽穗期，菌丝继续蔓延，根及茎基部变黑腐烂，阻碍了水分和养分的吸收、输导，病株陆续死亡，至灌浆阶段田间就会出现早枯和白穗症状。

全蚀病的发生与多种因素有关。耕作制度、土壤条件、菌源数量和品种抗病性对发病均有一定影响。病田连作病害逐年加重，发病率和严重度达到高峰，此后继续种植感病寄主作物，病情则逐年自然下降，作物产量则因病害的减轻而提高。这种现象称为“全蚀病的自然衰退”，病害达到高峰期的年限，短则 3～4 年，长则 7～8 年，一般为 5～6 年。病害高峰期一般持续 1～3 年。高峰期过后，病害的衰退速度不同，多数地块 1～2 年，少数田块 3～4 年。

思考题

1. 比较小麦三种锈病的症状特点。

2. 简述三种锈病在我国的侵染循环过程。

3. 简述锈病的防治策略及其理论依据。

4. 简述小麦赤霉病化学防治措施和主要药剂用量、次数、使用适期。

5. 比较小麦散黑穗病和小麦腥黑穗病病菌的侵入途径和传播。

6. 简述小麦白粉病的流行因素和条件。

7. 试从小麦品种抗锈性与锈菌生理小种变化的相互关系阐述防止品种抗锈性丧失的主要途径。

8. 气象条件是怎样影响穗腐赤霉病发生发展的？

9. 小麦赤毒病的预测预报主要抓哪些环节？

小麦主要病虫害综合治理

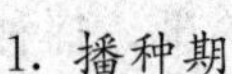

1. 播种期

小麦播种期防治病虫害是整个生育期防治的基础，有利于压低小麦全生育期的病虫基数。此期主要防治地下害虫、吸浆虫、纹枯病等种传和土传病虫害。防治措施主要是土壤处理、药剂拌种或种子包衣。金针虫主发生区，用40%甲基异柳磷乳油与水、种子按1∶80∶800的比例拌匀，堆闷2～3h后播种；蛴螬主发生区，用50%辛硫磷乳油与水、种子按1∶(50～100)∶(500～1000)的比例拌种，可兼治蝼蛄、金针虫；吸浆虫重发区，每亩用3%甲基异柳磷颗粒剂或辛硫磷颗粒剂2～3kg拌砂或煤渣25kg制成毒土，在犁地时均匀撒于地面翻入土中；用15%三唑酮可湿性粉剂200g拌种100kg，可有效预防黑穗病、纹枯病、白粉病等。种子包衣也是防治病虫害的一项有效措施，各地应因地制宜，根据当地病虫种类，选择适当的种衣剂配方，如2.5%适乐时悬浮种衣剂100～200mL与100kg种子进行包衣，可预防纹枯病、黑胚病、根腐病等多种病害，若加入适量的甲基异柳磷乳油，则可病虫兼治。

2. 返青拔节期

返青拔节期的主要防治对象是小麦纹枯病、吸浆虫，挑治麦蜘蛛。纹枯病一般在3月上中旬喷第一次药剂，隔10～15d再喷1次。每亩用20%纹枯净可湿性粉剂25～40g、12.5%禾果利可湿性粉剂15～20g或20%三唑酮乳油40～50g，兑水50kg，对准小麦茎基部进行喷雾，可兼治其他病害。吸浆虫重发区，要抓住麦苗小，容易操作的有利时机，当吸浆虫幼虫上升到土表活动时进行第二次土壤处理，每亩用40%甲基异柳磷乳油150～200mL兑水适量，拌细土25kg制成毒土，顺麦垄均匀撒施，然后浅锄，将药剂翻入土中，再浇水；或每亩用3%甲基异柳磷颗粒剂2kg拌细土20kg，均匀撒施于土表。当调查部分或点片麦田红蜘蛛达到防治标准后，每亩用6～8mL 1.8%虫螨克乳油兑水50kg喷雾进行挑治。

3. 孕穗至抽穗扬花期

孕穗至扬花期的主要防治对象是麦蜘蛛，监测白粉病、锈病、赤霉病等。当田间麦圆蜘蛛或麦长腿蜘蛛达到0.33m分别为200头或100头时进行防治，每亩用6～8mL 1.8%虫螨克乳油兑水50mL喷雾效果显著。白粉病、锈病等病属流行性病害，必须注意定期调查，当达到防治指标时应及时进行防治，以防治其大面积流行，每亩用 12.5%禾果利可湿性粉剂 20g 或 50～75mL 20%三唑酮乳油兑水 50kg 均匀喷雾，防治效果很好。小麦齐穗至始花期，若天气预报有 3d 以上连阴雨天气，应立即每亩用 50%多菌灵可湿性粉剂 100g 或 70%甲基托布津可湿性粉剂 100g，兑水 50kg 喷雾，可有效预防赤霉病发生。

4. 灌浆期

灌浆期是多种病虫害危害高峰期，也是防治的关键时期。此期防治重点是麦穗蚜、白粉病、锈病等。每亩用 2.5%辉丰菊酉旨乳油 20～30mL 或 25%快杀灵乳油 25～35mL，兑水 50kg 进行喷雾，可有效防治麦穗蚜。防治白粉病、锈病的方法同上，同时可兼治叶枯病等。以上杀虫杀菌剂可一次性混合施用。若田间天敌与蚜虫的比例大于 1∶120，就不必再用防治蚜虫的杀虫剂。

第四章　棉花病害

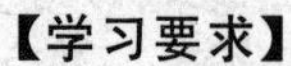

【学习要求】

要求学生了解棉花苗期病害，生长中后期病害和铃期病害发生种类及危害。掌握棉苗病害和枯萎病黄萎病的识别诊断、发生规律及综合治理技术措施。

【技能要求】

要求学生掌握棉花主要病害症状的识别、发生规律及防治方法。

【学习重点】

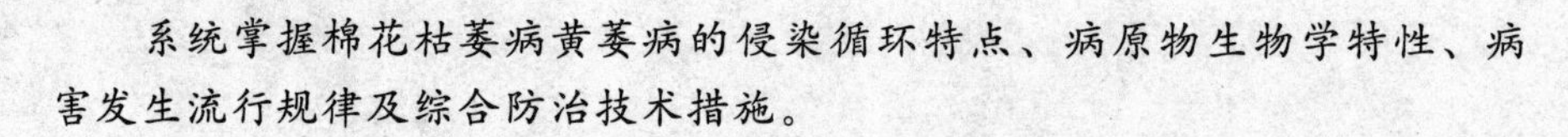

系统掌握棉花枯萎病黄萎病的侵染循环特点、病原物生物学特性、病害发生流行规律及综合防治技术措施。

【学习方法】

理论联系实际，学会综合分析棉花病害的发生发展及防治。

第一节　棉花苗期病害

（一）识别与诊断

1. 红腐

全根褐色，茎基部加粗并有褐色条纹，保湿培养病部生粉状白色或粉红色霉层（分生孢子）。

2. 炭疽病

根茎基部产生紫褐色梭形红条斑，保湿培养病部产生黏稠状橘红色霉层。

3. 立枯病

根茎基部呈蜂腰状缢缩、黑褐色，保湿培养产生白色篦状菌丝。

4. 疫病

疫病主要危害子叶，从叶脉开始呈灰绿色至墨绿色水渍状。

5. 茎枯病

子叶及真叶上出现紫红色或褐色圆形斑，病斑上有同心轮纹，表面散生小黑点（分生孢子器）。

（二）防治技术

棉苗病害种类多，往往混合发生，因此对棉花病害防治应采取以农业防治为主，棉种处理和及时喷药防治为辅的综合防治措施。

（1）棉种处理

①精选种子：选种晒种（手锤发响，牙咬有声），其作用是杀菌，促进后熟，提高发芽率及发芽势。②药剂消毒处理：10％灵福种衣剂，按种量2％拌种；20％稻脚青WP，按种量0.5％～1％拌种；50％多菌灵、70％甲托WP、40％多福混合剂，按种量0.5％～0.8％拌种，密闭储存半月播种；402抗菌剂2000倍液在55℃～60℃下浸闷30min，晾干备用或401抗菌剂800倍液浸闷棉籽24h。此外，大部分棉田土壤中都存在几种病菌，仅靠种子消毒处理难以有效防治棉田病害，必须在播种时用杀菌剂的混剂或复配剂施于播种沟中或在幼苗期中进行喷撒，才能控制棉田病害流行。③热水浸种：棉籽在55℃～60℃热水中浸30min，水和棉籽保持2.5∶1的比例，下种后充分搅拌，以后每隔10min搅拌一次，当水温低于规定范围时立即加入热水升温。浸种后即浸入冷水中冷却，捞出晾至绒毛发白，在用定量拌种剂与草木灰配成药灰搓种后即可播种。

（2）加强栽培管理

①合理轮作，深改土壤，稻棉轮作防效最好。②适期播种，育苗移栽，争取在“冷尾暖火”做到一播全苗，同步采用薄膜营养钵育苗移栽，可促使早苗、全苗、壮苗，对防病苗病有良效。③施足基肥，合理追肥，第一次苗肥应在齐苗前3～5d施用。④加强田间管理，出苗后应早中耕，一般在出苗70％时中耕松土。

（3）药剂防治

应在出苗80％左右喷药，常用药剂有：①0.25％、0.5％等量式波尔多液，第一次用0.25％浓度有良好的防病保苗作用，但对根部病害无效；②40％多福混剂600～800倍药液渗入跟部及周围土壤，对根部病害有良好的防效。

【知识加油站】

棉花从播种到出苗的整个苗期，均可发生，其种类约10余种，重要的有立枯、炭疽、红腐和疫病。我省以立枯、炭疽和疫病危害较重，北方棉区以立枯、红腐为主。导致烂籽、烂芽、烂根、叶枯、茎腐，严重时缺苗断垄，甚至成片枯死。此外，多数病菌还能侵染主全株茎、叶和铃，引起烂铃，严重影响棉花产量和品质。以土壤带菌为主的病害，主要通过耕作活

动、流水、地下害虫在土壤内扩展；以种子带菌为主的病害则通过种子调运传播；其他病菌主要在病部产生分生孢子借气流和雨水传播进行再侵染。

苗期低温多雨，则苗病严重，尤其是播种至出苗半个月 4 月下旬～5 月上旬的天气情况，各种病苗的生长繁殖及侵染均需要高湿度，原因如下：①棉花是喜温作物，土温在 12℃～13℃才能萌发，低于 17℃影响棉苗生育，低温阴雨降低棉籽萌发和出苗速度，易遭受病菌侵染而造成烂种、烂芽，出苗后生长发育不良降低抗病力。②长期阴雨造成土壤板结，影响出苗。③低温多雨有利病菌繁殖、侵染和传播。

棉种纯度不高、籽粒不饱满、生活力弱、播种后出苗慢、生长衰弱，易受病菌侵染，因而发病重。

第二节　棉花枯萎病和黄萎病

(一) 识别与诊断

棉花枯萎病、黄萎病症状的共同特征是叶片局部变黄、枯焦、萎蔫，剖茎、枝、导管变黑。两病症状比较如表 4－1 所示，棉花枯萎病、黄萎病的症状分别如图 4－1、图 4－2 所示。

表 4－1　棉花枯萎病和黄萎病症状比较

项　目	枯 萎 病	黄 萎 病
时期	幼苗至成株期	苗期发病很少
症状（叶片）	网纹、黄化、紫红、青枯、皱缩	黄斑、西瓜叶
株型	株型改变（矮、丛叶）	株型一般不变
发病特点	从上往下发病，落叶	由下往上发病，不落叶
内部症状	柄、茎秆维管束呈深褐色	柄、茎秆维管束呈黄褐色
病征	潮湿时产生红色霉状物	潮湿时有白色霉状物

a)　　b)　　c)　　d)

图 4－1　棉花枯萎病症状

a) 网纹型；b) 紫红型；c) 黄化型；d) 小青枯型

图 4-2 棉花黄萎病症状

(二) 防治技术

两病的防治策略是改造重病区，控制轻病区，消灭零星病区，保护无病区。

(1) 种子消毒

棉籽用硫酸脱绒后，用清水反复冲洗干净，在 55℃～60℃402 抗菌剂 2000 倍液中浸闷 30min。或配制 50kg 浸种药液（用清水 49.5kg 加入 40%多菌灵胶悬液 375g）浸泡未经硫酸脱绒棉籽 20kg，常温下浸 14h，药液可连续使用 2～3 次。

(2) 土壤消毒

①对病点周围 1m^{2}内的土壤进行消毒处理（拔除病株烧毁），每平方米土壤打孔 25 个，孔距和孔深约 20cm，每孔灌氯化苦药液 5mL，立即盖土踏实并浇水一粪勺，防止药液挥发，提高药效。10～15d 翻土，使土壤中残留药液挥发干净，再行种植。②每平方米土面用 70%二溴乙烷 81mL，加水 40.5kg 浇施，两周后翻土播种。③每平方米土面用棉隆原粉 70g 拌入 30～40cm 深的土壤中再用无菌土覆盖或浇水封闭土表。

(3) 药液灌治

用 12.5%治萎灵（水杨酸多菌灵）200～300 倍液浇灌病菌，每株10～20mL，可以减轻发病或恢复生长，尤其是轻病株，效果良好。

(4) 合理轮作

病区应与非寄主作物轮作。北方棉区采用与玉米等禾本科作物轮作 3～4 年，再种棉 2～3 年，防效显著。南方棉区采用稻棉轮作 1～2 年，防效最好。重病区实行水旱轮作，防效明显。

(5) 种植抗病品种

抗枯萎病良种有 86-1、中棉 12 号、泗棉 3 号、盐棉-48、苏棉 1 号、3 号等、豫 81-1。抗枯萎病、黄萎病品种有陕 401、陕 416、1155、2037、69-221、78-088、86-6，既抗枯又抗（耐）黄，具有“双抗”作用，在两病混发区选用。

（6）加强栽培管理

适时播种，无病土育苗移栽，合理施肥，清除病残体。

【知识加油站】

棉花枯萎病、黄萎病是棉花生产上的严重病害，危害性大顽固性强，具有毁灭性，一旦发现很难根治。枯萎病病原物（*Fusarium oxysporium* f. sp. *vasinfectum*）属半知菌镰孢菌属，病菌能产生三种类型孢子，即大型分生孢子、小型分生孢子和厚垣孢子，一般以3个隔模的大型分生孢子的长度和宽度作为鉴定种的标准，平均大小为（19.6～39.4）μm×（3.5～5.0）μm。病菌生长适温为27℃～30℃，pH3.5～5.3。黄萎病病原物（*Verticillium dahliae*）属半知菌轮枝孢属，在培养基上先长白色菌丝，后形成大量黑色微菌核，病菌生长最适温度为22.5℃，pH5.3～7.2。两病均为典型土传病害，靠病种子和饼肥进行远距离传播，从根毛侵入。棉花枯萎病发生早于黄萎病，除与温度有关外，还与棉花生育期有关。枯萎病发病盛期都在现蕾期前后，现蕾过后，棉株抗病性逐渐增强。轻病株可恢复生长而症状开始隐蔽。棉花黄萎病都在现蕾期以后开始发病，以后病情越来越重，这可能与棉株现蕾前抗病、现蕾后感病有关（花龄期七八月发病高峰）。

第三节 棉铃病害

（一）识别与诊断

棉花铃期病害有棉疫病、棉炭疽病、棉角斑病、棉红腐病、棉红粉病、棉黑果病等6种。

1. 棉疫病

棉疫病多发生在棉铃基部、铃缝和铃尖处。初期病斑深青色或深蓝色，水渍状，以后病斑扩大，全铃变黑软腐，其上生灰白色绒毛。

2. 棉炭疽病

发病初期，铃上产生深红色小斑，后扩大为褐色圆形病斑，病斑凹陷。潮湿时，病斑上产生橘红色粉状物。

3. 棉角斑病

棉铃受害初期呈深绿色小点，后发展成油渍状病斑，几个连在一起形成不规则的褐色凹陷病斑。潮湿时，病斑上生成黄色黏稠状菌脓，干燥后变成灰白色菌膜。

4. 棉红腐病

棉红腐病在棉铃表面和纤维上产生均匀浅红色或粉红色霉状物。棉铃不开裂，棉絮腐烂成僵瓣。

5. 棉红粉病

棉红粉病在棉铃表面产生一层厚的粉红色绒状霉层，病铃干腐不能正常开裂，纤维黏结成僵瓣。

6. 棉黑果病

棉黑果病使棉壳表面变黑僵硬，多不开裂。后期在铃壳上密生许多小黑点，外表呈烟煤状。

（二）防治技术

棉铃病害发生时间较长，常数种病害同时或先后复合发生，各种病害的发生规律十分相似，棉花铃期病害的发生与气候、品种、虫害、生育期栽培技术等都有密切关系，因此棉花铃期病害防治应采取栽培管理为主，结合药剂保护的综合防治措施。因此首先要做好农业防治，结合栽培管理，创造不利于病害发生的条件，搞好虫害防治工作，重病田适当采用化学防治措施，是铃病的总体策略。具体应从以下几方面进行。

（1）加强田间管理

降低田间湿度是控制铃病发生的重要技术环节。棉花生长中后期及时整枝打杈去老叶对减轻发病作用明显；推株并垄有利改善棉株下部小气候、降低湿度、减轻发病；雨天及时清沟排水可减少一半烂铃。

（2）合理栽培

棉田间套作其他作物，有利于改善通风透光条件，可将疫病减轻50%～90%；棉花实行宽窄行种植、高畦栽培等有利于降低田间湿度，加强通风透光，减轻发病。

（3）配方施肥

施氮肥过多易导致棉花徒长，抗病力减弱，且田间易郁蔽，加重铃病发生。磷、钾肥有利于棉花健发稳长，增强抗病力。因此，施肥要氮磷钾配合施用。

（4）早除病铃

早期病铃是中后期病菌再侵染的源泉，及早摘除早期病铃并带出田外深埋或烧毁，可减少病菌再侵染的机会。

（5）防治虫害

棉铃虫、玉米螟、红铃虫、金刚钻等中后期蛀铃害虫危害的伤口，为病菌的入侵增加了机会，且害虫也是病菌携带者和传播者。因此，搞好中后期害虫防治工作，可有效减轻铃病的发生。

（6）药剂防治

铃病受气候及田间棉株生长状况影响很大，发生时间长，病菌种类多，药剂防治有一定难度，并且中后期棉株高大、茂密，南方降雨频繁，并且一定程度上增加了施药难度和影响药剂效果。但是，在上述10种铃病中，除角斑病由细菌侵染发病外，其余的全是真菌性病害，这为药剂防治提供了一定的可能性和效果保障。具体可选用以下药剂和施药方法：

①喷雾防治，结合红铃虫防治，用40%拌种双可湿粉300～400倍液喷雾，连续2～3次。②用药保护，铃病初发时用药，以后每隔10d一次，连施3次。可用0.5%等量式波尔多液、14%胶胺铜或15%铜胺200～250倍液，35%铜悬乳剂400倍液等。此外，还可选用炭疽福镁、代森锰锌、甲霜灵、甲霜灵锰锌等药剂喷施，喷施时以铃为重喷部位。

【知识加油站】

侵染棉铃的病害有20多种，其中最主要的是棉铃疫病，其他常见的还有棉炭疽病、棉角斑病、棉红粉病、棉黑果病、棉曲霉病、棉软腐病、棉红腐病、棉灰霉病和棉茎枯病，这些病害常复合侵染，同时发生，常年导致棉花减产15%～20%，多雨年份可达50%以上，而且严重影响皮棉品级。病菌附着在种子或带病铃壳的残体上，遗留在田间过冬。来年病菌借气流、雨水、昆虫和农事操作等传播。由虫孔、病斑、机械伤口、棉铃裂口直接侵入，引起发病，导致烂铃。棉花烂铃与温湿度的高低有密切关系。例如，雨季的迟早直接影响到烂铃发生的时期，凡是秋雨多的年份，棉株过于茂密，下部果枝就会发生烂铃。铃期病害的适宜温度为20℃～30℃，若气温下降到20℃以下，病菌生长受到抑制，即使多雨天气，也不容易烂铃。另外，25d以上青铃最易发病，虫伤、施用氮肥过多造成植株徒长，或整枝打叶不及时，通风透光差的棉田，均会烂铃严重。品种生长日短、成熟早的较生长日长、成熟晚的铃病轻。

第四节　棉花红叶茎枯病

（一）识别与诊断

棉花红叶茎枯病是由缺钾引发的生理性病害，发生在棉花生育中后期，干旱年份发生和危害程度更为严重。田间棉花一般在蕾期开始显症，结铃吐絮期发病最重。症状主要表现在叶片上，病叶自上而下，由外向内发展。病叶从边缘开始出现失绿，先为黄色，后产生红色斑点，最后全叶变红，叶肉增厚、皱缩发脆，叶脉仍保持绿色。病重时全株叶片失绿后变红、变褐，叶片焦枯脱落成光秆，植株提前枯死。病株维管束一般不变色，这是与棉花枯黄萎病相区别的重要特征。

（二）防治技术

（1）追肥补钾

在棉花蕾铃期开沟追施草木灰、人粪尿、羊圈灰，增加土壤中可利用的钾素。也可以结合施花铃肥，每亩开沟施氯化钾15kg。还可以结合治虫喷施钾肥，每亩用磷酸二氢钾400g加水喷雾，重点喷在中上部叶片背面，每次喷药隔7～10d，连喷2～3次。增施钾锌肥，每亩施入硫酸钾15kg，硫酸锌1kg，硫酸亚铁10kg，均可减少此病发生。生长前期鱼蛋白预防3～4次，亦可控制此病发生，发病后，用红叶茎枯灵0.3%硫酸锌水溶液喷洒叶面，也可以控制和减轻此病危害。

（2）科学灌水

发病初期如果土壤较干应及时灌水抗旱，提倡沟灌，避免漫灌。雨后及时排水、中耕，增强土壤通透性，提高棉花根系活力。

（3）选用抗病品种

合理选用棉花品种，在棉铃虫轻发生的年份少种抗虫棉品种。

【知识加油站】

一般在老棉区，连年种植、沙土地、耕层过浅或用肥不足缺少钾肥的棉田发生较为严重。中后期干旱，土壤中严重缺钾、缺锌也易导致此病加速发生。

（1）土壤缺少有机质，特别是土壤钾素含量低。在海门等地，农户习惯把羊圈灰、人粪尿施于玉米、蔬菜田，棉花田以施尿素等氮肥为主，很少追施氯化钾，棉田缺钾较为严重。

（2）高温干旱影响钾素吸收。棉花对养分的吸收与土壤水分状况有关，七八月棉田较长时间干旱缺水，会加速土壤钾素固定，影响植株吸收钾肥，造成棉株体内缺钾。特别是久旱后遇暴雨或连阴雨天气，土壤有效钾随水大量流失，棉株根系吸收能力减弱，更易造成红叶茎枯病爆发。

（3）抗虫棉对钾敏感。抗虫棉需钾量较大，对钾较敏感，容易发生红叶茎枯病。

思考题

1. 常见棉花苗期病害有哪些，简述炭疽病和立枯病的侵染循环。
2. 针对棉苗病害的两大传染类型，拟定防治措施。
3. 导致棉苗病害严重发生的关键因素是什么？说明其原因。

4. 调用棉种和引用抗病棉种时，应做哪些工作并说明其理由。

5. 常见的铃病有哪些？根据其致病力强弱将其分为哪两类？并说明它们之间的关系？

6. 减轻棉铃病害的发生应从哪些方面着手？为什么？

7. 如何诊断和鉴定棉苗立枯病和炭疽病？

雨季棉花控疯长治病虫

雨季是棉花生长发育最旺盛的时期，也是决定棉花产量与质量的关键时期。但是，此阶段天气变化大、灾害频发，常常给棉花生产造成一定危害。生产实践证明，要想棉花优质高产，必须在进入雨季后加强管理。

1. 适期化控

进入雨季后，棉株极易疯长，引起蕾铃脱落，及时用缩节胺或助壮素化控可稳定棉株生长，改善株形，多结蕾铃。方法是：雨季初期棉花初开花时，每亩用助壮素6～8mL或缩节胺1.5～2g，加水25～28kg喷雾。雨季中期（约7月底8月初），每亩用缩节胺3g左右，加水30～40kg喷施。喷施缩节胺要求每株顶部和果枝顶部着药均匀，水量少，以不滴水为准。一般在下午3时以后或上午10时以前喷施，以防高温蒸发。喷后遇大雨应补喷，用量减半。

2. 控制肥水

进入雨季，棉株既长枝叶又增蕾结铃，对肥水的要求达到高峰，应适时追肥，防止脱肥早衰。雨季雨水充足，有利于各种肥料发挥肥效，导致棉株旺长、疯长。对底肥充足，苗肥量大的棉田，应少施或不施肥料，并注意清沟沥水，严防渍涝；对棉株发育迟缓，红茎到顶，叶小色黄的棉田宜早施并加大肥料用量，如尿素用量为每亩8kg左右。另外，若发生连续干旱，土壤含水量低于田间持水量的60%，应适时灌水。

3. 去赘芽打顶心

雨季棉株生长快，赘芽也易发生。雨停间隙应及时将赘芽抹掉。棉株长至预定株型，有预定的果枝数时，为打破和抑制顶端生长优势，减少上部无效果枝对养分的消耗，促进棉铃发育，应适时（约7月中下旬）打顶。

4. 防治病虫害

各种病虫害的发生与否，和雨季雨量状况关系极大。干旱不利于棉铃虫卵的孵化和幼虫发育，降水多、雨量大也会阻碍其卵的孵化，尤其是暴雨对虫卵及初孵幼虫有较强的冲刷作用。若雨季降水少而均匀，则有利于棉铃虫暴发。雨季降水少、干旱严重，有利于红蜘蛛繁衍危害。雨季出现连续阴雨，棉株疯长且严重，田间排水不良，极易发生枯黄萎病，也容易出现烂铃。棉花病虫害的防治，应结合雨季的天气和病虫害发生情况，合理选择农药。

5. 及时应对自然灾害

进入雨季后，干旱、涝渍、冰雹、大风等灾害极易发生，要在加强防御的基础上，对无法抗拒的灾害，及时采取措施加以挽救，以减轻危害。雹灾发生后应及时灌水施肥，促进棉花尽快恢复生机，并及时整枝打顶、化控，防治病虫害。受涝灾后，及时清理、疏通排水系统，排除积水；及时中耕松土，增施速效肥，防止脱肥早衰；适时防治病虫害。

第五章　杂粮病害

【学习要求】

通过学习，掌握玉米大小斑病、玉米黑粉病、玉米病毒病、甘薯黑斑病的发生流行规律及综合治理技术措施。

【技能要求】

要求学生掌握玉米大小斑病的主要区别及其他杂粮主要病害症状的识别、发生规律及防治方法。

【学习重点】

系统掌握玉米大小斑病等重要病害的病害循环、病原生物学特性、病害发生流行规律及综合防治技术措施。

【学习方法】

理论联系实际，学会综合分析杂粮病害的发生发展及防治。

第一节　玉米大小斑病

（一）识别与诊断

1. 玉米大斑病

玉米整个生长期均可感病，但在自然条件下，苗期很少发病，通常到玉米生长中后期，特别是抽穗以后，病害逐渐严重。此病主要危害叶片，严重时也能危害苞叶和叶鞘。其最明显的特征是在叶片上形成大型的梭形病斑，病斑初期为灰绿色（田间）或水浸状（室内）的小斑点，随后病斑沿叶脉迅速扩大，病斑的大小、形状、颜色和反应型因品种抗性的不同而异，如图 5-1a 所示。从整株发病情况看，一般是下部叶片先发病，逐渐向上扩展，但在干旱年份也有中上部叶片先发病的。多雨年份病害发展很快，一个月左右即可造成整株枯死，籽粒皱瘦秕，千粒重下降。同时也降低玉米秸秆的利用价值。

2. 玉米小斑病

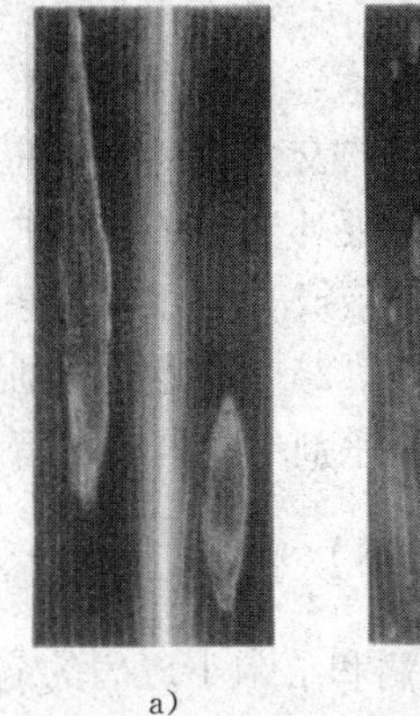

a)　　b)

图 5-1　玉米大小斑病症状

a）玉米大斑病；b）玉米小斑病

从苗期到成株期均可发生，但苗期发病较轻，玉米抽雄后发病逐渐加重。病菌主要危害叶片，严重时也可危害叶鞘、苞叶、果穗，甚至籽粒。

叶片发病常从下部开始，逐渐向上蔓延。病斑初为水渍状小点，随后渐变黄褐色或红褐色，边缘颜色较深，如图 5-1b 所示。根据不同品种对小斑菌不同小种的反应常将病斑分成 3 种类型：①病斑椭圆形或长椭圆形，黄褐色，有较明显的紫褐色或深褐色边缘，病斑扩展受叶脉限制。②病斑椭圆形或纺锤形，灰色或黄色，无明显的深色边缘，病斑扩展不受叶脉限制。③病斑为坏死小斑点，黄褐色，周围具黄褐色晕圈，病斑一般不扩展。前两种为感病型病斑，后一种为抗病型病斑。天气潮湿或多雨季节，病斑上出现大量灰黑色霉层（分生孢子梗和分生孢子）。

（二）防治技术

玉米大、小斑病的防治应采取以种植抗病品种为主，科学布局品种，减少菌源来源，增施农家肥，适期早播，合理密植等综合防治技术措施。

（1）选种抗、耐病品种

选种抗病品种是控制玉米大、小斑病发生流行最经济的有效途径。我国抗大、小斑病玉米资源极其丰富，目前已鉴定出一批抗病自交系和品种。

（2）改进栽培技术，减少菌源

①适期早播：适期早播可以缩短后期处于有利发病条件的生育时期，对于玉米避病和增产有较明显的作用。②育苗移栽：育苗移栽可以促使玉米健壮生长、增强抗病力、避过高温多雨发病时期，减轻发病的有效措施。③增施基肥：氮、磷、钾合理配合施用，及时进行追肥，尤其是避免拔节和抽穗期脱肥，保证植株健壮生长，具有明显的防病增产作用。④与矮秆作物，如小麦、大豆、花生、马铃薯和甘薯等实行间作，可减轻发病。⑤搞好田间卫生：玉米收获后彻底清除残株病叶，及时翻耕土地埋压病残，是减少初侵染源的有效措施。此外，根据大、小斑病在植株上先从底部叶片开始发病，逐渐向上部叶片扩展蔓延的发病特点，可采取大面积早期摘除底部病叶的措施，以压低田间初期菌量，改变田间小气候，推迟

病害发生流行。

（3）药剂防治

玉米植株高大，田间作业困难，不易进行药剂防治，但适时药剂防治来保护价值较高的自交系或制种田玉米、高产试验田及特用玉米是病害综合防治不可缺少的重要环节。从心叶末期到抽雄期或发病初期喷洒50%多菌灵可湿性粉剂500倍液或50%甲基硫菌灵可湿性粉剂600倍液、75%百菌清可湿性粉剂800倍液、25%苯菌灵乳油800倍液、40%克瘟散乳油800～1000倍液、农抗1∶20水剂200倍液，隔7～10d防1次，连续防治2～3次。

【知识加油站】

玉米大斑病和玉米小斑病的病害循环途径基本相同。两种病菌主要以菌丝体或分生孢子在田间的病残体、含有未腐烂的病残体的粪肥及种子上越冬，越冬病菌的存活数量与越冬环境有关。越冬病组织里的菌丝在适宜的温湿度条件下产生分生孢子，借风雨、气流传播到玉米的叶片上；在最适宜条件下，可萌发从表皮细胞直接侵入，少数从气孔侵入，叶片正反面均可侵入，在湿润的情况下，病斑上产生大量的分生孢子，随风雨、气流传播进行再侵染。在玉米生长期可以发生多次再侵染。特别是在春夏玉米混作区，春玉米为夏玉米提供更多的菌源，再侵染的频率更为频繁，往往会加重病害流行程度。玉米大斑病和玉米小斑病的病害循环基本相同，两病的发生流行条件也基本一致。玉米大、小斑病的发生流行，主要与品种的抗性、气象条件及栽培管理有密切关系。

第二节　玉米黑粉病

（一）识别与诊断

此病为局部侵染性病害，在玉米整个生育期，植株地上部的任何幼嫩组织如气生根、茎、叶、叶鞘、腋芽、雄花及雌穗等均可受害，此病症状如图5-2所示。一般苗期发病较少，抽雄前后迅速增加，症状特点是玉米被侵染的部位细胞增生，体积增大，由于淀粉在被侵染的组织中沉积，使感病部位呈现淡黄色，稍后变为淡红色的疱状肿斑，肿斑继续增大，发育而成明显的肿瘤。病瘤的大小和形状变化较大，小的直径仅有0.6cm，大的长达20cm或更长；形状有球形、棒形或角形，单生、串生或集生。病瘤初为白色，肉质白色，软而多汁，外面被有由寄主表皮细胞转化而来的薄膜，后变为灰白色，有时稍带紫红色。随着病瘤的增大和瘤内冬孢子的形成，质地由软变硬，颜色由浅变深，薄膜破裂，散出大量黑色粉末状的冬孢子，因此得名瘤黑粉病。拔节前后，叶片或叶鞘上可出现病瘤。叶片上的病瘤小而多，大小如豆粒或米粒，常串生，内部很少形成黑粉。茎部病瘤多发生于各节的基部，病瘤较大，不规则球状或棒状，常导致植株空秆；气生根上的病瘤大小不等，一般如拳头大小；雄花大部分或个别小花感病形成长囊状或角状的病瘤；雌穗被侵染后多在果穗上半部或个别籽粒上形成病瘤，严重的全穗形成大的畸形病瘤。

a)　　b)　　c)

图 5-2　玉米黑粉病症状

a）雌穗；b）雄穗；c）茎秆

（二）防治技术

玉米黑粉病的防治措施应采取选用抗病品种为中心，控制菌源为前提，药剂防治为辅的综合防治措施。

（1）选用抗病品种

加强培育和因地制宜地利用抗病品种是控制玉米黑粉病发生危害的重要措施。

（2）减少菌源

在病瘤未破裂之前，将各部位的病瘤摘除，并带出田外集中处理；收获后彻底清除田间病残体，秸秆用作肥料时要充分腐熟；重病田实行 2～3 年轮作。

（3）加强栽培管理

合理密植，避免偏施、过施氮肥，适时增施磷钾肥；灌溉要及时，特别是抽雄前后要保证水分供应充足；及时防治玉米螟，尽量减少耕作时的机械损伤。

（4）种子处理

可用 25%粉锈宁 WP、17%羟锈宁及 12.5%特普唑进行种子处理。

（5）药剂防治

玉米未出苗前可用 25%粉锈宁进行土表喷雾，减少初侵染源；幼苗期

再喷洒1%的波尔多液有较好防效；在抽雄前（病瘤未出现）喷25%粉锈宁、12.5%特普唑（速保利、烯唑醇）；或花期喷福美双均可降低发病率。

【知识加油站】

病菌主要以冬孢子在土壤和病残体上越冬，混在粪肥里的冬孢子也是其侵染来源，黏附于种子表面的冬孢子虽然也是初侵染源之一，但不起主要作用。越冬的冬孢子，在适宜条件下萌发产生担孢子和次生担孢子，随风雨传播，以双核菌丝直接穿透寄主表皮或从伤口侵入叶片、茎秆、节部、腋芽和雌雄穗等幼嫩的分生组织。冬孢子也可直接萌发产生侵染丝侵入玉米组织，特别是在水分和湿度不够时，这种侵染方式可能很普遍。侵入的菌丝只能在侵染点附近扩展，在生长繁殖过程中分泌类似生长素的物质刺激寄主的局部组织增生、膨大，形成病瘤。最后病瘤内部产生大量黑粉状冬孢子，随风雨传播，进行再侵染。玉米抽穗前后为发病盛期。在春夏玉米混作区，春玉米病株为夏玉米提供更多的病菌，所以夏玉米发病重于春玉米。玉米瘤黑粉病菌菌丝在叶片和茎秆组织内可以蔓延一定距离，在叶片上可形成成串的病瘤。玉米瘤黑粉病的发生程度与品种抗性、菌源数量、环境条件等因素密切相关。

第三节　玉米粗缩病

（一）识别与诊断

玉米整个生育期都可感染发病，以苗期受害最重。玉米幼苗在5～6叶期即可表现症状，初在心叶中脉两侧的叶片上出现透明的断断续续的褪绿小斑点，以后逐渐扩展至全叶呈细线条状；叶背面主脉及侧脉上出现长短不等的白色蜡状突起，又称脉突；病株叶片浓绿，基部短粗，节间缩短，有的叶片僵直，宽而肥厚，重病株严重矮化，高度仅有正常植株的1/2，多不能抽穗，发病晚或病轻的仅在雌穗以上叶片浓绿，顶部节间缩短，基本不能抽雄穗，即使抽出也无花粉，抽穗的雌穗基本不能结实。病株根系少而短，不足健株的1/2。病株轻重因感染时期的不同而异，一般感染越早发病越重。

（二）防治技术

玉米病毒病防治策略应选种抗耐病品种、加强栽培管理以及配合治虫防病等综合防治措施。

（1）选用抗耐病品种

种植抗（耐）品种是防治病毒病害的最有效途径。目前尚无发现对这种病毒病免疫的品种，抗病品种也不多，生产上有一些较耐病的品种，可选择使用。

（2）加强和改进栽培管理

调整播期，适期播种，尽量避开灰飞虱的传毒迁飞高峰，对田间发病重的玉米苗，应尽快拔除改种，发病轻的地块应结合间苗拔除病苗，并加大肥水，使苗生长健壮，增强抗病性，减轻发病；在播种前深耕灭茬，彻底清除田间及地头、地边杂草，减少侵染来源。同时避免抗病品种的大面积单一种植，避免与蔬菜、棉花等插花种植。

（3）治虫防病

在害虫向玉米田迁飞盛期，每亩及时用25%扑虱灵50g，在玉米5叶期左右，每隔5d喷1次，连喷2～3次，对降低传毒介体吸带传毒频率、减轻病害发生具有明显作用。同时用40%病毒A500倍液或5.5%植病灵800倍液喷洒防治病毒病。

另外在苗后早期喷洒植病灵、83-增抗剂、菌毒清等药剂，每隔6～7d喷1次，连喷2～3次。这些药剂对促进幼苗生长，减轻发病有一定的作用。

【知识加油站】

玉米粗缩病又称“坐坡”，山东俗称“万年青”。一般发病率3%～15%，重的可达50%以上，而且在局部地区危害相当严重。1996年仅山东发病面积就有66.7万公顷。发病后，植株矮化，叶色浓绿，节间缩短，基本上不能抽穗，因此发病率几乎等于损失率，许多地块绝产失收，尤其春玉米和制种田发病最重，甚至导致玉米种子的短缺，危害极大。

玉米粗缩病毒主要在小麦和杂草上越冬，也可在传毒昆虫体内越冬。当玉米出苗后，小麦和杂草上的灰飞虱即带毒迁飞至玉米上取食传毒，引起玉米发病。在玉米生长后期，病毒再由灰飞虱携带向高粱、谷子等晚秋禾本科作物及马唐等禾本科杂草传播，秋后再传向小麦或直接在杂草上越冬，完成病害循环。

播种越早，发病越重，一般春玉米发病重于夏玉米。原因是玉米出苗时，冬小麦近于成熟时，第一代灰飞虱带毒传向玉米，一般6月上旬后播种的，玉米苗期躲过了灰飞虱发生盛期，发病轻；夏玉米套种小麦发病重于单种玉米，原因是套种玉米与小麦有一段共生期，玉米出苗后有利于灰飞虱从小麦向玉米上转移。

干旱高温，有利于灰飞虱活动传毒，所以发病重。另外，玉米靠近树林、蔬菜或耕作粗放、杂草丛生，一般发病都重，主要是这些环境有利于灰飞虱的栖息活动，而且许多杂草本身就是玉米粗缩病毒的寄主。

种植感病品种，发病重，如山东近年来种植的掖单13等不抗粗缩病，也是病毒病流行的原因之一。

第四节　甘薯黑斑病

（一）识别与诊断

该病在苗床期、大田生长期和收获储藏期均可发生，主要危害薯苗和薯块，地上的绿色部分很少发病。

薯苗受害多发生在育苗期，主要危害秧苗基部的白色部分。初期形成黑色圆形或梭形的小斑点，病斑逐渐扩展；后期病斑纵向延长3～5mm，稍凹陷；发生严重时，病斑包围整个薯苗基部形成“黑根”。湿度大时，病斑上生有黑色刺毛状物及粉状物（子囊壳和厚垣孢子）。

薯蔓上的病斑可以蔓延到新结的薯块上，多在伤口处产生黑色或黑褐色的斑块，圆形或不规则形，轮廓清晰，中央凹陷，湿度大时，病部生有黑色刺毛状物及粉状物。切开病薯，可见病部薯肉变青褐色或墨绿色，味苦，病部组织坚硬，变色组织可深入薯皮下2～5mm，有时可深达20～30mm。

储藏期间，薯块上的病斑多发生在伤口和根眼上，带病薯块混杂在正常薯块中入窖后，窖藏条件适宜时，病斑迅速扩展，常成大片包围整个薯块，使薯块腐烂，甚至造成烂窖。潮湿时，病斑表面常产生灰色霉层（分生孢子及厚垣孢子）和黑色刺毛状物（子囊壳），在刺毛状物顶端附近还有白色蜡状小点（子囊孢子）。

（二）防治技术

甘薯黑斑病病菌侵染来源广，传播途径多，危害期长，所以在防治上应严格控制病薯、病苗的调运；在病区建立无病留种田，培育无病壮秧，注意收获和贮藏期的管理，同时结合药剂防治。

（1）严禁病薯、病苗调运

黑斑病的远距离传播主要是通过病薯、病苗的调运。因此无病区应严格控制从病区调运种薯和种苗。

（2）建立无病留种田，培育无病壮秧

甘薯留种地应选择3年未种甘薯的旱田或水田并防止粪肥、灌溉水及农事操作传入病菌。留种地的种薯应严格精选，严格剔出有病、有伤的种薯，并进行种薯消毒。种薯消毒可用温水和药剂两种方法浸种：①温汤浸种。薯块在40℃～50℃温水中预浸1～2min，后移入50℃～54℃温水中浸种10min。水温和处理时间要严格掌握，注意新品种处理后应进行发芽试验。浸种后要立即上床排种。②药剂浸种。可采用50%多菌灵、70%甲基托布津、88%乙蒜素等药剂对种薯进行药剂处理。③加强苗床管理。要尽量用新苗床，如用旧苗床应将旧床土全部清除，并用药剂消毒；种薯上床后，前4d要保持床温34℃～38℃，后降温至30℃左右；出苗后降至25℃～28℃，以后温度保持在28℃～30℃；拔苗前降温至20℃～22℃，每拔一次苗后，要浇足水，将温度升到28℃～30℃。④采用高剪苗并用药剂处理苗。处理方法同种薯。⑤做好收贮工作。收获要及时，种薯单收、单贮，贮运工具不能带菌，贮窖要消毒。

(3) 加强苗床管理

选好苗床和加强苗床管理对控制黑斑病在苗床期发生危害具有明显效果。甘薯育苗应避免选用老苗床，并对苗床土进行药剂消毒，防止土壤带菌。种薯上床后，保持4～5d的高温（35℃～38℃），以促进发芽，其后床温控制在25℃～28℃，剪苗前应降温练苗。同时高剪苗和药剂处理种苗，可有效控制种薯带菌，减轻大田发病。

(4) 搞好耕作栽培管理

重病区或重病田块实行3年以上与非寄主植物轮作或水旱轮作，合理施肥用水，防止生理开裂；及时防治地下害虫和田鼠的危害，减少病菌的侵染和传播；适时精心收获，防止薯块受冻。收贮过程中要轻拿轻放，尽量减少伤口。

(5) 做好旧窖消毒及贮藏期管理

旧窖在种薯入窖前铲去一层土并用1%福尔马林或硫黄消毒，密闭两天后，通气两天再贮藏；种薯入窖后前4d将窖温提高到35℃～37℃，相对湿度保持在90%，促进伤口愈合，后将窖温保持在11℃～13℃，相对湿度75%～80%；在入窖初期和后期春暖以后，每隔几天，在晴暖的中午，打开窖门或气眼，进行通风换气。

(6) 选用抗病品种

目前抗病性较强的推广品种有青农2号、新大紫、宁薯2号、济薯7号、南京92、华东51和烟薯6号等，各地可因地制宜选用。

【知识加油站】

甘薯黑斑病又称黑疤病，俗称黑膏药，世界甘薯产区均有发生。是我国甘薯的主要病害之一。该病1890年在美国首次发现，1937年传入我国辽宁省盖县。黑斑病不但在大田危害严重，而且能导致苗床期烂苗，贮藏期烂窖，造成严重损失。此外，病薯中可产生甘薯黑疱霉酮等物质，人畜食用后引起中毒，严重的可引起死亡。用病薯块作发酵原料时，能毒害酵母菌和糖化霉菌，延缓发酵过程，降低酒精质量和产量。

病菌以子囊孢子、厚垣孢子和菌丝体在病薯块或土壤和粪肥中的病残体上越冬。带菌的种薯和种苗是主要的初侵染源。带病的种薯育苗时，病部在适宜的条件下很快产生孢子，通过流水或农事活动传播到附近薯块和种苗的白色部分，病菌从伤口、芽眼、皮孔等自然孔口侵入，也可从表皮直接侵入，引起苗床发病，发病轻则减少拔苗茬数，重则造成烂炕。

带病薯苗栽插后，病部产生的分生孢子和子囊孢子又可通过雨水、流水、农具和昆虫等进行多次再侵染，使病害在田间得以蔓延扩展，重病苗在短期内死亡。大田土壤带菌传病率较低。病菌由薯蔓蔓延到新结薯块上，形成病薯和带菌薯块。甘薯收获和贮藏过程中，农事操作、农机具、鼠兽害、地下害虫、种薯接触等又会造成病菌的传播和潜伏侵染，使春季出窖病薯率明显增加。甘薯黑斑病的发生危害与品种的抗病性、薯块质地与伤口、育苗管理及田间土壤状况、温湿度条件等具有密切关系。

思考题

1. 引起玉米小斑病流行的主要因素何在？了解病害小种变异的动态对抗病品种的选育和应用有何意义？
2. 试述防治甘薯黑斑病采用的“一留、二浸、三高”措施的理论依据及其作用。
3. 简述甘薯黑斑病的侵染循环与发病特点？
4. 简述玉米小斑病的侵染循环。
5. 甘薯贮藏前期进行高温处理（34℃～37℃）的目的是什么？
6. 简述玉米瘤黑粉的侵染循环。
7. 根据玉米瘤黑粉病的发生特点，制定防治措施。

玉米出现白苗是缺锌

锌在玉米体内参与光合作用有关酶的组成成分，直接影响光合作用过程，玉米施锌一般增产8%～13%。在玉米田中，苗期常出现“白苗”，这是由缺锌引起的。一般从4叶期开始，新叶基部的叶色变浅呈黄白色；5～6叶期，心叶下1～3叶出现淡黄色和淡绿色相间的条纹，但叶脉仍为绿色，基部出现紫色条纹，经过10～15d，紫色逐渐变成黄白色，叶肉变瘦，呈“白苗”。严重时全田一片白色、缺锌的玉米植株矮小，节间短，叶枕重叠，心叶生长迟缓，看上去平顶，严重者白色叶片逐渐干枯，甚至整株死亡。其防治措施如下。

(1) 增施基肥

以有机肥为主，化肥为辅，合理施肥，有机肥必须腐熟，进行无害化处理。每亩施入优质有机肥2500kg左右，硫酸锌1.5kg左右，与有机肥混合在一起，结合整地，施入土壤中，作基肥。

(2) 锌肥拌种

可将每公斤玉米种子拌硫酸锌20～40g，拌种时先用少许的水将肥料溶解，再喷施在种子上，然后拌匀，晾干后即可播种。

(3) 科学追肥

主要是根外追肥，这是发现玉米"白苗"后，补施锌肥的一种好办法。浓度和用量是每亩喷施浓度为0.1%～0.2%的硫酸锌溶液40～50kg，自玉米拔节时开始，每次喷洒隔10～15d，连喷2～3次，效果比较明显。

第六章　蔬菜病害

【学习要求】

通过学习，掌握蔬菜苗期立枯病、猝倒病；瓜类蔬菜白粉病及豆科蔬菜锈病和其他蔬菜主要病害的症状、发生流行规律及综合治理技术措施。

【技能要求】

要求学生掌握十字花科、茄科及其他蔬菜主要病害症状的识别、发生规律及防治方法。

【学习重点】

重点掌握十字花科蔬菜的霜霉病、软腐病，茄科蔬菜的青枯病、灰霉病，瓜类枯萎病、炭疽病、疫病等重要病害的病原物、病原物生物学特性、病害发生规律、防治措施以及保护地蔬菜病害的发生特点和防治技术。难点是各种病害的诊断方法。

【学习方法】

理论联系实际，结合生产，学会综合分析蔬菜病害的发生发展及防治。

第一节　蔬菜苗期病害

蔬菜苗期病害种类较多。茄科、葫芦科、十字花科、豆科等蔬菜病害，发生普遍，危害较重的主要病害是猝倒病、立枯病、灰霉病及由低温引起的生理病害“沤根”等。三种由真菌引起的病害寄主范围广，流行速度快。猝倒病和灰霉病不仅危害幼苗，还可引起花、果的腐烂等。

（一）识别与诊断

1. 猝倒病

幼苗受害后，茎基部出现水渍状病斑、黄褐色、缢缩、猝倒枯死。低温高湿时，病部近地表处长出白色絮状菌丝体。果实受害多发生近地面的脐部或受伤部分，先为水渍状、黄褐色、腐烂（絮状霉层）。

2. 立枯病

立枯病不仅危害幼苗，也可危害大苗（不同于猝倒病）。其主要发生于育苗的中、后期（略晚于猝倒病）。患病幼苗的茎基部产生椭圆形暗褐色病斑、绕茎发展、逐渐凹陷，萎蔫枯死。湿度大时，出现不显著的暗褐色蛛网状菌丝。

3. 灰霉病

地上部嫩茎被害呈水渍状缢缩，变褐色、折倒。叶片多从子叶或下部真叶或结露的叶缘开始侵染，开始表现褪绿、变褐、坏死腐烂，真叶病斑多呈 V 字形。无论茎或叶被害，病部密生灰色霉层。

4. 沤根

幼苗根和根茎部是主要受害部位，病部初为水渍状、浅褐色、深褐色、腐烂。特点：根茎不缢缩，维管束变褐但不向上发展，不发新根，易拔起。豆科幼苗根茎受害髓部组织腐烂、变空。

（二）防治技术

蔬菜苗期病害的防治原则：加强苗床的栽培管理，辅于药剂防治。

（1）苗床管理

选地势较高且排水良好，床土选用无病土或风化的河床土，增施腐熟有机肥，以提高苗床温度，促进幼苗为主。如苗床底部铺设隔热材料，使用地热线等，苗床浇水视土壤湿度而定，每次量不宜过多。

（2）床土处理

①一般在播种前 3 周用 40%甲醛 450mL/m^2，兑水 18～36L 浇于床土上，然后尼龙布覆盖 4～5d 后耙松床土，待药液全部挥发后（2 周左右）才可播种。②药土配方：每平方米苗床用五氯硝基苯与 50%福美双等混或 40%拌种双 8～10g；或 25%甲霜灵 9g 和代森锰锌 1g 在播种前拌细土 5～10kg，苗床浇足水后，1/3 药土撒在床面上为垫土，2/3 的药土均匀覆盖在种子上。管理时不让苗床表面过于干燥，以免发生药害。

（3）药剂拌种

50%福美双或 40%拌种双等，药量为种重 0.3%～0.4%。

（4）药剂防治

猝倒病为主可在幼苗定植后选用“敌克松”500～600 倍液或 401 抗菌剂 600～800 倍液浇苗，每 7～10d 浇 1 次，连浇 3～4 次。立枯病为主可在发病初期喷淋 36%甲基硫菌灵悬浮剂 500 倍液或 20%纹霉星可湿性粉剂 1000 倍液或 15%恶霉灵水剂 450 倍液。灰霉病为主选用 50%速克灵可湿性粉剂 2000 倍液、0.1%的 50%扑海因可湿性粉剂等，注意排水，加强通

风，防治叶表结水。

【知识加油站】

猝倒病的病原物为鞭毛菌亚门腐霉属（*Pythium aphanidermatum* (Eds.) Fitzp）。病原菌以卵孢子或菌丝体形式在土壤中或病残体或腐殖质上越冬或越夏。其以水传为主，种子、带菌堆肥、农具等也能传播。

立枯病的病原物为半知菌亚门丝核菌属立枯丝核菌（*Rhizoctonia solani* Kühn）。其以菌核或菌丝体在土壤中或病残体中越冬，存活可达2～3年，主要通过雨水、流水及农具等传播。

灰霉病的病原物为半知菌亚门葡萄孢属灰葡萄孢菌（*Botrytis cinerea* Person），有性态为子囊菌亚门核盘菌属。病菌以菌核、分生孢子、菌丝体在土壤中或病残体中越冬，主要以气流传播为主。

沤根主要是由于苗床土温过低、高湿、光照不足所致的生理性病害。

播种密度大，间苗不及时，浇水量过大，苗床保温差，温度变幅大，地下水位高，有利于病害发生。幼苗生长适温为20℃～25℃，土温为15℃～20℃。长期在15℃以下，幼苗生长缓慢，易诱发猝倒病；苗床温度高，密度大，幼苗徒长情况下，易得立枯病；苗床温度低于幼苗生长临界温度极易发生沤根。湿度与苗期病害呈正相关，光照和通气与苗期病害呈负相关。幼苗子叶养分已耗尽，新根尚未扎实，幼茎尚未木栓化之前，抗病力最弱，易感病，属猝倒病多发期。

第二节　十字花科蔬菜病害

全世界已报道50余种，危害较重的有病毒病、霜霉病和软腐病，通称三大病害。

一、十字花科蔬菜病毒病

（一）识别与诊断

十字花科蔬菜病毒病是由芜菁花叶病毒经萝卜蚜和桃蚜传毒侵染引起的一种病毒病害。其主要有花叶、明脉、矮化、畸形、皱缩、斑驳、褐色坏死条斑等。

（二）防治技术

以驱蚜为主，加强栽培管理，选育和利用抗病品种。

【知识加油站】

十字花科蔬菜病毒病病原物为芜菁花叶病毒（TuMV）。其以萝卜蚜和桃蚜传毒为主，其次还有甘蓝蚜、棉蚜等，属非持久性传毒（传毒时间20～30min）。三种主要病毒也可由汁液摩擦传染，病种子一般不传病。温度大于30℃，小于15℃有隐症现象。病毒主要在贮藏的种菜、越冬根茬、其他冬季栽培的蔬菜及多年生草上越冬。

二、十字花科蔬菜软腐病

（一）识别与诊断

十字花科蔬菜软腐病是由胡萝卜软腐欧文氏菌胡萝卜亚种侵染引起的细菌病害。大白菜开盘至贮藏期均可发生。多汁组织症状：湿润半通明状、水渍状、淡黄、灰褐、腐烂发臭（黏液）。少汁组织症状：水渍状、淡褐、腐烂、组织干缩。其主要从根茎部感染，再向上、向内扩展，后期一触即倒。也有从伤口侵入，由外部叶片向内扩展。萝卜受害多从根尖受虫伤等处开始，初呈水渍状、内部腐烂。病健分界明显，有时仅存空壳。

（二）防治技术

（1）农业防治

选栽抗病品种，以栽培管理为中心，加强害虫（叶面和地下）防治。农业措施以排水、提高土温，促进作物生长为主。

（2）药剂防治

以杀虫剂40%氧化乐果1500倍等喷雾和灌根。在发病前或发病初期选用农用链霉素200～400μg/mL，氯霉素250μg/mL；或代森铵水剂或401抗菌剂500～600倍液，喷施和灌根。

【知识加油站】

病原物为胡萝卜软腐欧文氏菌胡萝卜亚种（*Erwinia carotovora* subsp. *carotovora*（Jones）Bergey et al.）。软腐病菌主要是在病株和病残组织中越冬。十字花科蔬菜田间软腐病的初侵染源主要是菜窖附近的病残体、带有病残体的土壤和堆肥、带菌越冬的媒介昆虫以及田间的其他寄主植物等。病菌主要通过昆虫、雨水和灌溉水进行传播，从伤口侵入寄主。由于病菌的寄主范围广，所以能从春季危害至秋季，最后传到白菜、甘蓝和萝卜等秋菜上。土壤中残留的病菌可以从萌发过程中的芽和整个幼苗期的根部侵入，病菌侵入后可向地上部运转，并以一个较低的水平在整个生育期的大白菜内潜伏，成为生长后期和贮藏期腐烂的主要菌源。

三、十字花科蔬菜霜霉病

（一）识别与诊断

十字花科蔬菜霜霉病是由鞭毛菌亚门霜霉属寄生霜霉菌侵染引起的真菌病害。各生长期均可受害，叶片＞茎秆＞花梗及花器。病叶多产生褪绿色多角形枯斑，花梗及花器形成肥肿畸形，病部均产生白色霜霉。一般老叶先发病，由叶背到叶正面。萝卜根茎部症状为灰褐色或灰黄色的斑痕，贮藏期极易腐烂。

（二）防治技术

以种植抗病品种、加强栽培管理为主，辅以药剂防治。

（1）选种

选育利用抗病品种，如上海青、乌塌菜、鲁白1、2号及青杂、曾白等丰抗系列，抗病性表现较好。

（2）农业措施

以高垄深沟栽培，秋季播种不宜过早，密度不宜过大，增施有机肥。

（3）药剂防治

气温大幅度下降时，或发病初期应立即喷药。如选用40％乙膦铝300倍或58％甲霜灵锰锌500倍液，每公顷用药液750～1500kg。药剂应交替使用，防止抗药性的快速增长。

【知识加油站】

病原物为鞭毛菌亚门霜霉属寄生霜霉菌［*Peronospora parasitica* (Pers.) Fries］。我国研究表明，其可分为3个专化型：芸薹属专化型（根据致病性差异又分甘蓝类型、白菜类型和芥菜类型）、萝卜属专化型和芥菜属专化型。

我国北方地区，卵孢子是春季十字花科蔬菜霜霉病的主要初侵染源。北方冬季不生长十字花科作物的地区，病菌以卵孢子随病残体在土壤中休眠越冬。卵孢子只要经过两个月的休眠，春季温、湿度适宜时就可萌发侵染。南方地区冬季气温较高，田间终年种植十字花科作物，病菌借助不断产生的大量孢子囊在多种植物上辗转危害，不存在越冬问题。

传播方式以气流传播为主。一年有春、秋两个发病高峰，低温、多雨、日照不足或昼夜温差大、多雾、露有利于发病。密度大、排水不良、底肥不足也有利于发病。品种间抗性差异大，抗病毒病的一般都抗霜霉病，其抗性基本一致。

四、十字花科蔬菜根肿病

（一）识别与诊断

图 6-1　十字花科蔬菜根肿病症状

十字花科根肿病是由鞭毛菌亚门芸薹根肿菌侵染引起的真菌病害，主要危害十字花科蔬菜根部，造成薄壁细胞增生而形成肿瘤，其症状如图 6-1 所示。发病初期病株生长迟缓，矮小，叶色淡绿无光泽，如缺水症状，严重时全株枯死。根部形成大小不等、纺锤形、手指形或不规则形的肿瘤。肿瘤初期表面光滑，后变粗糙龟裂，易腐烂发臭。

（二）防治技术

（1）增施有机肥，改善土壤结构

多施农家肥料可以提高土壤的缓冲能力，调节酸碱度，使土壤酸性不至于增高。

（2）改变土壤酸碱度，提高 pH 值

在水稻种植季节适当增施石灰，种植油菜时增施草木灰。

（3）提倡轮作制，采用间套种

选种养地作物，在重病田，冬季发展豆类、大小麦、牧草等非十字花科作物。

（4）提倡育苗移栽

选择无病田育苗及无病壮苗移栽。

【知识加油站】

病原物为芸薹根肿菌（*Plasmodiophora brassicae*），是一种专性寄生真菌，病菌以休眠孢子囊在土壤中和未腐熟的厩肥中越冬。休眠孢子囊在适宜的条件下萌发产生游动孢子，从根毛或幼根侵入寄主表皮细胞，发育成变形体扩展蔓延。病菌借雨水、灌溉水、昆虫、土壤线虫和农具等传播，远距离传播依靠病菜根或带菌土的转运。

第三节　茄科蔬菜病害

番茄、茄子、辣椒上的病害，世界上报道分别为 70、40、60 余种。国内发现（1991 年）分别为 50、30、40 余种。马铃薯病害世界报道有百

余种。

一、茄科蔬菜病毒病

（一）识别与诊断

番茄染病后常有3种症状类型：花叶型（轻、重、黄色）、条斑型、蕨叶型。辣椒染病后症状类型和番茄相似，但以花叶型为主。马铃薯受害后常表现皱缩花叶型和卷叶型。

（二）防治技术

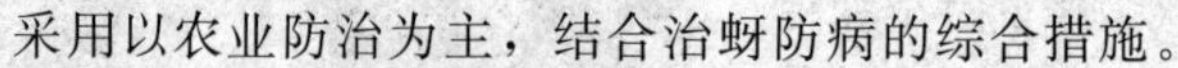

采用以农业防治为主，结合治蚜防病的综合措施。

马铃薯病毒病的防治以无病种薯为主；番茄选育和利用抗病品种。种子处理：番茄、辣椒种子播前用清水浸泡3～4h，再用10%磷酸三钠溶液浸种20～30min，捞出后用清水冲洗干净，催芽播种。热处理：70℃3d或80℃1d处理效果较好。治蚜防病，在有翅蚜迁飞期进行。钝化剂的施用，1：（10～20）倍的黄豆粉或皂角粉水溶液在分苗、定植等时喷射。日本研制的藻酸制剂能抑制TMV病毒的感染。弱病毒疫苗的利用，我国有N14和S52。耐病毒诱导剂的应用，由混合脂肪酸制备成的NS-83增抗剂。气味驱蚜等。

【知识加油站】

番茄受害最重，一般年份减产10%～30%，流行年份病株率高达50%～80%。辣椒发病造成花叶和顶芽枯死，马铃薯植株受害后发育畸形、矮化，茄子一般发病较轻。世界上报道的病原物有20余种，中国已报道12种和类菌原体，较明确的有8种：①烟草花叶病毒TMV；②黄瓜花叶病毒CMV；③马铃薯X病毒PVX；④马铃薯Y病毒PVY；⑤番茄斑萎病毒ToSWV；⑥番茄黄顶病毒ToYT；⑦番茄巨芽病；⑧番茄丛枝病。其中，⑦和⑧是类菌原体（MLO）。

TMV通过汁液摩擦传播，寄主范围广（36科200多种），体外保毒期长（60d左右），初侵染源主要有带毒寄主植物、种子带毒（种表、种皮和胚乳，病株带毒率可达98%），寄主植物残体（番茄根可达75～90cm土中，病毒存活22个月以上）。

CMV寄主范围广（39科117种），毒源广泛，多种蚜虫可传毒（以桃蚜、萝卜蚜为主），马铃薯的CMV主要在种薯块里越冬。

番茄花叶病发生适温为20℃，相对湿度小于75%。25℃以上趋向隐症。土壤缺Ca、K元素能助长花叶病发生。品种间抗性差异大，各生育期抗性不一致，一般植株第四层花结束进入坐果期，抗病性明显上升。

二、茄科蔬菜青枯病

（一）识别与诊断

茄科蔬菜青枯病是由青枯假单胞菌侵染引起的细菌病害。发病造成植株萎蔫，病茎木质部变褐，用手挤压病茎横切面有乳白色菌液溢出。不同点：番茄染病后叶片略淡，仍保持绿色，称青枯。茄子感病后叶片褪绿后变褐枯焦。

（二）防治技术

该病的控制，单一措施效果不佳，必须综合治理。

（1）轮作

对禾本科或瓜类作物轮作栽培。

（2）农业措施

以培育壮苗，增施磷、钾肥，喷洒 10μg/mL 硼酸（根外追肥），促进维管束生长，高畦深沟，以利排水。

（3）药剂防治

病株立即拔除，并用 50 倍甲醛液或 20%石灰水灌穴消毒。发病初期可喷 100～200μg/mL 农用链霉素，每次喷药隔 7～10d，连续喷 2～3 次。

【知识加油站】

青枯病是长江流域茄科蔬菜的重要病害之一，一般番茄 > 马铃薯 > 茄子 > 辣椒。病原物为茄科劳尔氏菌（*Ralstonia solanacearum*（Smith）Yabuuchi et al.），劳尔氏菌属。病菌主要随病残体残留在土壤中越冬。在病残体上营死体营养生活，即使没有适当寄主，也能在土壤中存活 14 个月甚至更长时间。此外，也可以在染病马铃薯块茎及杂草寄主体内越冬。再侵染以水传为主，病种薯、带菌肥料也可传播。从根部和茎基部伤口侵入，在维管束组织中扩展。土壤 pH6.6，积水或定植时穴土太松，重茬发病重。土壤线虫数量与发病关系密切。土壤持水量达 25%以上时，根部易产生伤口并腐烂，有利病菌侵入。

三、茄科蔬菜早疫病

（一）识别与诊断

叶片初呈小褐点，后扩展形成同心轮纹病斑，有黄色晕圈，湿度大病部出现黑色霉层。茎部多在分枝处发生，病部稍凹陷，灰褐色，也有同心轮纹，易折断。果实多发生于蒂部附近和有裂缝处，病斑近圆形，黑褐色，稍凹陷，也有轮纹，易脱落。

（二）防治技术

（1）选种

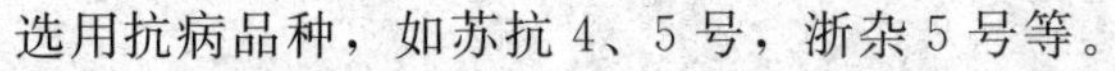

选用抗病品种，如苏抗 4、5 号，浙杂 5 号等。

（2）农业措施

采取以排水降湿、通风，增施磷、钾肥等为主。

（3）药剂防治

可以选用 70%代森锰锌或 64%杀毒矾可湿性粉剂 500 倍液喷雾防治，每次喷药间隔 7～10d，连续 3～4 次。

【知识加油站】

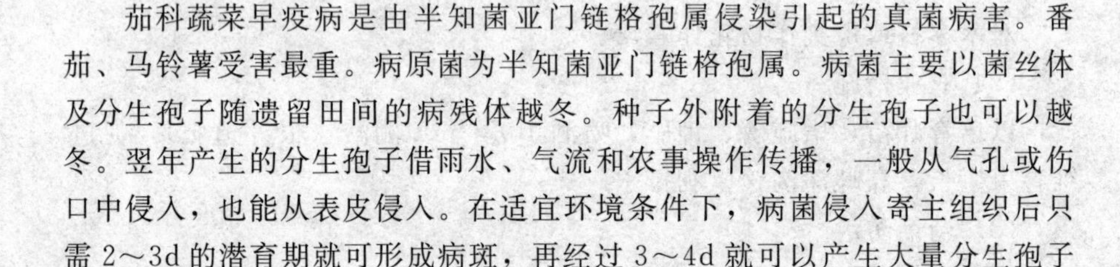

茄科蔬菜早疫病是由半知菌亚门链格孢属侵染引起的真菌病害。番茄、马铃薯受害最重。病原菌为半知菌亚门链格孢属。病菌主要以菌丝体及分生孢子随遗留田间的病残体越冬。种子外附着的分生孢子也可以越冬。翌年产生的分生孢子借雨水、气流和农事操作传播，一般从气孔或伤口中侵入，也能从表皮侵入。在适宜环境条件下，病菌侵入寄主组织后只需 2～3d 的潜育期就可形成病斑，再经过 3～4d 就可以产生大量分生孢子进行再侵染。

第四节　葫芦科蔬菜病害

全世界有 50 余种，中国（1991）报道 30 余种，其中大多数病害病原物相同。黄瓜病害 20 余种，西葫芦 10 余种，南瓜 10 余种，冬瓜近 10 种，节瓜约 7 种，苦瓜近 10 种，丝瓜 10 余种，瓠瓜近 10 种。危害严重的有霜霉病、疫病、白粉、枯萎、蔓枯病等。

一、黄瓜霜霉病

（一）识别与诊断

黄瓜霜霉病是由鞭毛菌亚门古巴假霜霉菌侵染引起的真菌病害。其主要危害叶片，偶尔也能危害茎、卷须、花梗等。幼苗期：子叶易感染，初期褪绿、黄花、不规则枯黄斑、干枯死苗，叶片正、反面产生紫黑色霉层。成株期：多在开花结瓜后，中、下部叶片先发病，初为水渍状、铅黄色、鲜黄色、黄褐色干枯，病斑受叶脉所限，呈多角形，病健部模糊。湿度大有疏松紫黑色霉层，干燥时病斑易破碎。

（二）防治技术

采用以抗病品种为主，及时药剂保护，加强栽培管理的综合措施。

(1) 选种

选育和利用抗病品种，如津研系列、津杂1、2号、宁阳刺瓜等，其中丹东刺瓜接近免疫。

(2) 栽培管理

前期促进根系发育，控制浇水，结瓜后防止大水漫灌。大棚注意通风，防止叶表结水等。

(3) 药剂防治

药剂防治一定要及时。棚室用药宜用烟剂、粉尘剂。常用烟剂有10%百菌清烟雾片剂，每亩每次500g。常用粉尘剂有10%百菌清复合粉剂、7%敌菌灵粉尘剂，每亩每次1kg，早晨或傍晚喷粉，有利于作物上附着。

【知识加油站】

病原物为鞭毛菌亚门、假霜霉属、古巴假霜霉菌（*Pseudoperonospora cubensis*（Berk. et Curt.）Rostov）。病菌休止孢子萌发产生芽管，从寄主气孔侵入；孢子囊在温度较高或温度偏低的情况下，也可以直接萌发产生芽管侵入寄主。该病菌为活体营养型，南方地区黄瓜周年生产，无越冬阶段，华中、华北、华东等地在露地黄瓜和棚室黄瓜之间传播。北方冬季无黄瓜地区的初侵染源可能是由外来菌源所致，故发病特点常为爆发。该病菌以气流传播为主。品种间抗性差异大，抗霜霉病的品种一般较抗病毒病，但不抗枯萎病。土壤黏性大，低洼、种植过密，浇水过多等有利病害发生。

二、瓜类枯萎病

(一) 识别与诊断

瓜类枯萎病是由半知菌亚门尖孢镰孢菌侵染引起的真菌病害，其典型症状是萎蔫。幼苗期子叶变黄、萎蔫、干枯，根茎基部变褐、缢缩，多呈猝倒状。始病期一般在植株开花结瓜前后，由下部叶片开始萎蔫，逐渐向上，主蔓基部软化缢缩，初呈水渍状，后干枯纵裂，病部常有脂状物溢出。维管束呈褐色。湿度大时，病部常产生白色或粉红色霉层。

(二) 防治技术

(1) 农业措施

以轮作为主，施足基肥，搞好排灌设施，促进根系发育，选用纸袋育苗，定植不伤根等。

(2) 选用抗病品种

黄瓜较抗病的有津研6、7号，津杂1、2、4号，西农58，早丰2号等。西瓜较抗病的有郑抗1、2号，中8602、8601，新澄1号，京欣1

号等。

(3) 药剂防治

移栽时可用双多悬浮剂600～700倍液灌穴，每穴400～500mL。发病初期药液灌根，药剂有多菌灵、甲基硫菌灵等药液灌根，每株250～300mL，间隔7d，连灌2～3次。

【知识加油站】

病原为半知菌亚门瘤座孢目的尖孢镰孢菌的多种专化型（*Fusarium oxysporum* Schlecht. f. spp.）。病菌主要以菌丝体、厚垣孢子和菌核在土壤中或未腐熟的肥料中越冬，成为翌年主要侵染源。病菌离开寄主在土壤中能存活5～6年。厚垣孢子与菌核经牲畜消化道后仍然保持生活力。病株采收的种子内外均可带菌，故种子带菌也是该病的侵染源之一。病菌主要通过根部伤口和根毛顶端细胞侵入。其致萎机制与其他作物枯萎病基本相似。病害有潜伏侵染现象，有些植株虽在幼苗期即被感染，但直到开花结瓜期才表现症状。病菌在田间的传播主要借助灌溉水和土壤的耕耙。地下害虫和土壤中的线虫的活动和危害既可传播病菌，又可造成根部伤口，为病菌的侵入创造有利条件。

三、黄瓜疫病

(一) 识别与诊断

黄瓜疫病是由鞭毛菌亚门掘氏疫霉侵染引起的真菌病害。整个生育期均可发病，主要发生于成株期。幼苗期：生长点及嫩茎部易发病，初呈水渍状、缢缩、萎蔫、枯死。成株期：茎、叶、果均可受害。茎基部节部发病较多，初呈水渍状、缢缩、萎蔫、青枯状。叶片发病初呈暗绿色水渍状，扩展至叶柄引起茎、节部发病。果实、基部瓜易发病，病部呈水渍状凹陷，迅速腐烂，长出白色霉层、有臭味。

(二) 防治技术

(1) 农业措施

以排水为主，地膜覆盖土表可防止动水流动，飞溅，很大程度上减轻病害发生。另外，重病地可实行轮作等。

(2) 药剂防治

由于疫病潜育期短，发展迅速，施药期应在发病前期或初期，需连续喷药（一般每次喷药隔5～7d，连续3～4次）。喷药时要加强中下部的保护，同时对地表也应喷药或撒毒土。药剂如选用96%天达恶霉灵粉剂3000倍液、75%猛杀生干悬浮剂600倍液、70%安泰生可湿性粉剂800倍液等；雨后发现中心病株以后及时拔除，每亩立即喷洒或浇灌50%安克可湿性粉剂 30g、60%百泰可分散粒剂 1500 倍液、25%凯润乳油 3000 倍液、66.8%霉多克可湿性粉剂 800 倍液、72.2%普力克水剂 800 倍液等，并喷施新高脂膜增强药效。

【知识加油站】

黄瓜疫病病原物为鞭毛菌亚门疫霉属掘氏疫霉（*Phytophthora drechsleri* Tucker）。病菌以卵孢子随残体在土壤中越冬。翌年春、夏季，卵孢子萌发形成芽管，穿透表皮侵入寄主，引起发病。在高湿或连续阴雨条件下，发病部位产生孢子囊，其萌发产生的游动孢子，借助水，尤其是雨水或灌溉水在田内间传播扩散，不断进行再侵染，再侵染频繁。

第五节　豆科蔬菜主要病害

一、大豆线虫病

（一）识别与诊断

大豆线虫病主要有胞囊线虫和根线虫病两种，大豆胞囊线虫为垫刃目异皮线虫，根结线虫为根结线虫属。植株瘦弱、矮化，似营养不良，胞囊线虫危害，须根上附有的细小黄色颗粒（雌线虫）变褐色、脱落。根结线虫危害，根部肿大，形成大小不同瘤状根结，根结上部形成短支根或密集的须根。

（二）防治技术

（1）农业措施

以轮作为主，种植抗病品种（以小黑豆为抗源材料进行选育），针对胞囊线虫可种植“诱捕作物”，如菜豆、豌豆、三叶草等。

（2）药剂防治

苗床处理用 D-D 混剂，二溴氯丙烷在播 2～3 周施于土层 15～25cm，然后压实，以熏蒸方式杀虫。另外，用 3%呋喃丹颗粒处理土壤，每公顷呋喃丹颗粒剂 150～180kg 进行穴或沟施。

【知识加油站】

病原线虫主要以胞囊在田间土壤中越冬，也可在粪肥中以及混杂于种子中的土粒内越冬，并随种子的调运而远距离传播，田间近距离传播扩散主要通过农事活动传播。越冬胞囊是翌年的初侵染源。当春季温度、湿度适宜，并在根系分泌物的刺激下，越冬胞囊内的卵孵化，以 2 龄幼虫侵入

寄主根，在其皮层内营寄生生活，经幼虫阶段后发育为成虫。雄成虫重新进入土壤中自由生活，并寻觅雌成虫交配后死亡。雌成虫膨大，胀破根表皮而外露，仅头颈部仍吸附在根内，经与雄成虫交配后，发育成老熟雌虫，其体壁加厚成为胞囊，其受精卵就保存在胞囊内。当条件适宜时，其内的卵又孵化出幼虫，进行再侵染。影响因子中，以土温和土质较为重要，土温小于10℃不能发育，31℃以上幼虫开始衰退。5cm 土温 23.3℃时完成一代需 24d，17.8℃时需 41d。沙性土壤更适合线虫生存和发育。

二、豆类锈病

（一）识别与诊断

豆类锈病是由担子菌的多种真菌侵染引起的真菌病害。其危害各种豆科蔬菜，主要发生于叶、茎、豆荚等上，初为黄色斑点，后呈黄褐色的夏孢子堆、黑色冬孢子堆。性、锈孢子器在豆科蔬菜上一般不发生。

（二）防治技术

（1）清除菌源

采收后立即清除并销毁病残体，促使夏孢子死亡，减少菌源。

（2）因地制宜引用抗病品种

（3）农业措施

采取一切可行措施降低田间湿度，适当增施磷钾肥，提高植株抗性。

（4）药剂防治

发病初期喷洒 50%萎锈灵或 70%的甲基托布津 1000 倍液，50%多菌灵 800～1000 倍液，或 65%代森锌 500 倍液，每次喷药隔 7～10d，共喷 3 次，防治效果良好。

【知识加油站】

冬孢子可以在病残体越冬后萌发产生担孢子，通过气传进行初次侵染。初侵染的菌源主要是病株上的夏孢子，通过气流传播后，在适宜的条件下即可进行侵染。初侵染发病后产生大量的新的夏孢子，通过传播频频进行再侵染，致使流行成灾。高温、多雨、潮湿的天气，尤其是早晚露重雾大有利于锈病的流行。菜地土质黏重，低洼，排水不良，或种植过密，田间郁闭不通风，以及过多的施用氮肥，都有利于诱发此锈病。

三、豆类炭疽病

（一）识别与诊断

豆类炭疽病是由半知菌亚门的炭疽菌属真菌侵染引起的真菌病害。从幼苗到收获期都可发生，地上部分均能受害，病部中间多凹陷，边缘稍隆起，病部有黑色小点（分生孢子盘），湿度大时常会在茎、荚上产生大量粉红色黏胶物。

（二）防治技术

（1）选用抗病品种和无病种子

（2）减少菌源

收获后及时清除病残体、深翻，实行 3 年以上轮作。

（3）药剂防治

播种前用种子重量 0.5%的 50%多菌灵可湿性粉剂或 50%扑海因可湿性粉剂拌种，拌后闷几小时。也可在开花后喷 25%炭特灵可湿性粉剂 500 倍液或 47%加瑞农可湿性粉剂 600 倍液。

【知识加油站】

病原物无性态为半知菌亚门炭疽菌属，有性态为子囊菌球壳目。病菌在大豆种子和病残体上越冬，以风雨、昆虫传播为主。翌年播种后即可发病，生产上苗期低温或土壤过分干燥，大豆发芽出土时间延迟，容易造成幼苗发病。成株期温暖潮湿条件利于该菌侵染。

思考题

1. 蔬菜苗期病害主要有哪些？
2. 如何从症状上区别猝倒病和立枯病？
3. 根据蔬菜苗期病害的特点，简述主要防治措施。
4. 根据十字花科蔬菜霜霉病的特性，简述病害循环及主要防病措施。
5. 哪些农业措施能提高大白菜对软腐病的抗性？
6. 简述十字花科蔬菜根肿病的防治措施。
7. 瓜类枯萎病的流行有何特点？
8. 分析哪些因素与蔬菜根结线虫病发生关系密切？

怎么让蔬菜不长病虫害

1. 用洗衣粉防治菜蚜等害虫

每亩用洗衣粉 100g，加水 30～45kg，喷洒作物嫩枝及叶片正反面，1～2d 菜青虫、红蜘蛛、粉虱、刺蛾等的死亡率可达 98%以上。将尿素、

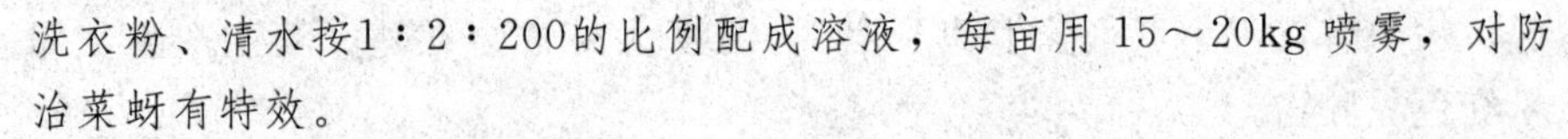
洗衣粉、清水按1∶2∶200的比例配成溶液，每亩用15～20kg喷雾，对防治菜蚜有特效。

2. 用红辣椒加大蒜防治害虫

用红辣椒加大蒜加水浸泡两昼夜，浸出液过滤后加95%以上的工业用酒精（药店有售），最终测得溶液中酒精浓度为20%～30%时，用此溶液喷洒蔬菜，可杀死多种害虫。喷雾时喷头喷孔不宜过细，以防堵塞。

3. 用苦皮藤等防治虫害

用苦皮藤浸出液或野生辣蓼草加茶枯饼浸出液，过滤后喷洒也能起到较好的灭虫和保护蔬菜作物的效果。

4. 用白酒稀释液防治白粉病

取35°的白酒若干(根据受害面积的大小估算白酒原液的用量)，按1∶300的比例兑水稀释，然后装入喷雾器中，对病株进行喷洒，喷洒用量以白色锈状物被冲洗干净为准，这样白粉病就不会复发。此种方法可用于冬瓜、番茄、黄瓜等蔬菜白粉病的防治，还可广泛用于西瓜、香甜瓜、葡萄等瓜果类白粉病的防治。草莓等对药剂敏感，易产生药害，喷洒白酒稀释液防治白粉病最为合适，不仅防病效果好，还有营养保护作用。

5. 利用作物间相互作用机理实行间套作达到驱虫、杀菌目的

洋葱和胡萝卜套作，可达到相互驱除对方害虫的作用；大蒜和大白菜等作物间行种植，利用大蒜所挥发出来的大蒜素可以达到杀菌驱虫的效果；韭菜和甘蓝间行种植，韭菜产生的特殊气味可以使甘蓝根腐病减轻。在蔬菜田周围种植气味非常浓郁的迷迭香、鼠尾草等香料植物，驱虫效果会更好。

第七章　果树病害

【学习要求】

通过学习，掌握主要落叶果树病害的症状、发生流行规律及综合治理技术措施。

【技能要求】

要求学生掌握苹果、梨、桃、葡萄主要病害特点及果树根癌病、柿角斑病、柑橘黄龙病、枣疯病的症状的识别、发病规律及防治方法。

【学习重点】

重点掌握苹果树腐烂病、苹果轮纹病、苹果花叶病、梨轮纹病、梨锈病、梨黑星病、梨黑斑病、桃细菌性穿孔病、桃褐腐病、桃缩叶病、桃流胶病、桃黑痘病、葡萄白腐病、葡萄霜霉病、葡萄白粉病、葡萄扇叶病等重要病害的病原物、病原物生物学特性、病害发病规律及防治措施。难点是各种病害的诊断方法。

【学习方法】

理论联系实际，结合生产，学会综合分析果树病害的发生发展及防治。

第一节　苹果病害

一、苹果和梨轮纹病

（一）识别与诊断

苹果和梨轮纹病是由子囊菌亚门葡萄座腔菌侵染引起的真菌病害。苹果轮纹病和梨轮纹病的症状相似，枝干发病，以皮孔为中心形成暗褐色、

水渍状或小溃疡斑，稍隆起呈疣状，圆形。后失水凹陷，边缘开裂翘起，扁圆形，青灰色，直径约5～15mm（梨）或10～30mm（苹果）。多个病斑密集，形成主干大枝树皮粗糙，故称“粗皮病”。斑上有稀疏小黑点。果实受害初以果点为中心出现浅褐色的圆形斑，后变褐扩大，呈深浅相间的同心轮纹状病斑，其外缘有明显的淡色水渍圈，界线不清晰（图7－1）。病斑扩展引起果实腐烂。烂果有酸腐气味，有时渗出褐色黏液。

图7－1　苹果轮纹病症状

（二）防治技术

（1）加强栽培管理

对丰产后或衰弱的果园增施肥料，特别是有机肥。控制树体挂果量，防止出现大小年现象。旱季及时灌水，及时防治叶部病害和钻蛀性害虫。

（2）清除侵染源

冬季结合修剪，剪除病虫枝，集中烧毁，休眠期喷施45%晶体石硫合剂50～100倍液或3～5波美度石硫合剂等铲除性杀菌剂，铲除潜伏病菌。晚秋、早春刮除粗皮，集中烧毁，刮治后用于涂抹的杀菌剂有80%402抗菌剂50～100倍液和40%福美砷50～100倍液等。

（3）果实套袋

套袋应在5月上中旬进行，套袋前果园全面喷药1次。

（4）贮藏期管理

严格剔除病果及伤果，用仲丁胺、甲基硫菌灵或抑霉唑等药剂溶液浸果3min，装箱后低温（1℃～2℃）贮藏。

（5）药剂防治

根据轮纹病病菌在坐果后和果实膨大期均能侵入的特点，药剂防治应从落花后定期进行。第一次喷药应在落花后10d左右进行，以后根据天气情况、果园内孢子消长动态和药剂残效期等酌情确定施药次数和时间。一般每次喷药隔10～15d，连续喷4～6次。可选用的药剂有1∶（2～3）∶（200～240）的波尔多液、70%代森锰锌可湿性粉剂700倍液和70%甲基硫菌灵可湿性粉剂1000倍液等。最后一次宜采用内吸性杀菌剂，以抑制组织中病菌的扩展，控制成熟果实的腐烂。

【知识加油站】

病原物有性态为贝伦格葡萄座腔菌梨专化型［*Botryosphaeria*

berengeriana f. sp. *piricola* (Nose) Koganezawa et Sakuma]，子囊菌亚门葡萄座腔菌成员；无性态为一种壳梭孢（*Fusicoccum* sp.），半知菌亚门壳梭孢属成员。

病菌以菌丝体和子座在被害枝干组织、死枝、干桩以及散落在果园中的树枝上越冬。秋季落地腐烂或掩埋在土中的病果无传染作用。次年主要通过风雨传播，主要从皮孔和伤口侵入，侵染枝干、果实或叶片。当气温20℃以上，相对湿度75%以上或连续降雨3～4d，田间即有孢子释放、传播、侵染。雨量大，病害发生就重。挂果过多、肥水不足、偏施氮肥以及蛀果和蛀干性害虫危害严重均可导致树势衰弱，加重发病。

二、苹果树腐烂病

（一）识别与诊断

苹果树腐烂病是由子囊菌亚门苹果黑腐皮壳菌侵染引起的真菌病害，其症状如图7-2所示。

枝干受害，病斑有溃疡和枝枯两种类型。

（1）溃疡型

病部呈红褐色，水渍状，略隆起，病组织松软腐烂，常流出黄褐色汁液，有酒糟味。后期干缩，下陷，病部有明显的小黑点（即分生孢子器），潮湿时，从小黑点中涌出一条橘黄色卷须状物。

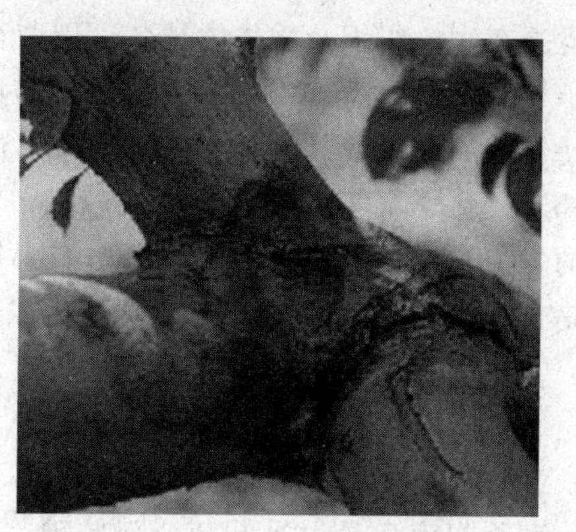

图7-2　苹果树腐烂病症状

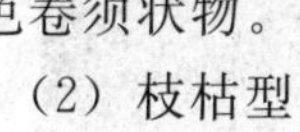

（2）枝枯型

多发生在小枝、果台、干桩等部位，病部不呈水渍状，迅速失水干枯造成全枝枯死，上生黑色小粒点。

果实受害，病斑暗红褐色，圆形或不规则形，有轮纹，呈软腐状，略带酒糟味，病斑中部常有明显的小黑点。

（二）防治技术

（1）加强栽培管理，提高树体抗病能力

（2）清除菌源

结合冬剪、夏剪清除病残枝干，集中烧毁或搬离果园。

（3）病斑治疗

①刮净病皮（含周围健皮1cm），病疤涂抹1～2次杀菌剂。②用利刀以1cm间隔在病斑上纵向划道（含周围健皮1cm），深至木质部表层，然

后涂药 3 次。

（4）预防治病

在旺盛生长期（5～7 月），用刀刮 10 年生以上苹果树的主干、中心干和主枝下部的树皮。

（5）药剂铲除

6 月下旬和 11 月上旬用药剂涂树干两次，不仅有减少冬、春发生新病斑的效果，还能防止病疤复发。施药前先刮除病斑，常用药剂有福美胂、退菌特、石硫合剂、843 康复剂、S－921 抗生素、平腐灵、腐烂灵、多效灭腐灵、腐必清等。

【知识加油站】

病原物有性态为苹果黑腐皮壳（*Valsa mali* Miyabe et Yamada），子囊菌亚门黑腐皮壳属成员；无性态为苹果壳囊孢（*Cytospora mandshurica* Miura），半知菌亚门壳囊孢属成员。病原菌主要以菌丝体、分生孢子器和子囊壳在病树组织及残体内越冬，病菌可在病部存活 4 年左右。次年分生孢子器内排出分生孢子，靠雨水飞溅传播，从伤口侵入。病菌具有潜伏侵染特性，当树体或其局部组织衰弱时，便会扩展蔓延。一般 3～5 月侵染，7～8 月开始发病，早春为发病高峰期，晚春后抗病力增强，发病锐减。该病的发生与树势、伤口数目、愈伤能力等密切相关。管理粗放和周期性冻害是主要流行因素。

三、苹果炭疽病

（一）识别与诊断

苹果炭疽病是由半知菌亚门胶孢炭疽菌引起的真菌病害。果表面初现淡褐色小圆斑，扩展成深褐色、边缘清晰、下陷的圆斑（图 7－3）。病部果肉呈漏斗状向果心软腐，褐色，有苦味。病斑直径 1～2cm 时，中心部位长出轮纹状排列的小黑点，隆起，突破表皮，涌出红色黏液。数斑融合，全果腐烂。病果失水形成僵果，久挂树上。枝条、果台表皮出现深褐色、不规则形病斑，略凹陷。斑表面产生小黑点，后期溃烂、龟裂，木质部裸露，病枝抽条枯死。

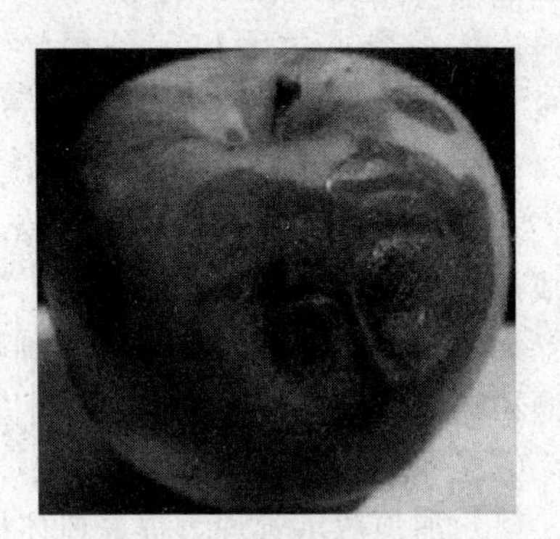

图 7－3　苹果炭疽病症状

（二）防治技术

（1）搞好清园工作

冬季结合修剪，剪除枯枝、病虫枝、徒长枝和病僵果，并集中烧毁。发病期及时摘除病果，清除地面落果，以减少果园再侵染源。

（2）加强栽培管理

合理密植和整形修剪，有利于改善果园通风条件，降低湿度。平衡施肥，切忌偏施速效氮肥。

（3）药剂防治

同苹果轮纹病、干腐病。但幼果期为重点防治期，也可用80%炭疽福美可湿粉700～800倍，或64%杀毒矾（恶霜锰锌）可湿粉1000倍液等。每次喷药隔15～20d，需注意交替使用不同的药剂。

（4）果实套袋

具体措施同轮纹病。

【知识加油站】

病原物有性态为围小丛壳［*Glomerella cingulata*（Stonem.）Spauld. & Schrenk］，子囊菌亚门小丛壳属，自然条件下很少发生。无性阶段为胶孢炭疽菌［*Colletotrichum gloeosporioides*（Penz. & Sacc.）］，半知菌亚门炭疽菌属。

以菌丝在病果、果台、干枝、僵果及被潜皮蛾危害枝条上越冬。春季产生分生孢子，借风雨、昆虫传播。分生孢子产生芽管直接侵入表皮，也可通过皮孔、伤口侵入果实。侵入后在果面蜡质层等处潜伏，具有潜伏侵染的特点。自苹果落花至8月中下旬，孢子不断侵染幼果。幼果自7月开始发病，每次雨后均有1次发病高峰，烂果脱落。果实生长后期为发病盛期，贮藏期继续发病烂果。一般密植园、低洼黏土地、排水不良或果树生长郁闭的果园发病较重。病菌可在洋槐上越冬，果园周围植有洋槐则病重。

四、苹果花叶病

（一）识别与诊断

苹果花叶病主要是由李属坏死环斑病毒苹果株系通过嫁接传染引起的病毒病害。其主要在叶片上形成各种类型的鲜黄色病斑，症状变化很大，一般可分为三种类型。

（1）重花叶型

夏初叶片上出现鲜黄色后变为白色的大型褪绿斑区。

（2）轻花叶型

只有少数叶片出现少量黄色斑点。

(3) 沿脉变色型

沿脉失绿黄化，形成一个黄色网纹，叶脉之间多小黄斑，而大型褪绿斑区较少。此外，有些株系产生线纹或环斑症状。

(二) 防治技术

(1) 栽培管理

培育无病苗木。接穗采自无毒母树，砧木用实生苗。

(2) 清除菌源

及时砍除病树。

(3) 交叉保护

利用苹果花叶病毒的弱毒株系预先接种可干扰强毒株系的作用。

【知识加油站】

病原物为李属坏死环斑病毒苹果株系（Papaya RingSpot Virus，PRSV）。其主要通过嫁接传染，靠接穗或砧木传播，汁液摩擦不传染。当气温 10℃～20℃、光照较强、土壤干旱及树势衰弱时，有利于症状显现。当条件不适宜时，症状可暂时隐蔽。品种抗病性有差异，青香蕉、白龙、黄魁、金冠、秦冠、红玉等品种发病较重。

第二节　梨病害

一、梨锈病

(一) 识别与诊断

梨锈病是由担子菌亚门亚洲胶锈菌侵染引起的真菌病害。该病原菌除危害梨树外，还能危害木瓜、山楂、棠梨和贴梗海棠等，主要危害叶片、新梢和幼果。叶片受害，叶正面形成橙黄色圆形病斑，并密生橙黄色针头大的小点，即性孢子器。潮湿时，溢出淡黄色黏液，即性孢子，后期小粒点变为黑色。病斑对应的叶背面组织增厚，并长出一丛灰黄色毛状物，即锈子器。毛状物破裂后散出黄褐色粉末，即锈孢子。果实、果梗、新梢、叶柄受害，初期病斑与叶片上的相似，后期在同一病斑的表面产生毛状物。

转主寄主桧柏染病后，次年 2～3 月间，在针叶、叶腋或小枝上可见红褐色、圆锥形的角状物（冬孢子角）。春雨后，冬孢子角吸水膨胀为橙黄色舌状胶质块。

（二）防治技术

根据梨锈病病害循环中无再侵染，且病菌需转主寄生才能完成其生活史的特点，清除梨园周围一定范围内的转主寄主植物，并辅以及时的化学保护措施，病害即可得到有效控制。

（1）铲除转主寄主

梨区不用桧柏等柏科植物造林绿化，新建梨区应远离柏树多的风景区。砍除梨园附近5km以内的转主寄主是防治梨锈病的根本措施。

（2）药剂防治

在梨萌发前，对桧柏喷药1～2次，以抑制冬孢子萌发。药剂可选用3～5波美度石硫合剂、1波美度石硫合剂与45%晶体石硫合剂50～100倍液的混合液等。梨树萌芽期至展叶后25d内喷药保护梨树幼嫩组织。药剂可选15%粉锈宁乳剂2000倍液、1∶2∶200波尔多液、20%萎锈灵可湿性粉剂400倍液等。

（3）生物防治

在性孢子成熟后喷施梨锈重寄生菌（*Tuberculina vinosa*）孢悬液，可抑制锈孢子器的形成。

（4）抗病品种的利用

在转主寄主多、发病严重的地区，应考虑种植抗病品种。

【知识加油站】

病原物为亚洲胶锈菌（*Gymnosporangium asiaticum* Miyabe ex Yamada），担子菌亚门胶锈菌属。病菌是以多年生菌丝体在转主寄主中越冬，次年3月形成冬孢子角，遇雨萌发形成担子和担孢子，担孢子经风雨传播至梨树上，后期形成的锈孢子不再危害梨树，而随气流传至转主寄主上越夏和越冬。病害发生的轻重与转主寄主的多少、距离的远近直接有关。此外，还与梨树萌芽展叶期降雨量的多少和品种的抗病性有关。

二、梨黑星病

（一）识别与诊断

梨黑星病是由子囊菌亚门纳雪黑星菌侵染引起的真菌病害，其症状如图7-4所示。它能危害所有幼嫩的绿色组织，以果实和叶片为主。果实发病，病部稍凹陷，木栓化，坚硬并龟裂，不长黑霉。幼果受害为畸形果，成长期果实发病不畸形，但有木栓化的黑星斑。叶片受害，沿叶脉扩展形成黑霉斑，严重时，整个叶片布满黑色霉层。叶柄、果梗症状相似，出现黑色椭圆形的凹陷斑，病部覆盖黑霉，缢缩，失水干枯，致叶片或果实早落。

图 7-4　梨黑星病症状

（二）防治技术

（1）减少菌源

秋末冬初清扫落叶和落果。早春梨树发芽前结合修剪清除病梢病叶并集中进行无害化处理。发病初期及时摘除病梢和病花丛，可减少发病。

（2）加强田间管理

选用抗病品种。增施有机肥料，合理整形修剪，增加果园通风透光，降低果园湿度。

（3）药剂防治

花前、花后各喷一次药，以后视降雨情况，每次喷药隔 15～20d，共喷 3～4 次。药剂有 12.5%烯唑醇 2000 倍液、25%乙霉威可湿性粉剂 1000 倍液、1∶2∶200 波尔多液、50%多菌灵可湿性粉剂 500～800 倍液、70%代森锰锌可湿性粉剂 500～600 倍液等。

【知识加油站】

病原物有性态为纳雪黑星菌（*Venturia nashicola* Tanak et Yamamoto），子囊菌亚门黑星菌属；无性阶段为梨黑星孢（*Fusicladium* sp.），半知菌亚门黑星孢属。病原菌以分生孢子或菌丝体在腋芽的鳞片内越冬，也能以菌丝体在枝梢病部越冬，或以分生孢子、菌丝体及未成熟的子囊壳在落叶上越冬。翌春形成子囊壳，产生子囊孢子成为初侵染源。越冬孢子经风雨传播，直接侵入生长季节形成分生孢子不断再侵染。梨树不同品种对黑星病的抗性差异明显。春雨早且持续时间长、夏季雨量多、日照不足、空气湿度高等气象因素极有利于病害流行。

三、梨炭疽病

（一）识别与诊断

梨炭疽病是由半知菌亚门胶孢炭疽菌侵染引起的真菌病害，主要危害近成熟期和贮藏期果实。病斑圆形，褐色，软腐，明显下陷，中央长出大量轮纹状排列隆起的黑色小粒点，即病菌分生孢子盘。潮湿时从中溢出绯红色黏液——分生孢子团。后期全果腐烂，有的失水缩成僵果，常成为翌年的初侵染源。它也可危害叶片。

（二）防治技术

（1）加强栽培管理，增强树势

（2）彻底清除菌源

去除病僵果、病果台、枯枝、病虫枝等。发芽前全园喷洒铲除剂。

（3）药剂防治

落花后喷 1 次药，以后隔半月 1 次，连续 3～4 次（可结合其他病害防治进行）。有效药剂有：咪鲜胺锰盐、氟硅唑、嘧菌酯等，咪鲜胺锰盐和嘧菌酯混合使用具有一定的增效作用。

【知识加油站】

病原物为胶孢炭疽菌［*Colletotrichum gloeosporioides*（Penz.）］，为半知菌亚门炭疽菌属，以菌丝体在病组织内越冬。翌年产生分生孢子借雨水、昆虫传播，一年内条件适宜时可不断产生分生孢子进行再侵染，一直延续到晚秋。病菌具有潜伏侵染特性。该病的发生、流行与气候、栽培条件、树势及品种有关。高温、高湿，特别是雨后高温利于病害的流行，所以降雨多而早的地区和年份发病重。树势弱、枝叶茂密、偏施氮肥、排水不良、结果过多，使得炭疽病发生严重。一般 7～8 月为盛发期，贮藏期若遇高温、高湿，易发病而造成果实腐烂。

四、梨黑斑病

（一）识别与诊断

梨黑斑病是由半知菌亚门的菊池链格孢侵染引起的真菌病害，主要危害果实、叶和新梢。叶部受害，幼叶先发病，表现为黑褐色圆形斑点，后逐渐扩大，形成近圆形或不规则形，中心灰白，边缘黑褐色，有时微现轮纹。潮湿时病斑表面密生黑霉（分生孢子梗和分生孢子）。病叶即焦枯、畸形，早期脱落。果实受害，形成浅褐至灰褐色圆形病斑，略凹陷。发病后期病果畸形、龟裂，裂缝可深达果心，果面和裂缝内产生黑霉，并常引起落果。新梢发病，病斑圆形或椭圆形淡褐色或黑褐色、略凹陷、易

折断。

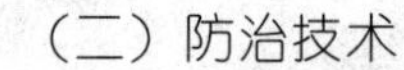

（二）防治技术

（1）做好清园工作，减少越冬菌源

萌芽前剪除病枯枝，清除园内的落叶落果，并集中烧毁，减少初侵染源。

（2）加强果园管理

合理施肥，增强树势，提高抗病能力。低洼果园雨季及时排水。重病树要重剪，以增进通风透光。选栽抗病力强的品种。

（3）药剂防治

发芽前喷 3 波美度石硫合剂与 0.3%五氯酚钠的混合药液，铲除树上越冬病菌。落花后至梅雨季节结束前，果园需喷药保护，一般从 5 月上中旬开始第一次喷药，10d 左右 1 次，连喷 4～6 次。有效药剂有 50%异菌脲（扑海因）可湿性粉剂 1500 倍液、10%多抗霉素 1200 倍液和 70%代森锰锌 600～800 倍液等。异菌脲和多氧霉素应与其他药剂交替使用。

【知识加油站】

病原物为链格孢［*Alternaria alternata*（Fr.）Keissl.］，半知菌亚门链格孢属。病菌以分生孢子和菌丝体在被害枝梢、病叶、病果和落于地面的病残体上越冬。第二年春季产生分生孢子后借风雨传播，从气孔、皮孔和直接侵入寄主组织引起初侵染。初侵染发病后病菌可在田间引起再侵染。一般 4 月下旬开始发病，嫩叶极易受害。6～7 月如遇多雨，更易流行。地势低洼、偏施化肥或肥料不足，修剪不合理，树势衰弱以及梨网蝽、蚜虫猖獗危害等不利因素均可加重该病的流行危害。

第三节　桃树病害

一、桃细菌性穿孔病

（一）识别与诊断

桃细菌性穿孔病是由黄单胞杆菌属甘蓝黑腐黄单胞菌桃穿孔致病型侵染引起的细菌病害。枝干：枝梢上逐渐出现以皮孔为中心的褐色至紫褐色圆形稍凹陷病斑。感病严重植株的 1～2 年生枝梢在冬季至萌芽前枯死。叶片：在叶片上出现水渍状小点，逐渐扩大成紫褐色至黑褐色病斑，周围呈水渍状黄绿晕环，随后病斑干枯脱落形成穿孔。果实：果面出现暗紫色圆形中央微凹陷病斑，空气湿度大时病斑上有黄白色黏质，干燥时病斑发生裂纹。

（二）防治技术

（1）加强桃园管理

增强树势，桃园注意排水，增施有机肥，避免偏施氮肥，合理修剪，使桃园通风透光，以增强树势，提高树体抗病力。

（2）清除越冬菌源

结合冬季修剪，剪除病枝，清除落叶，集中烧毁。

（3）喷药保护

发芽前喷5波美度石硫合剂，或1∶1∶100倍式波尔多液铲除越冬菌源。发芽后喷72%农用硫酸链霉素可湿性粉剂3000倍液。幼果期喷代森锌600倍液，或农用硫酸链霉素4000倍液或硫酸锌石灰液（硫酸锌0.5kg、消石灰2kg、水120kg）。6月末至7月初喷第1遍，半个月至20d喷1次，喷2～3次。

【知识加油站】

病原物为甘蓝黑腐黄单胞菌桃穿孔致病型［*Xanthomonas campestris* pv. *Pruni*（Smith）Dye］，属黄单胞杆菌属。病原主要在枝梢的溃疡斑内越冬，第2年春随气温上升，从溃疡斑内滋出菌液，借风雨和昆虫传播，经叶片气孔和枝梢皮孔侵染，引起当年初次发病。该病的发生与气候、树势、管理水平及品种有关。温度适宜，雨水频繁或多雾、重雾季节利于病菌繁殖和侵染，发病重。果园地势低洼，排水不良，通风、透光差，偏施氮肥发病重。早熟品种发病轻，晚熟品种发病重。

二、桃褐腐病

（一）识别与诊断

桃褐腐病是由子囊菌亚门果生链核盘菌侵染引起的真菌病害。受害花瓣和叶片菌产生水渍状斑点，病斑很快扩展至整个花器，叶片变褐枯死，残存在枝梢上。受害新梢形成圆形、中央稍凹陷开裂、灰褐色、边缘紫褐色的溃疡斑，病斑上常有胶液流出。果实自幼果至成熟后和贮藏期均能受害。被害后变褐色腐烂，继而产生灰褐色绒状霉丛（分生孢子梗和分生孢子）。霉丛常作同心轮纹状排列。病果易腐烂脱落，或干缩呈僵果，悬挂在树上成为次年初侵染源。

（二）防治技术

（1）消除菌源

摘除树上僵果，扫除地面病残体并集中烧毁。

（2）防病治虫

及时防治蛀果害虫，减少伤口和传病机会。

(3) 加强耕作栽培管理

加强果园管理，注重肥水管理，增强树势，提高抗病力。

(4) 加强贮存管理

桃果采收、贮运期尽量避免创伤，发现病果及时捡出。

(5) 药剂防治

萌芽前喷一次铲除剂，以减少侵染源；初花期和落花10d左右后各喷药1次，以后每隔10d再喷1次，直至采收前3～4周。药剂可选用石硫合剂、65%代森锌可湿性粉剂、50%多菌灵、70%甲基托布津和50%速克灵可湿性粉剂等。

【知识加油站】

病原物为果生链核盘菌（*Moniliunia fructicola*），属于子囊菌亚门。病菌主要以菌丝体在僵果和枝梢的溃疡斑上越冬。翌年春季产生大量分生孢子，经风雨或昆虫传播引起初侵染。发病后的叶片、花器和果实上又可产生分生孢子进行再侵染。桃树花期和幼果期低温多雨易导致花腐和幼果腐烂脱落。果实成熟期温暖多雨、多雾易诱发果腐。皮薄柔嫩汁多、味甜的品种比较感病。

三、桃缩叶病

(一) 识别与诊断

桃缩叶病是由子囊菌亚门畸形外囊菌侵染引起的真菌病害。桃缩叶病主要危害叶片，严重时也可以危害花、幼果和新梢。嫩叶刚伸出时就显现卷曲状，颜色发红。叶片逐渐开展，卷曲及皱缩的程度随之增加，致全叶呈波纹状凹凸，严重时叶片完全变形。病叶较肥大，叶片厚薄不均，质地松脆，呈淡黄色至红褐色；后期在病叶表面长出一层灰白色粉状物，即病菌的子囊层。病叶最后干枯脱落。受害的枝梢呈灰绿色或黄绿色，节间缩短，变粗，其上叶片丛生，严重时整个枝梢枯死。受害花瓣肥大变长，病果畸形，果面龟裂，常脱落。

(二) 防治技术

花芽露红时及时喷药保护，发病后及时摘除病叶可有效地控制桃缩叶病的发生。

(1) 药剂防治

在桃芽膨大露红时，喷洒1次较高浓度的药剂，铲除树上的越冬病菌，即可收到良好的防治效果。药剂可用3～5波美度石硫合剂、1～3波美度石硫合剂与45%晶体石硫合剂50～100倍的混合液和1∶1∶100波尔多液（在萌芽后不能使用，以免发生要害）。遇到特殊天气或发病严重的果园，可在展叶期再喷1次50%多菌灵可湿性粉剂500倍液。

(2) 加强果园管理

在病叶初见而未形成白色粉末状物之前，及时摘除病叶，集中烧毁，可减少越冬菌源。对因叶片焦枯、树势衰弱的发病重的桃树，应及时增施肥料，并加强培育管理，促进树势恢复，以免影响当年和第二年的产量。

【知识加油站】

病原物为畸形外囊菌［*Taphrina deformans* (Berk) Tul.］，属于子囊菌亚门。病菌以子囊孢子或芽孢子在桃芽鳞片外表或芽鳞间隙中越冬。到第二年春天，当桃芽展开时，孢子萌发侵害嫩叶或新梢。子囊孢子能直接产生侵染丝侵入寄主，芽孢子还有接合作用，接合后再产生侵染丝侵入寄主。桃缩叶病一年只有一次侵染。春季桃树萌芽期气温低，桃缩叶病常严重发生。一般气温在10℃～16℃时，桃树最易发病，而温度在21℃以上时，发病较少。另外，湿度高的地区，有利于病害的发生，早春低温多雨的年份或地区，桃缩叶病发生严重；如早春温暖干燥，则发病轻。从品种上看，以早熟桃发病较重，晚熟桃发病轻。

四、桃侵染性流胶病

(一) 识别与诊断

桃流胶病是由子囊菌亚门腔菌纲格孢腔菌目茶藨子葡萄座腔菌侵染引起的真菌病害。其主要危害枝、干，也可侵害果实。新枝染病，以皮孔为中心树皮隆起。出现直径1～4mm的疣，其上散生针头状小黑点，即病菌分生孢子器。在大枝及树干上，树皮表面龟裂，粗糙。后瘤皮开裂陆续溢出树脂，透明、柔软状，树脂与空气接触后，由黄白色变成褐色、红褐色至茶褐色硬胶块。病部易被腐生菌侵染，使皮层和木质部变褐腐朽，树势衰弱，叶片变黄，严重时全株枯死。果实发病，由果核内分泌黄色胶质，溢出果面，病部硬化，有时龟裂，严重影响桃果品质和产量。

(二) 防治技术

结合冬剪，清除被害枝梢。低洼积水地注意开沟排渍；增施有机肥及磷、钾肥，控制树体负载量。开花前刮去胶块，再用50%退菌特50g和5%硫悬浮剂250g混合涂抹。生长期喷洒50%多菌灵可湿性粉剂800倍液或50%混杀硫悬浮剂500倍液、50%苯菌灵可湿性粉剂1500倍液、70%甲基硫菌灵超微可湿性粉剂1000倍液。每次喷药隔15d，共喷3～4次。

【知识加油站】

病原物为子囊菌亚门腔菌纲格孢腔菌目茶藨子葡萄座腔菌

(*Botryosphaeria ribis* Tode Gross. et Dugg.)。无性阶段为半知菌亚门(*Dothiorella gregaria* Sacc.)，以菌丝体和分生孢子器在被害枝干部越冬，翌年3月下旬至4月中旬产生分生孢子，通过风雨传播，从皮孔、伤口侵入。一年中有两个发病高峰，分别在五六月间和八九月间。当气温15℃左右时，病部即可渗出胶液，随气温上升，树体流胶点增多。一般直立生长的枝干基部以上部位受害严重，侧生枝干向地表的一面重于向上的部位，枝干分杈处受害亦重；土质瘠薄，肥水不足，负载量大，均可诱发该病。黄桃系统较白桃系统感病。

第四节　葡萄病害

一、葡萄黑痘病

(一) 识别与诊断

葡萄黑痘病是由半知菌亚门葡萄痂圆孢侵染引起的真菌病害。幼果受害，先于果面出现褐色小圆斑，后渐扩大，后病斑中央呈灰白色，稍凹陷，上生黑色小粒点，似鸟眼状(图7-5)。新梢、卷须、叶柄和果柄受害，初呈褐色圆形或不规则形小斑点，后扩大为近椭圆形，灰黑色，边缘深褐色，中部显著凹陷并开裂。蔓上形成溃疡斑，溃疡斑有时向下深入直到形成层；病梢停止生长，以致枯萎变干变黑。嫩叶受害，初呈现针头大小的褐色或黑色小点；斑点很多时，使嫩叶皱缩以致枯死。

图7-5　葡萄黑痘病症状

(二) 防治技术

(1) 利用抗病品种

因地制宜选择栽种园艺性状好的抗病品种。

(2) 清除菌源

冬季进行修剪时，剪除病枝梢及残存的病果，刮除病、老树皮，彻底清除果园内的枯枝、落叶、烂果等。然后集中烧毁。再用铲除剂喷布树体及树干四周的土面。常用的铲除剂有：①3～5波美度石硫合剂；②80%五氯酚原粉稀释200～300倍水，加3波美度石硫合剂混合液；③10%硫酸亚铁加1%粗硫酸。喷药时期以葡萄芽鳞膨大，但尚未出现绿色组织时为好。过晚喷洒会发生药害，过早效果较差。

（3）加强栽培管理

除搞好田间卫生，尽量减少菌源外，应抓紧田间管理的各项措施，尤其是合理的肥水管理。葡萄园定植前及每年采收后，都要开沟施足优质的有机肥料，保持强壮的树势；追肥应使用含氮、磷、钾及微量元素的全肥，避免单独、过量施用氮肥，平地或水田改种的葡萄园，要搞好雨后排水，防止果园积水。行间除草、摘梢绑蔓等田间管理工作都要做得勤快及时，使园内有良好的通风透光状况，降低田间温度。这些措施都利于增强植株的抗性，而不利于病菌的侵染、生长和繁殖。

（4）药剂防治

在搞好清园越冬防治的基础上，在开花前后各喷1次1∶0.7∶240的波尔多液或500～600倍的百菌清液，对控制黑痘病有关键的作用。此后，每隔半月喷1次1∶1∶200的波尔多液，可有效地控制黑痘病的发展。喷药前如能仔细地摘除出现的病梢、病叶、病果等，则效果更佳。

【知识加油站】

病原物为半知菌亚门葡萄痂圆孢（*Sphaceloma ampelimun* De Bary）。病原菌以菌丝体在病枝梢溃疡斑内越冬，也能够在病果及病痕内越冬，来年5月产生分生孢子，借风雨传播，进行初次侵染。远距离传播主要是靠苗木和插条。春季葡萄萌芽后开始直至9月间均可发病。地势低洼，排水不良的果园往往发病较重。栽培管理不善，树势衰弱，肥料不足或配合不当等，都会导致病害发生。特别是对冬季果园卫生工作不重视，园内遗留大量的病残体，则为病菌越冬和第二年的传播创造了条件。

二、葡萄霜霉病

（一）识别与诊断

葡萄霜霉病是由鞭毛菌亚门葡萄生单轴霉侵染引起的真菌病害。该菌为专性寄生菌，只危害葡萄，主要危害叶片，其次是新梢、幼果和卷须。被害叶片初期产生不规则形、半透明状、淡黄色、边卷不明显的病斑，后期病斑变成黄褐色。病斑扩展受叶脉限制而成多角形，多个病斑可联合成不定形大斑。病叶常提前干枯脱落。潮湿时，病斑背面产生白色霜状霉层。新梢、卷梢和幼果受害时，产生水渍状斑点，病斑逐渐变为褐色，不规则形，稍凹陷，最后病果干缩脱落。潮湿时病部也产生白色霜状霉层。

（二）防治技术

（1）清除越冬菌源

冬季修剪病枝，扫除落叶，并集中烧毁。萌芽前结合黑痘病防治喷1次1～3波美度石硫合剂与45%晶体石硫合剂50～100倍的混合液，以减

少初侵染源。

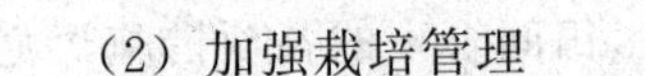

（2）加强栽培管理

合理修剪，及时摘心、绑蔓、抹副梢，保持田间通风透光，降低湿度，增施磷、钾肥或石灰，增强寄主抗病力。

（3）药剂防治

开花前结合防治黑痘病、喷施波尔多液等杀菌剂保护前期叶片，常用药剂有阿迷西达、甲霜灵锰锌、霜霉威、安克锰锌、1∶0.7∶（200～240）波尔多液和百菌清等。根据发病的实际情况确定喷药次数，一般隔7～10d喷1次。为避免病菌产生抗药性，上述药剂应交替使用。

（4）选用抗病品种

在病害易流行地区，应尽量选择种植抗病性强的品种。

【知识加油站】

病原物为葡萄生单轴霉［*Plasmopara viticola*（Berd. et Curt.）Berl. et de Toni］，鞭毛菌亚门单轴霉属。病菌主要以卵孢子在病残组织或土壤中越冬，在暖冬地区，附着在芽上和挂在树上的叶片内的菌丝体也能越冬。其卵孢子随腐烂叶片在土壤中能存活2年左右。翌年春天，卵孢子在小水滴中萌发，产生芽管，形成孢子囊，孢子囊萌发产生游动孢子，借风雨传播，由气孔、水孔侵入，经7～12d的潜育期，进行再侵染。空气高湿与土壤湿度大，利于霜霉病的发生。降雨是引起该病流行的主要因子。果园低温高湿，植株和枝叶过密，棚架过低，通风透光不良时，发病较重。

三、葡萄白腐病

（一）识别与诊断

葡萄白腐病是由半知菌亚门白腐垫壳孢侵染引起的真菌病害。其主要侵害果实和穗轴，也能侵害枝蔓及叶片。通常在枝梢上先发病，病斑均发生在伤口处，开始呈水浸状淡红褐色，边缘深褐色，后发展成长条形黑褐色，表面密生有灰白色小粒点。当病斑环切时，其上部叶片萎黄枯死。后期病枝皮层与木质部分离呈丝状纵裂；果穗受害，先在果梗和穗轴上形成浅褐色水浸状不规则形病斑，扩大使其下部的果穗部分干枯。发病果粒先在基部变成淡褐色软腐，逐渐发展至全粒变褐腐烂，果皮表面密生灰白色小粒点，以后干缩成有棱角的僵果，极易脱落；叶片受害多从叶尖、叶缘开始形成近圆形、淡褐色大斑，有不明显的同心轮纹，后期也产生灰白色小粒点，最后叶片干枯，很易破裂。

（二）防治技术

（1）清除越冬菌源

冬季结合修剪，彻底剪除病枝蔓和挂在枝蔓上的干病穗，刮除可能带菌的老树皮，扫净地面的枯枝落叶，集中烧毁或深埋，减少第二年的侵染源。

（2）加强栽培管理

提高结果部位，以减少病菌侵染的机会。增施磷、钾肥，不偏施氮肥，改良土壤结构。合理修剪，疏花疏果。这些措施均可增强树势，提高树体抗病力。

（3）药剂防治

①土壤消毒：对重病果园要在发病前用50％福美双粉剂、硫黄粉1份、碳酸钙1份三药混匀后撒在葡萄园地面上，每亩撒1～2kg，或200倍五氯酚钠、福美砷、退菌特，喷洒地面，可减轻发病。②生长期的喷药防治：开花前后以波尔多液、科博类保护剂为主，必须在发病前1周左右开始喷第一次药，以后每隔10～15d喷1次，多雨季节防治3～4次。所用药剂有50％苯菌灵可湿性粉剂1500倍液或70％甲基硫菌灵超微可湿性粉剂1000倍液、1∶0.5∶200倍式波尔多液、75％百菌清可湿性粉剂600～800倍液、40％多硫悬浮剂500倍液、50％退菌特600～800倍液、50％福美双800倍液、70％代森锰锌700倍液、64％杀毒矾700倍液、77％可杀得600～800倍也均有良好的防治效果。使用以上杀菌剂时可交替轮换使用，避免用单一药剂而产生抗药性。③套袋：在发病严重地区，接近地面的果穗可进行套袋。④无公害防治：将霉止按300～500倍液稀释，在发病前或发病初期喷雾，每5～7d喷药1次，喷药次数视病情而定。病情严重时，按霉止300倍液稀释，3d喷施一次。

【知识加油站】

病原物为白腐垫壳孢［*Coniella diplodiella*（Speq.）Petrak & Sydow］，半知菌亚门垫壳孢属。病菌主要以分生孢子器和（或）菌丝体随病残体遗留于地面和土壤中越冬。在僵果上的分生孢子器的基部，有一些密集的菌丝体（即子座），它对不良环境有很强的抵抗力。这些越冬的病菌组织于第二年春季环境条件适宜时，产生分生孢子器和分生孢子。分生孢子靠雨水溅散而传播，通过伤口侵入，引起初次侵染。以后又于病斑上产生分生孢子器及分生孢子，分生孢子散发后引起再侵染。高温、高湿是白腐病发生和流行的主要因素。

四、葡萄白粉病

（一）识别与诊断

葡萄白粉病是由子囊菌亚门葡萄钩丝壳菌侵染引起的真菌病害，主要危害绿色幼嫩组织。菌丝丛表生，叶面布满白色粉状物（分生孢子），叶片卷缩枯死。幼果先出现褐绿斑块，果面出现星芒状花纹，其上覆盖一层白粉状物，病果停止生长，有时变成畸形，果肉味酸，开始着色后果实在多雨时感病，病处裂开，后腐烂。

（二）防治技术

（1）清除菌源

冬季清园，减少病菌的侵染源；及时摘心、抹副梢、绑蔓，保持果园通风良好。

（2）喷药保护

萌芽前喷1次3～5波美度石硫合剂；发芽后至幼果期可结合葡萄黑痘病防治进行。可选药剂有三唑酮等三唑类杀菌剂。

【知识加油站】

病原物为子囊菌亚门葡萄钩丝壳菌（*Uncinula necator*）。病原菌以菌丝体在受害组织或芽鳞内越冬，第二年春产生分生孢子，借风雨传播，萌发后直接穿透角质层侵入寄主。干旱或闷热多云的天气最有利于发病。降雨可抑制病害发展。栽植过密、氮肥过多、蔓叶徒长、通风透光不良等有利于病害发生。

五、葡萄扇叶病

（一）识别与诊断

葡萄扇叶病是由葡萄扇叶病毒侵染引起的一种病毒病害。病株叶片略成扇状，叶脉发育不正常，主脉不明显，由叶片基部伸出数条主脉，叶缘多齿，常有褪绿斑或条纹，其中黄花叶株系叶片黄化，叶面散生褪绿斑，严重时使整叶变黄。脉带株系病叶沿叶脉变黄。叶略畸形。枝蔓受害，病株分枝不正常，枝条节间短，常发生双节或扁枝症状，病株矮化。果实受害，果穗分枝少，结果少，果实大小不一，落果严重。病株枝蔓木质化部分横切面，呈放射状横隔。

（二）防治技术

（1）土壤管理

选择土壤内没有传毒线虫的地块建园，栽树前用杀线虫剂杀灭土壤线虫。

(2) 利用无毒苗

现阶段通过生物工程技术，可以用组培法培养无毒苗，栽种不带毒的良种苗。

(3) 清除菌源

葡萄园有病株，病株率不高时可以及时刨除发病株并对病株根际土壤使用杀线虫剂杀死传毒线虫。

(4) 治虫防病

及时防治各种害虫，尤其是可能传毒的昆虫，如叶蝉、蚜虫等，减少传播机会。

【知识加油站】

葡萄扇叶病毒属线虫传多角体病毒组，机械传染，病毒颗粒同轴，直径 30nm，具角状外貌。在同一葡萄园内或邻近葡萄园之间的病毒传播，主要以线虫为媒介。有两种剑线虫可传毒，即标准剑线虫和意大利剑线虫，尤以标准剑线虫为主，这种线虫的自然寄主较少，只有无花果、桑树和月季花，而这些寄主对扇叶病毒都是免疫的，不表现症状，扇叶端正毒存留于自生自长的植物体和活的残根上，这些病毒，构成重要的侵染源。长距离的传播，主要是通过感染插条、砧木的转运所造成的。

第五节　其他果树病害

一、果树根癌病

(一) 识别与诊断

果树根癌病是由根癌土壤杆菌侵染引起的细菌性病害。此病主要在根颈部位发生，侧根和支根上也能发生，发病初期在被侵染处发生黄白色小瘤，瘤体逐渐增大，并逐渐变黄褐色至暗褐色，近圆形或不定形。其形状、大小、质地和树木因寄主不同而异。一般木本寄主的瘤大而硬，木质化，草本植物小而软，肉质。瘤的大小差异很大，小如豆粒，大如拳头，大树根瘤直径可达 10～15cm。癌瘤后期木质化而坚硬，表皮粗糙。病树根系发育不良，地上部生长受阻，所以多数病株衰弱，但一般不死亡。

(二) 防治技术

选用抗病砧木；培育无病苗木；改进嫁接方法，避免伤口接触土壤，减少染病机会。

防

【知识加油站】

病原物为根癌土壤杆菌（*Agrobaterium tumefaciens*），细菌，土壤杆菌属。根癌病菌在癌瘤组织的皮层内或土壤中越冬越夏。雨水和灌溉水是田间传病的主要媒介。苗木带菌是远距离传播的主要途径。土壤结构和酸碱度对发病有一定影响，一般偏碱性的疏松土壤有利于发病，酸性土壤不利于发病。

二、柑橘黄龙病

（一）识别与诊断

柑橘黄龙病是由亚洲韧皮杆菌侵染引起的细菌性病害。全年都能发生，春、夏、秋梢均可出现症状。新梢叶片有三种类型的黄化，即均匀黄化、斑驳黄化和缺素状黄化。幼年树和初期结果树春梢发病，新梢叶片转绿后开始褪绿，使全株新叶均匀黄化，夏、秋梢发病则是新梢叶片在转绿过程出现淡黄无光泽，逐渐均匀黄化。投产的成年树，常在整片柑园中，出现个别或部分植株树冠上少数枝条的新梢叶片黄化，农民称“鸡头黄”或“插金花”。次年黄化枝扩大至全株，使树体衰退。在病株中有的新叶从叶片基部、叶脉附近或边缘开始褪绿黄化，并逐渐扩大成黄绿相间的斑驳状黄化，与均匀黄化可同时出现。斑驳黄化也可转变为均匀黄化。这些黄化枝上再发的新梢，或剪截了黄化枝后抽出的新梢，枝短、叶小变硬，表现缺锌、缺锰状的花叶。果实小或畸形，着色不匀，橘类常表现“红肩”果，橙类表现果皮青绿无光泽的“青果”。

（二）防治技术

（1）实施检疫

杜绝病苗、病穗传入无病区和新种植区。

（2）建立无病苗圃，培育无病苗木

① 苗圃地应选择在无病区或隔离条件好的地方，或用塑料网棚封闭式育苗。② 建立柑橘无病毒繁育体系。凡经选出的良种株系，必须通过指示植物或聚合酶链式反应（PCR）检测。通过茎尖嫁接脱毒技术获取茎尖苗木，按无病毒规程操作繁育无病苗木。③“体系”未建立时，砧木种子应采自无病树的果实，种子用 50℃～52℃热水浸泡 5min，预热后再浸泡在 55℃～56℃的热水中，恒温达 50min。接穗应采自经鉴定的无病母树，并用 1000 倍盐酸四环素液浸泡 2h，后即用清水冲洗干净嫁接。④ 加强苗圃的管理制度。

（3）建立无病新果园

科学规划果园，种植无病苗，铲除零星病株，施药灭虫。

(4) 改造病果园

加强病果园的综合治理，防止和延缓病害蔓延扩散，逐渐把病果园改造成无病果园。

【知识加油站】

病原物为亚洲韧皮杆菌（*Liberobacter asianticum* Jagoueix），细菌，韧皮杆菌属。初侵染源主要是田间病株、带病苗木和带菌飞虱。远距离传播主要通过带菌苗木的调运。田间发病程度与田间病原存在和传病昆虫柑橘木虱的发生密度有很大关系。田间病树多，柑橘木虱又大发生时，黄龙病亦大发生。

三、枣疯病

(一) 识别与诊断

枣疯病是由类菌原体（简称 MLO，其介于病毒和细菌之间的多形态质粒）经叶蝉传毒的病害，是我国枣树的严重病害之一。花变成叶，花器退化，花柄延长，萼片、花瓣、雄蕊均变成小叶，雌蕊转化为小枝。一年生发育枝的主芽和多年生发育枝上的隐芽，均又萌发成发育枝，其上的芽又萌发成小枝，如此逐级生枝，病枝纤细，节间缩短，呈丛状，叶片小而萎黄。主根不定芽往往大量萌发，长出短疯枝。

(二) 防治技术

(1) 实施检疫

防止病害传入无病区和新区。

(2) 清除病株

(3) 防治出病叶蝉

(4) 利用无病苗木

培育无病苗木，选用抗病的酸枣而和具有枣仁的抗病大枣等作砧木。

(5) 药剂防治

接穗可用盐酸四环素浸泡 0.5～1.0h。轻病树用四环素注射，有一定的疗效，但易复发，未能实际应用。

【知识加油站】

病枣树是枣疯病的主要侵染源，远距离传播通过苗木的调运。田间主要通过凹缘菱纹叶蝉、橙带拟菱纹叶蝉和红闪小叶蝉传播，病害潜育期在 25d 至 1 年以上。土壤干旱瘠薄及管理粗放树势衰弱的枣园发病严重。金丝小枣最易感病，藤县红枣较抗病，有些醋栗枣则免疫。

四、柿角斑病

（一）识别与诊断

柿角斑病是由半知菌亚门柿尾孢侵染引起的真菌病害。其主要危害叶片，也可危害柿蒂。叶片发病，初在叶片正面产生黄绿色病斑，斑内叶脉变黑，病斑形状不规则，边缘模糊。随着病斑的不断扩展，颜色不断加深，最后形成中部浅褐色，边缘黑色的多角形病斑。在适宜条件下，病斑表面密生黑色绒球状小粒点（分生孢子座）。病叶背面颜色较浅，开始为淡黄色，后为褐色或黑褐色，黑色边缘不甚明显，小黑点稀疏。柿蒂上的病斑多发生在四角上，浅褐色至深褐色，有时有黑色边缘，形状不规则，两面均可产生黑色绒球状小粒点，背面较多。

（二）防治技术

此病的发生主要决定于树上病蒂的多少和六七月份的降雨，所以在防治上应采取以彻底摘除树上病蒂为主，适时进行化学防治为辅的综合防病措施。

（1）清除初侵染源

秋后彻底清除挂在树上的病蒂及落地病蒂、病叶，集中销毁，可大大减少初侵染源，控制病害发生。

（2）加强栽培管理

加强肥水管理，改良土壤，促进树势健壮，提高抗病能力；合理修剪，适时排灌，降低田间湿度，创造不利病菌繁殖生息的场所；柿树园内及其附近，避免栽植黑枣树，减少病菌传播侵染。

（3）药剂防治

落花后 15d 左右开始喷药，每隔 10～15d 喷 1 次，一般年份喷 1～2 次，多雨年份喷 2～3 次。有效药剂有 1∶5∶600 波尔多液、70%代森锰锌和 50%菌核净等。

【知识加油站】

病原物为柿尾孢（*Cercospora kaki* Ell. et Ev.），属于半知菌亚门。病菌主要以菌丝体在柿蒂和落叶病斑中越冬，而结果大树则以挂在树上的病蒂为主要初侵染源。病蒂可在柿树上残存 2～3 年，翌年 6～7 月通过风雨传播，从气孔侵入。该菌分生孢子的传播、萌发和侵入均需高温和降雨，所以 5～8 月降雨早、雨量大，发病严重。同时环境潮湿也有利于该病发生，树上病蒂多和靠近黑枣树的柿树发病严重。

思考题

1. 如何控制贮运和销售过程中的苹果和梨轮纹病？

2. 请谈谈果树病害治理的难度及其对策。

3. 如何预防葡萄果实贮运过程中的病理性腐烂？

4. 长江中游地区的某葡萄园近年引进种植多种品种后，霜霉病、黑痘病和炭疽病发生严重。试分析原因，并为该园制定全年病害综合治理计划。

5. 试分析生产和推广无病毒病和其他威胁性病害果树苗木的必要性和可行性。

6. 柑橘黄龙病的发病特点有哪些？具体防治措施有哪些？

7. 为什么冬季和早春的清园在大多数果树病害的综合治理中尤为重要？

8. 根据梨锈病的病害循环特点，设计控制梨锈病的主要措施。

配好涂白剂 树木好越冬

给树木根部涂白，不仅美化园林，便于管理，更重要的是防止和消灭病虫害，预防日灼和冻伤，促进树木健康生长。因此，树干涂白剂的配制十分重要。下面介绍果用、材用两种树干涂白剂的配制方法。

1. 果树涂白剂的配制（任用一种）

（1）将生石灰、硫酸铜、水按10∶0.5∶25的比例进行配制。先用适量热水将硫酸铜溶解，然后加水稀释；再将生石灰加水化开，调成乳状，去掉石块，随后将稀释硫酸铜倒入石灰乳中，充分搅拌即可使用。

（2）将生石灰、硫黄粉、动物油、食盐、热水按8∶1∶0.1∶1∶18的比例进行配制。先用9份热水将生石灰、食盐化开，然后混合均匀，再加入硫黄粉、动物油以及余下的热水，搅拌即成。

（3）将生石灰、植物油、食盐、硫黄粉、绿豆面、水按7.5∶0.1∶1.25∶0.75∶1.05∶18的比例进行配制。先将生石灰、食盐分别用少量热水化开后，混合搅拌，再加入硫黄和植物油、绿豆面及余下热水搅拌均匀即可。

2. 用材树涂白剂的配制（任用一种）

（1）将生石灰、食盐、大豆浆、豆油、水按6∶1.25∶0.15∶0.25∶18的比例进行配制。先将生石灰、食盐用少量水化开，然后混合搅拌，兑水，再加入豆油、豆浆，搅匀后即可使用。

（2）将生石灰、硫黄、食盐、猪油、水按15∶1∶2.5∶0.005∶36的比例进行配制。分别将它们用水化开，然后混合、拌匀即可。

（3）将生石灰、硫黄粉、食盐、水按5∶0.5∶0.2∶20的比例进行配制。将它们用水分别化开，然后混合、拌匀即可。

3. 注意事项

（1）应使用瓦缸、木桶或塑料桶等容器，切忌用金属容器，以防发生反应，降低效果。

（2）翘、裂、厚的老树皮，最好先将老树皮刮掉，并将其集中到一起进行焚烧，以消灭病虫源，然后再涂白，这样效果更好。

（3）涂白剂要随用随配，使用时将溶液搅得稀稠均匀，以涂在树干上不向下流又不粘成疙瘩，能薄薄地粘上一层为宜。

（4）涂白最好在树落叶至次年出叶前进行。

下篇　园林植物病害防治

第一章　园林植物叶、花、果病害

【学习要求】

通过学习，掌握园林植物叶、花、果主要炭疽病类、叶斑病类、锈病类、白粉病类、灰霉病类、变色类、煤污病类、叶畸形类的病害症状及发生分布特点，制定综合防治方案。

【技能要求】

能正确识别和诊断当地园林植物叶、花、果病害种类；能根据发生发展规律和不同发生程度，制订科学、合理的综合防治方案；能规范地组织综合防治方案的实施，达到经济、安全、有效的目标。

【学习重点】

掌握园林叶花果病害的症状与病原及发病规律、防治措施。

【学习方法】

理论联系实际，学会综合分析园林叶花果病害的发生发展及防治。

第一节　园林植物叶、花、果病害概况

园林植物叶、花、果病害种类繁多，占了病害总数的60％以上，超过茎部和根部病害的总和。非侵染性因素和侵染性病原（寄生性种子植物除外）都能引起园林植物的叶、花、果病害。园林植物叶花果病害的症状的主要类型有灰霉病、白粉病、锈病、叶斑病、炭疽病、叶畸形、煤污病、变色等。

园林叶花果病害侵染循环的主要特点：病落叶是初侵染的主要来源；一般情况下，叶部病害在整个生长季节都有多次再侵染，叶、花、果病害的潜育期一般较短。病原物主要通过被动传播方式到达新的侵染点，多数叶部病害的病原物是通过气流传播的，人类活动在叶部病害传播中起着重

要作用。叶部病害病原物的侵入途径主要有直接侵入、自然孔口侵入和伤口侵入几种。

第二节　园林植物叶、花、果病害及防治

一、灰霉病类

灰霉病是草本观赏植物上最常见的真菌病害，灰霉病在我国是一种危害性很大的病害。塑料大棚、温室、小拱棚等保护设施栽培的蔬菜和鲜花常发生灰霉病的流行，严重时减产达20%甚至30%以上。灰霉病的症状比较复杂，有疫病、叶斑病、溃疡病、鳞茎及种子等器官的腐烂病、幼苗猝倒病等，症状很明显，在潮湿条件下灰色霉层显著，主要病原是葡萄孢霉。由于病原多，寄主广泛，因此防治困难。

（一）识别与诊断

该病危害花、果实、叶片及茎。果实染病青果受害重，残留的柱头或花瓣先被侵染，后向果面或果柄扩展，致果皮呈灰白色软腐，病部长出大量灰绿色霉层；叶片多始自叶尖，病斑呈V字形向内扩展，初水浸状、浅褐色、边缘不规则、具深浅相间轮纹，后干枯表面生有灰霉致叶片枯死。

（二）防治技术

（1）生态防治

加强通风和变温管理，发病初期适当节制浇水。浇水后防止结露。及时摘除病果、叶、枝，集中烧毁或深埋，严防人为传播。

（2）化学防治

病始发期，施用特克多烟剂，每100m^3用量50g（1片）；或10%速克灵烟剂、45%百菌清烟剂。每亩次250g熏一夜，隔7～8d 1次。发病初期喷洒50%速克灵（腐霉利）可湿性粉剂2000倍液、45%特克多（醚菌灵）悬浮剂3000倍液、50%扑海因（异菌腮）可湿性粉剂1500倍液、60%防霉宝（多菌灵盐酸盐）超微粉600倍液，每次喷洒隔7～10d，共3～4次。

【知识加油站】

灰霉病主要病原为灰葡萄孢（*Botrytis cinerea* Pers.），属半知菌亚门真菌。发育适温20℃～23℃，对湿度要求很高，一般12月至翌年5月，气温20℃左右，相对湿度持续90%以上的多湿状态易发病。病原物以菌核在土壤中或以菌丝及分生孢子在病残体上越冬或越夏。适宜条件时产生分生孢子，借气流、雨水或露珠及农事操作进行传播。通过多次再侵染扩大

危害，花期是侵染高峰期，植物受冻多湿状态易发病。

二、白粉病类

除了针叶树外，许多观赏植物都有白粉病，球茎、鳞茎以及角质层、蜡质层厚的植物未见白粉病报道。其共同症状为病部初期形成白粉近圆形斑，扩展后病斑可连接成片。一般来说，秋季时白粉层上出现许多由白而黄、最后变为黑色的小点粒，少数晚夏即可形成闭囊壳。

(一) 识别与诊断

白粉病在植株的叶片、嫩梢和花朵均可发生，嫩叶比老叶易感病。发病初期，叶片上出现白色小粉斑，以后迅速扩展，病斑轮廓不整齐，大小不等，严重的连成一片，并在嫩梢和叶片上覆盖白色粉层，此即病原的分生孢子和分生孢子梗。

(二) 防治技术

(1) 清除菌源

消灭越冬病菌，秋冬季节结合修剪，剪除病弱枝，并清除枯枝落叶等集中烧毁，减少初侵染来源。

(2) 药剂防治

休眠期喷洒波美2～3波美度石硫合剂，消灭病芽中的越冬菌丝或病部的闭囊壳。

(3) 加强栽培管理，改善环境条件

栽植密度、盆花摆放密度不要过密；温室栽培注意通风透光。增施磷、钾肥，氮肥要适量。灌水方式最好采用滴灌和喷灌。生长季节发现少量病叶、病梢时，及时摘除烧毁，防止扩大侵染。

(4) 化学防治

发病初期喷施15%粉锈宁可湿性粉剂1500～2000倍液、25%敌力脱乳油2500～5000倍液、40%福星乳油8000～10000倍液、45%特克多悬浮液300～800倍液。温室内可用10%粉锈宁烟雾剂熏蒸。

(5) 生物制剂

近年来生物农药发展较快，BO－10（150～200倍液）、抗霉菌素120对白粉病也有良好的防效。

(6) 种植抗病品种

选用抗病品种是防治白粉病的重要措施之一。

【知识加油站】

白粉病是由子囊菌亚门白粉菌科侵染引起的。无性世代为粉孢属的白粉菌。病菌以菌丝体或闭囊壳在病株内或其病残体上越冬，第二年春天气

温适宜时产生孢子或子囊孢子经气流传播，从表皮直接侵入完成初侵以后，初侵病斑上产生的分生孢子再完成多次再侵使其扩散，生长后期病斑上形成闭囊壳。病菌孢子的萌发对湿度要求不高，干旱条件下发病最严重。生长过旺，栽种过密，通风不良病害常严重。

三、锈病类

锈病是由真菌中的锈菌寄生引起的一类植物病害，主要危害植物的叶、茎和果实。锈菌一般只引起局部侵染，受害部位可因孢子积集而产生不同颜色的小疱点或疱状、杯状、毛状物，有的还可在枝干上引起肿瘤、粗皮、丛枝、曲枝等症状，或造成落叶、焦梢、生长不良等。严重时孢子堆密集成片，植株因体内水分大量蒸发而迅速枯死。锈病是园林植物常见病，全国花木有80余种锈病，有些转主寄生，虽不能致植物死亡，但常常造成早落叶、果实畸形、削弱生长势、降低产量及观赏性。

（一）识别与诊断

锈病是一类特征明显的病害，锈病因多数孢子能形成红褐色或黄褐色、颜色深浅不同的铁锈状孢子堆而得名。锈菌大多数侵害叶和茎，有些也危害花和果实，产生大量的锈色、橙色、黄色，甚至白色的斑点，以后出现表皮破裂露出铁锈色孢子堆，有的锈病还引起肿瘤。

（二）防治技术

（1）农业措施

在园林设计及定植时，避免海棠、苹果等与桧柏混栽。加强栽培管理，提高抗病性。

（2）清除菌源

结合园圃清理及修剪，及时将病枝芽、病叶等集中烧毁，以减少病原。

（3）药剂防治

发病前喷洒1%波尔多液保护。发病期间交替喷洒25%粉锈宁1500～2000倍液，50%硫黄悬浮剂200～300倍液或20%嗪氨灵800～1200倍液。

【知识加油站】

园林植物锈病中常见的病原菌有柄锈属、单胞锈属、多胞锈属、胶锈属、柱锈属等。锈菌都属于专性寄生菌，寄主转化性强，生活史复杂，转主寄生，单主寄生，可产生1～5种孢子。多数以菌丝体在寄主上越冬或以冬孢子在病残体上越冬成为第二年的初侵源，或夏孢子通过气流远距离完成初侵。一般四五月间温暖多雨年份，发病重。发病后干旱，浇水不及时受害，损失重。

四、叶斑病类

叶斑病又可分为黑斑病、褐斑病、圆斑病、角斑病、斑枯病、轮斑病等种类。危害特点为叶斑病严重影响叶片的光合作用效果，并导致叶片的提早脱落，影响植物的生长和观赏效果。

（一）识别与诊断

感病叶片初期生红紫至红褐色小点，逐渐扩展成近圆形、角形以及受叶脉限制成多角形或不规则形病斑，直径 1～5mm；后期病斑黑褐色，中央有时灰白色，边缘不甚明显，有些品种病斑穿孔状。病斑在叶片正面色深而背面色浅，叶缘的病斑常可相互连接成大斑块，潮湿环境多在叶表面生灰黑色小霉点，此即为病菌的分生孢子梗和分生孢子。

（二）防治技术

（1）农业措施

加强养护管理，增强植株的抗病能力；选用无病植株栽培；合理施肥与轮作，种植密度要适宜，以利通风透光，降低湿度；注意浇水方式，避免喷灌；盆土要及时更新或消毒。

（2）清除菌源

消灭初侵染来源，彻底清除病残落叶及病死植株并集中烧毁。休眠期喷施 3～5 波美度石硫合剂。

（3）药剂防治

在发病初期及时喷施杀菌剂，如 47%加瑞农可湿性粉剂 600～800 倍液、40%福星乳油 8000～10000 倍液、10%世高水分散粒剂 6000～8000 倍液、10%多抗霉素可湿性粉剂 1000～2000 倍液、6%乐比耕可湿性粉剂 1500～2000 倍液。

（4）选育或使用抗病品种

【知识加油站】

病菌以菌丝或分生孢子盘在病组织或落叶上越冬。每年 3 月上旬分生孢子成熟，随风雨溅散、漂移传播，从伤口侵入。病菌大多危害植株下部叶片。缺肥、缺水、叶片失绿时，最易感病。

五、炭疽病类

炭疽病是园林植物中最常见的一大类病害，该病害有潜伏侵染，给国家造成经济损失，其症状的子实体往往呈轮状排列，在潮湿条件下病斑上有粉红色的黏孢子团出现，严重影响观赏性。

（一）识别与诊断

叶片发病初期出现针头状大小的斑点，周围有黄色晕圈带。病菌多从叶尖或叶缘侵入，病斑扩大后可形成圆形、椭圆形或不规则形的斑块。病斑呈深褐色至灰白色，有轮状斑纹，边缘黑褐色，稍隆起，病部中央散生或轮生褐黑色小点，潮湿的天气出现粉红色胶状物，此即为病菌的分生孢子盘和分生孢子，最后病叶黄化脱落。炭疽病有潜伏侵染的特点。

（二）防治技术

（1）清除侵染源

冬季彻底清除病株残体并集中烧毁；发病初期及时摘除病叶，剪除枯枝（应从病斑下 5cm 的健康组织处剪除），挖除严重感病植株。

（2）加强栽培管理

控制栽植密度或盆花摆放密度，及时修剪，以利于通风透光，降低温度；改进灌水方式，以滴灌取代喷灌。

（3）选用抗病品种和健壮苗木

多施磷、钾肥，适当控制氮肥，提高寄主的抗病力。

（4）药剂防治

当新叶展开、新梢抽出后，喷洒 1%的等量式波尔多液；发病初期喷施 65%代森锌可湿性粉剂 500 倍液，每次喷药隔 7～10d，连续喷3～4次，在温室内可以使用 45%百菌清烟剂，每 667m^2用药 250g。

【知识加油站】

炭疽病是由半知菌亚门炭疽菌属侵染引起的真菌病害。病菌以菌丝或分生孢子盘在病组织或落叶上越冬。每年 3 月上旬分生孢子成熟，随风雨溅散、漂移传播，从伤口侵入。病菌大多危害植株下部叶片。缺肥、缺水、叶片失绿时，最易感病。

六、叶畸形病类

叶畸形病主要是由子囊菌亚门的外子囊菌和担子菌亚门的外担子菌引起的真菌病害。

（一）识别与诊断

寄主受病菌侵害后组织增生，使叶片肿大、皱缩，加厚，果实肿大、中空成囊状，引起落叶、落果，严重的引起枝条枯死，影响观赏效果。

（二）防治技术

（1）清除侵染源

生长季节发现病叶、病梢和病花，要在灰白色子实层产生以前摘除并烧毁，防止病害进一步传播蔓延。

（2）加强栽培管理，提高植株抗病力

种植密度或花盆摆放不宜过密，使植株间有良好的通风透光条件。

（3）药剂防治

在重病区，休眠期喷洒3～5波美度石硫合剂；新叶刚展开后，喷洒0.5波美度石硫合剂，或65％代森锌可湿性粉剂400～600倍液，或半量式的波尔多液，或0.2％～0.5％的硫酸铜液。

【知识加油站】

病菌以菌丝体在病组织中越冬或越夏，借风雨传播，带菌苗木成远距离传播重要来源。

七、煤污病类

煤污病又称煤烟病，在花木上发生普遍，影响光合、降低观赏价值和经济价值，甚至引起死亡。由于煤污病菌种类很多，同一植物上可染上多种病菌，其症状上也略有差异。呈黑色霉层或黑色煤粉层是该病的重要特征。可以危害紫薇、牡丹、柑橘以及山茶、米兰、桂花、菊花等多种花卉。

（一）识别与诊断

在叶面和枝梢上出现黑色小霉斑，渐渐扩大连成片，霉层布满叶面及枝梢，有的呈黑色片状翘起，可剥离。

（二）防治技术

（1）加强栽培管理

植株种植不要过密，适当修剪，温室要通风透光良好，以降低湿度，切忌环境湿闷。

（2）药剂防治

① 植物休眠期喷3～5波美度石硫合剂，消灭越冬病原。② 该病发生与分泌蜜露的昆虫关系密切，喷药防治蚜虫、介壳虫等是减少发病的主要措施。适期喷用40％氧化乐果1000倍液或80％敌敌畏1500倍液。防治介壳虫还可用10～20倍松脂合剂、石油乳剂等。在喷洒杀虫剂时加入紫药水10000倍液防效较好。③ 对于寄生菌引起的煤污病，可喷用代森铵500～800倍，灭菌丹400倍液。

【知识加油站】

煤污病病菌以菌丝体、分生孢子、子囊孢子在病部及病落叶上越冬，翌年孢子由风雨、昆虫等传播。寄生到蚜虫、介壳虫等昆虫的分泌物及排泄物上或植物自身分泌物上或寄生在寄主上发育。高温多湿、通风不良、

蚜虫、介壳虫等分泌蜜露害虫发生多，均加重发病。

思考题

1. 园林植物叶、花、果病害类型有哪些？
2. 试述白粉病类病害的特点与防治措施。
3. 试述锈病类病害的特点与防治措施。

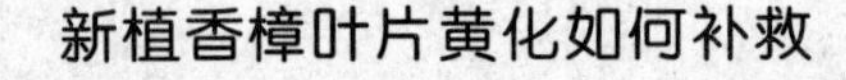

新植香樟叶片黄化如何补救

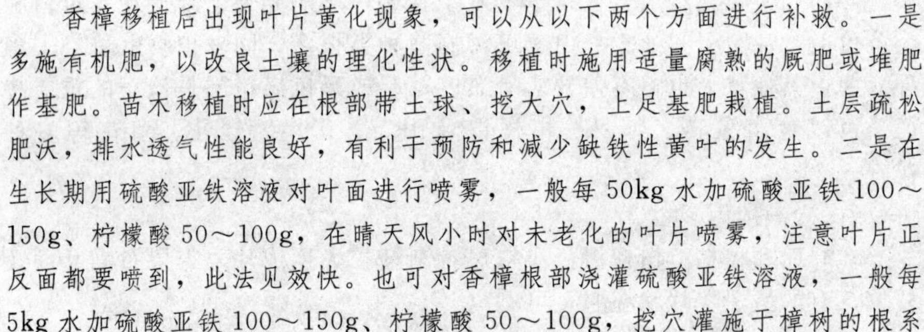

香樟移植后出现叶片黄化现象，可以从以下两个方面进行补救。一是多施有机肥，以改良土壤的理化性状。移植时施用适量腐熟的厩肥或堆肥作基肥。苗木移植时应在根部带土球、挖大穴，上足基肥栽植。土层疏松肥沃，排水透气性能良好，有利于预防和减少缺铁性黄叶的发生。二是在生长期用硫酸亚铁溶液对叶面进行喷雾，一般每 50kg 水加硫酸亚铁 100～150g、柠檬酸 50～100g，在晴天风小时对未老化的叶片喷雾，注意叶片正反面都要喷到，此法见效快。也可对香樟根部浇灌硫酸亚铁溶液，一般每 5kg 水加硫酸亚铁 100～150g、柠檬酸 50～100g，挖穴灌施于樟树的根系密接处，见效虽慢，但持续时间较长。

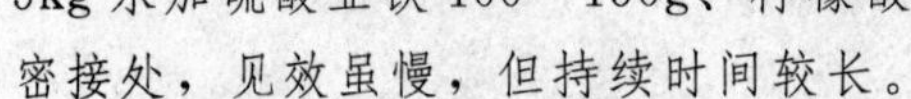

在灌施硫酸亚铁时，最好配合施用腐熟的有机肥液，因有机肥中的有机质分解产物，对铁有络合作用，能增加铁的溶解度。另外，钙、镁、锰、铜等元素对铁有拮抗作用，能降低铁的有效性，故在施用硫酸亚铁时最好不同时施用含这些元素的肥料。

第二章　园林植物茎干病害

【学习要求】

通过学习，掌握园林植物茎干病害的病原及症状类型、侵染循环特点及防治原则；掌握菊花立枯病、菊花枯萎病、仙人掌茎腐病、银杏茎腐病、泡桐丛枝病、槐树腐烂病、松材线虫病等主要园林茎干病害的识别要点。

【技能要求】

能正确识别和诊断当地园林植物茎干病害种类；能根据当地园林植物病害的发生发展规律，分析不同发生危害程度的原因；能根据发生发展规律和不同发生程度，制订科学、合理的综合防治方案；能规范地组织综合防治方案的实施，达到经济、安全、有效的目标。

【学习重点】

掌握园林茎干病害的症状与病原及发病规律、防治措施。

【学习方法】

理论联系实际，学会综合分析园林茎干病害的发生发展及防治。

第一节　园林植物茎干病害概况

园林植物茎干病害种类虽不如叶、花、果病害多，但其危害性很大，轻者引起枝枯，重者导致整株枯死，严重影响观赏效果和城市景观。引起园林植物茎干病害的病原包括所有侵染性病原（真菌、细菌、植原体、寄生性种子植物、线虫等）和一些非侵染性病原（如日灼、冻害等），其中真菌是主要的病原。园林植物茎干病害的病状类型主要有腐烂、溃疡、枝枯、肿瘤、丛枝、黄化、萎蔫、腐朽、流脂流胶等。

第二节　园林植物茎干病害及防治

一、腐烂、溃疡病类

典型的溃疡病是茎干皮层局部坏死，坏死后期因组织失水而稍凹陷，周围为稍隆起的愈伤组织所包围。有的溃疡病病部扩展极快，不待植株形成愈伤组织就包围了茎干，使植株的病部以上部分枯死。在枯死过程中，病部继续扩大，大部分皮层坏死，这种现象称为腐烂病或烂皮病。当病斑发生在小枝上，小枝迅速枯死，常不表现为典型的溃疡症状，一般称为枝枯病；当病斑发生在苗木根茎部时表现为茎腐。引起茎干腐烂、溃疡病的病原主要是真菌，少数病害也由细菌引起，冻害、日灼及机械损伤也可致病。

（一）识别与诊断

1. 仙人掌茎腐病

该病菌主要危害幼嫩植株茎部或嫁接切口组织，大多从茎基部开始侵染。初为黄褐色或灰褐色水渍状斑块，并逐渐软腐。病斑迅速发展，绕茎一周，使整个茎基部腐烂。后期茎肉组织腐烂失水，剩下一层干缩的外皮，或茎肉组织腐烂后仅留髓部。最后全株枯死。病部产生灰白色或紫红色霉点或黑色小点，即病菌的子实体。

2. 银杏茎腐病

一年生苗木发病初期，茎基部近地面处变成深褐色，叶片失绿稍向下垂。后病斑包围茎基并迅速向上扩展，引起整株枯死，叶片下垂不落。苗木枯死 3～5d 后，茎上部皮层稍皱缩，内皮层组织腐烂呈海绵状或粉末状，浅灰色，其中有许多细小的黑色小菌核。最后病害蔓延至根部，使整个根系皮层腐烂。此时若拔苗则根部皮层脱落，留在土壤中，仅拔出木质部。有的地上部分枯死根部仍保持健康，当年自根颈部能发出新芽。

3. 槐树腐烂病

该病菌主要危害苗木枝干，病斑近菱形，稍微凹陷，皮层溃烂呈湿腐状，先出现橘红色，后变成黄白色。

（二）防治技术

（1）加强栽培管理

促进园林植物健康生长，增强树势，是防治茎干腐烂、溃疡病的重要途径。夏季搭荫棚或合理间作或及时灌水降温，可以有效防止银杏茎腐病的发生；适地适树、合理修剪、剪口涂药保护、避免干部皮层损伤、秋末冬初树干涂白防止冻害、防治蛀干害虫等措施，对防治杨树腐烂病、溃疡病、槐树溃疡病、松树烂皮病、月季枝枯病、落叶松枯梢病都十分有效。用无菌土作栽培土、厩肥充分腐熟、合理施肥是防治仙人掌茎腐病的关键。

（2）加强检疫

防止危险性病害的扩展蔓延。茎干溃疡、腐烂病中有些是危险性病害，是检疫对象，如柑橘溃疡病、毛竹枯梢病、落叶松枯梢病等，要防止带病苗木、种竹、毛竹传入无病区，一旦发现，应立即烧毁。

（3）清除侵染源

（4）药剂防治

树干发病时可用50%代森铵、50%多菌灵可湿性粉剂200倍液，2波美度石硫合剂射树干或涂抹病斑。茎、枝梢发病时可喷洒50%退菌特可湿性粉剂800～1000倍液，或50%多菌灵可湿性粉剂800～1000倍液，或70%百菌清可湿性粉剂1000倍液，或65%代森锌可湿性粉剂1000倍液和50%苯来特可湿性粉剂1000倍液的混合液（1∶1）。

【知识加油站】

仙人掌茎腐病的病原有三种：尖镰孢、茎点霉菌、大茎点霉菌。尖镰孢以菌丝体和厚垣孢子在病株残体上或土壤中越冬，茎点霉及大茎点霉则以菌丝体和分生孢子在病株残体上越冬。尖镰孢可在土壤中存活多年。通过风雨、土壤、混有病残体的粪肥和操作工具传播，带病茎是远程传播源，多由伤口侵入，高温高湿有利于发病。盆土用未经消毒的垃圾土或菜园土，施用未经腐熟的堆肥，嫁接、低温、受冻以及虫害造成的伤口多时，均有利于病害的发生。

银杏茎腐病的病原菌为菜豆壳球孢菌属半知菌亚门壳球孢属。病菌是一种土壤习居菌，平时在土壤中营腐生生活，在适宜条件下，自伤口侵入寄主。寄主的生长状况、环境条件与病害的发生关系密切。夏季炎热、土温升高、苗木根茎部灼伤，是病害发生的诱因。

槐树腐烂病在3月上旬出现，五六月产生分生子孢子座，六七月病斑周围形成愈合组织。病菌通常从剪口、断枝处侵入，在伤口附近形成病斑。

二、枝枯病类

（一）识别与诊断

在茎秆上发生溃疡斑，初在茎上发生小而紫红色的斑点，小点扩大，颜色加深，边缘更加明显。斑点中心浅褐色至灰白色。病菌的分生孢子呈

微小的突起出现。随着分生孢子器的增大，其上的表皮出现纵向裂缝，潮湿时涌出黑色的孢子堆。发病严重时，病斑迅速环绕枝条，病部以上部分萎缩枯死，变黑向下蔓延并下陷。

（二）防治技术

（1）人工防治

冬季剪除病枝烧毁。要晴天修剪，伤口容易干燥愈合。风雨后的伤折枝也应及时剪除。剪时切口应尽量靠近腋芽处，并应连同部分健枝同时剪去。

（2）药剂防治

修剪后用1∶1∶15的波尔多液涂抹。生长期也可喷50%退菌特可湿性粉剂700倍液，或50%多菌灵可湿性粉剂1000倍液，或0.1%的代森锌和0.1%苯来特混合液。

【知识加油站】

月季枝枯病的病原为蔷薇小壳霉菌，属腔孢纲、球壳孢目。病菌以分生孢子器和菌丝在植物病组织内越冬，为次年初侵染源。病菌借风雨传播，主要从伤口侵入，特别是修剪后的伤口或虫伤等，嫁接苗也可以从嫁接口侵入。

三、丛枝病类

丛枝病的典型症状是树冠的部分枝条密集簇生呈扫帚状或鸟巢状，故又称扫帚病或鸟巢病。丛枝病通常是由植原体、真菌引起的，大多是系统侵染，丛枝病是一类危险性病害，常导致植株死亡。

（一）识别与诊断

1. 竹丛枝病

发病初期，个别细弱枝条节间缩短，叶退化呈小鳞片形，形似扫帚。严重时侧枝密集成丛，形如雀巢。四五月，病枝梢端、叶鞘内产生白色米粒状物，为病菌菌丝和寄主组织形成的假子座。雨后或潮湿的天气，子座上可见乳状的液汁或白色卷须状的分生孢子角。

2. 泡桐丛枝病

（1）丛枝型

发病开始时，个别枝条上大量萌发腋芽和不定芽，抽生很多的小枝，小枝又抽生小枝，抽生的小枝细弱，节间变短，叶序混乱，病叶黄化，至秋季簇生成团，呈扫帚状，冬季小枝不脱落，发病的当年或第二年小枝枯死，若大部分枝条枯死会引起全株枯死。

（2）花变枝叶型

花瓣变成小叶状，花蕊形成小枝，小枝腋芽继续抽生形成丛枝，花萼明显变薄，色淡无毛，花托分裂，花蕾变形，有越冬开花现象。

（二）防治技术

（1）检疫措施

加强检疫，防治危险性病害的传播。

（2）选种

栽植抗病品种或选用培育无毒苗、实生苗。

（3）清除菌源

及时剪除病枝，挖除病株，可以减轻病害的发生。在病枝基部进行环状剥皮，宽度为所剥部分枝条直径的 1/3 左右，以阻止植原体在树体内运行。

（4）防治特殊传染源

防治刺吸式口器昆虫（如蝽、叶蝉等），可减少病害传染。

（5）喷药防治

植原体引起的丛枝病可用四环素、土霉素、金霉素、氯霉素 4000 倍液喷雾。真菌引起的丛枝病可在发病初期直接喷 50％多菌灵或 25％三唑酮的 500 倍液进行防治，每周喷 1 次，连喷 3 次，防治效果很明显。

【知识加油站】

竹丛枝病病原物为竹瘤座菌，属子囊菌亚门瘤座菌属。病菌以菌丝体在竹子的病枝内越冬，分生孢子借雨水传播，2～3 年后逐渐形成鸟巢状或扫帚状的典型症状。郁闭度大，通风透光不好的竹林，或者低洼处、溪沟边、湿度大的竹林以及抚育管理不善的竹林，病害发生较为常见。病害大多发生在 4 年生以上的竹林内。

泡桐丛枝病是由一种比病毒大的微生物——类菌原体（MLO）引起的。该病主要通过茎、根、病苗、嫁接传播。在自然情况下，主要有烟草盲蝽、茶翅蝽在取食过程中传播。

四、枯萎病类

枯萎病是由病原物侵入寄主的输导组织而引起的一类病害。枯萎病主要由真菌、细菌、病原线虫引起。病原物借风雨、昆虫传播，自伤口侵入茎干，在植物的输导组织内大量繁殖，以阻塞、毒害或其他方式破坏植物的输导组织，导致整个植株枯萎，是园林植物上的又一类重要病害。

（一）识别与诊断

菊花枯萎病初发病时叶色变浅发黄，萎蔫下垂，茎基部也变成浅褐色，横剖茎基部可见维管束变为褐色，向上扩展枝条的维管束也逐渐变成淡褐色，向下扩展致根部外皮坏死或变黑腐烂，有的茎基部裂开。湿度大

时产生白霉，即病菌菌丝和分生孢子。该病扩展速度较慢，有的植株一侧枝叶变黄萎蔫或烂根。

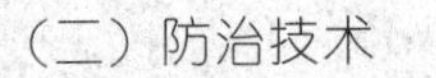

（二）防治技术

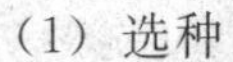

（1）选种

因地制宜种植抗病品种。

（2）轮作

重病田与其他作物实行轮作。

（3）加强栽培管理

选择宜排水的砂性土壤栽种；科学施肥，提倡施用酵素菌沤制的堆肥或腐熟有机肥，增施磷钾肥，提高植株抗病力；适时灌溉，雨后及时排水，防止田间湿气。

（4）药剂防治

发病初期喷洒 50%多菌灵可湿性粉剂 500 倍液或 40%多·硫悬浮剂 600 倍液、50%琥胶肥酸铜可湿性粉剂 400 倍液、30%碱式硫酸铜悬浮剂 400 倍液灌根，每株灌上述兑好的药液 0.4～0.5L，视病情连续灌 2～3 次。常用药剂有多菌灵、琥胶肥酸铜等。

【知识加油站】

菊花枯萎病是由尖镰孢菌菊花专化型，属半知菌亚门真菌。病菌主要以厚垣孢子在土中越冬，或进行较长时间的腐生生活。在田间，主要通过灌溉水传播，也可随病土借风吹往远处。病菌发育适温 24℃～28℃，最高 37℃，最低 17℃。该菌只危害菊花，遇适宜发病条件病程 2 周即现死株。潮湿或水渍田易发病，特别雨后积水、高温阴雨、施氮肥过多、土壤偏酸易发病。

五、松材线虫病

该病由松材线虫引起。松材线虫属于线形动物门，线虫纲，垫刃目，滑刃科，属于国内检疫对象。

（一）识别与诊断

松材线虫通过松褐天牛补充营养的伤口进入木质部，寄生在树脂道中。在大量繁殖的同时移动，逐渐遍及全株，并导致树脂道薄壁细胞和上皮细胞的破坏和死亡，造成植株失水，蒸腾作用降低，树脂分泌急剧减少和停止。所表现出来的外部症状是针叶陆续变为黄褐色乃至红褐色，萎蔫，最后整株枯死。

症状的发展过程可分为四个阶段：

① 外观正常，树脂分泌减少或停止，蒸腾作用下降。

② 针叶开始变色，树脂分泌停止，通常能够观察到天牛或其他甲虫侵害和产卵的痕迹。

③ 大部分针叶变为黄褐色，萎蔫，通常可见到甲虫的蛀屑。

④ 针叶全部变为黄褐色，病树干枯死亡，但针叶不脱落。

（二）防治技术

（1）检疫措施

严格检疫，防治危险性病害的扩展与蔓延。松材线虫病都属于检疫对象，应加强对传病材料的监控。

（2）农业措施

林地清理，砍除和烧毁病树和垂死树，清除病株残体，伐除后必须烧毁和或进行处理，设立隔离带，以切断松材线虫的传播途径。如此，可切断天牛的食物补给，可有效地控制天牛虫媒的扩散，以达到防治松材线虫的目的。

（3）化学防治

① 清除传媒松墨天牛：在晚夏和秋季（10 月份以前）喷洒杀螟松乳剂（或油剂）于被害木表面（每平方米树表用药 400～600mL），可以完全杀死树皮下的天牛幼虫；在冬季和早春，天牛幼虫或蛹处于病树木质部内，喷洒药剂防治效果差，也不稳定。伐除和处理被害木，残留伐根要低，同时对伐根进行剥皮处理，伐木枝梢集中烧毁。原木处理可用溴甲烷熏蒸或加工成薄板（2cm 以下）。原木在水中浸泡 100d，也有 80％以上的杀虫效果。这些措施都必须在天牛羽化前完成。在天牛羽化后补充营养期间，可喷洒 0.5％杀螟松乳剂（每株 2～3kg）防治天牛，保护健树树冠。② 防治松材线虫：在线虫侵染前数星期，用丰索磷、乙伴磷、治线磷等内吸性杀虫和杀线剂施于松树根部土壤中，或用丰索磷注射树干，预防线虫侵入和繁殖。采用内吸性杀线剂注射树干，能有效地预防线虫地侵入。

（4）清除侵染源

及时挖除病株烧毁，并进行土壤消毒可有效控制病害的扩展。

（5）生物防治

利用白僵菌防治昆虫介体，也可用捕线虫真菌来防治松材线虫。

（6）选种

目前，日本主要利用马尾松、火炬松和日本黑松杂交，选育抗病品种。

【知识加油站】

松材线虫的主要媒介是松墨天牛。松材线虫病多发生在每年 7～9 月。高温干旱气候适合病害发生和蔓延，远距离则随调运带有松材线虫的苗

木、枝丫、木材及松木制品等传播。线虫由卵发育为成虫，其间经过 4 龄幼虫期。秋末冬初，病死树内的松材线虫逐渐停止增殖，开始出现一种称为分散型的 3 龄虫，进入休眠期阶段。翌年春季，当媒介昆虫松墨天牛将要羽化时，分散型 3 龄虫蜕皮后形成分散型 4 龄虫，潜入天牛体内。

思考题

1. 园林植物茎干病害类型有哪些？

2. 试述松材线虫病的发病特点及主要防治措施。

室内花卉怎么防止黄叶

1. 控制浇水

入室后，由于空间不如室外开阔，花盆及植株表面的水分蒸腾量有所降低。如果此时还像原来那样浇水，会因盆土偏湿造成烂根，这时植株地上部的叶片就会发黄。

2. 减少施肥

秋季大多数花卉从生长旺盛转入生长缓慢，花卉入房后，由于气温上升会使它们进入生长迅速的阶段。但它们对肥料的吸收量不如夏季，故要减少或停止追肥，以防止植株黄叶。

3. 环境通风

环境郁闭，会使导致花卉衰老的气体乙烯在空气中含量逐渐增加，这时，很多对乙烯比较敏感的花卉特别容易黄叶，所以经常保持通风良好是防止室内花卉黄叶的有效措施之一。

4. 调整光照

一些性喜强光的花卉，如月季、扶桑等在入房后要是放到了荫蔽之处，由于光照不足，植株多会出现黄叶。相反，将性喜荫蔽的鸟巢蕨、龟背竹放置在光照太强处也会造成叶片失绿泛黄。入房花卉摆放地点也应调整合理。

5. 保持适温

由于环境温度不适，很多花卉也会黄叶，特别是在花卉入室前后温差较大的情况下更是如此。比如，如果在室外最低气温 5℃左右时将米兰、杜鹃移至温室，由于不注意降温，白天又使环境温度上升到 25℃左右时，则植株很快就会出现黄叶，此种情况须加以预防。

第三章 园林植物根部病害

【学习要求】

通过学习，掌握园林植物根部病害的病原及症状类型、侵染循环特点及防治原则；掌握水仙基腐病、仙来客根结线虫病、牡丹根结线虫病、兰花白绢病、樱花根癌病等主要园林根部病害的识别要点。

【技能要求】

能正确识别和诊断当地园林植物茎干病害种类；根据发病原因制订相应的防治措施。

【学习重点】

掌握园林根部病害的症状与病原及发病规律、防治措施。

【学习方法】

理论联系实际，学会综合分析园林根部病害的发生发展及防治。

第一节 园林植物根部病害概况

根部病害也称土传病害，在发展初期不易被察觉，在病因诊断上也比较困难。真菌引起的园林根部病害的症状表现在地下部分的，主要是皮层腐烂，形成瘿瘤或毛根。腐烂的皮层与木质部间常出现片状、羽状或根状的白色或褐色的菌索。在干基处长有子实体、菌膜、菌核、蛛网状菌丝体等，地上部分通常表现为叶片的色泽不正常，呈淡绿色。继而叶形变小，提前落叶，容易发生萎蔫现象，最后是全株枯死。根部真菌大多为兼性寄生菌，常见的有腐霉菌、疫霉菌、镰孢菌、丝核菌等。

第二节　园林植物根部病害及防治

一、苗木猝倒病

苗木猝倒病是园林苗圃中发生最普遍最严重的病害，主要发生于林木花卉植物的幼苗期。受害的主要林木幼苗有杉、柳杉马尾松、火炬松、湿地松、银杏、樟木、楠木、油茶等；观赏花卉植物有翠菊、菊花、马蹄莲、石竹、紫罗兰等。该病多发生于阴天多雨、空气湿度大的4～6月，发病的幼苗突然猝倒死亡，影响幼苗成活率，甚至全部毁苗。

（一）识别与诊断

（1）种芽腐烂型

种芽未出土或刚出土时腐烂而倒伏。

（2）猝倒型

幼苗出土不久，嫩茎未木质化，茎基部腐烂而导致幼苗迅速倒伏，此时嫩叶仍呈绿色。

（3）立枯型

嫩茎已木质化。

（4）叶枯型

发生在苗木生长期，苗木叶片染病而枯死。

（二）防治技术

防治苗期猝倒病，主要是加强栽培管理，控制发病条件，提高幼苗抗病力。

（1）土壤消毒

每平方米苗床施用50％拌种双粉剂7g，或25％甲霜灵可湿粉剂9g和70％代森锰锌可湿性粉剂1g兑细土5～8kg拌匀。

（2）药剂防治

幼苗出土后，可喷洒75％百菌清可湿性粉剂800～1000倍，或65％代森锌可湿性粉剂600倍，或用64％杀毒矾M8可湿性粉剂500倍，每平方米用药液3L。

【知识加油站】

病原包括非侵染性病原：积水、干旱、高温；侵染性病原：真菌中的腐霉菌、丝核菌和镰孢菌。病菌在土壤内或病株残体上越冬，腐生性较强，能在土壤中长期存活，称为土壤习居菌。病菌借灌溉水和雨水传播，也可由带菌的堆肥、种子等传播。苗床和育苗浅盆内土壤湿度大，浇水不当，播种过密，温度不适，幼苗生长瘦弱等均有利于猝倒病发生，连作苗床或花圃由于土壤带菌量积累较高发病严重。

二、花木白绢病

白绢病又称菌核性根腐病，危害多种花木。一般发生在苗木上，植物受害后轻者生长衰弱，重者植株死亡。该病是由半知菌亚门齐融合整小核菌侵染引起的真菌病害。

（一）识别与诊断

白绢病主要危害根及根茎部分。被害的花木在茎基部出现水渍状的褐色病斑，并有明显的白色羽毛状物，呈辐射状蔓延，侵染相邻的健康植株，病部逐渐呈褐色腐烂，使全株枯死。后期在根部皮层腐烂处见有油菜子大小的菌核，初期为白色，后期为褐色，表面光滑。

（二）防治技术

（1）农业措施

选好圃地，不积水、透气性好、不连作；加强管理，及时松土、增施有机肥，促进苗木抗病能力。

（2）外科治疗

用刀将根颈部病斑彻底刮除，并用401抗菌素50倍液消毒。

（3）药剂治疗

土壤消毒用80%敌菌丹粉可预防苗期发病；苗木消毒可用多菌灵800倍液；发病初期用1%硫酸铜溶液浇灌苗根。

【知识加油站】

病原物为半知菌亚门齐融合整小核菌（*Sclerotium rolfsii* Sacc.），有性型为担子菌的白绢薄膜革菌［*Pellicularia rolfsii*（Sacc.）*West*］。病菌以菌核或菌索随病残体遗落土中越冬。翌年条件适宜时，菌核或菌索产生菌丝由植株的茎基部或根部直接侵入，病株产生的绢丝状菌丝延伸接触邻近植株或菌核借水流传播进行再侵染，使病害传播蔓延。连作或土质黏重及地势低洼或高温多湿的年份或季节易发病，酸性土壤及施用氨态氮肥发病重。

三、根结线虫病

（一）识别与诊断

柑橘根结线虫病危害根部，病原线虫寄生在根皮与中柱之间，使根组织细胞过度增长，形成大小不等的根瘤，此乃该病的显著症状。根瘤大多

数发生在细根上，感染严重时，可出现次生根瘤，并发生大量小根，盘结成团，形成须根团。由于根系受到破坏、使水分和养分难于输送，再加上老熟根瘤腐烂，导致病根坏死。在发病轻微的情况下，病株的地上部虽无明显症状，但随着根系继续受害，树冠逐渐出现枝短梢弱、叶变小、树势衰退等症状。受害更严重时，叶色发黄，无光泽，卷曲，呈缺水状。病树开花多，结果少，果实小，最后叶片干枯脱落、枝枯，以致全株死亡。

（二）防治技术

（1）加强检疫

防止病苗传入无病区及新区。

（2）病苗处理

对带病苗木用48℃热水浸根15min或用40%克线磷乳剂100倍液蘸根，均可达到杀死根瘤内线虫的效果。

（3）病树处理

每年2月，首先把病树树冠下的表土扒开15cm深，挖除病根和须根团，然后将杀线剂均匀地撒在土表面，重新将土壤覆盖踏实。有效的杀线剂有：10%克线丹、10%克线磷和20%益舒宝。在2月下旬及7月下旬各施一次，每次每亩用量为3～4kg。

（4）加强水肥管理

对病树要加强水肥管理，以增强树势，提高抗病、耐病能力。

【知识加油站】

柑橘根结线虫病的主要病原是花生根结线虫。柑橘根结线虫病无论在丘陵或平原的各类土壤都有发生，一般在沙壤土发病较重，而黏质土则发病较轻；管理水平高的果园，柑橘树生长旺盛，发病轻。柑橘品种间的抗性虽有一定差异，但常见品种都易感病。

四、月季根癌病

（一）识别与诊断

在地面或靠近土面的月季根颈部位，或砧木与接穗结合处，发生大小不一的肿瘤。有时肿瘤呈结节状，木质，直径可达几毫米，但也可在根和茎的上部发现。植株受害后，表现生长不良、矮化和缺少生机，叶小，提早发黄落叶，花也瘦弱。

（二）防治技术

（1）检疫措施

加强检疫，避免有病植株传播。

（2）加强施肥

多施有机肥料，增施磷钾肥，注意防涝，促进根系生长发育。对碱性土壤应施酸性肥料酸化土壤，使之不利于细菌生长繁殖。

（3）农业措施

注意防寒受冻，及时防治地下害虫，田间作业时要尽量减少伤口，并注意对各种伤口的消毒及保护，减少细菌侵染。

（4）药剂防治

及早根治病瘤。在病瘤长到黄豆粒大小时即行刮除，有利于伤口愈合，如病瘤过大，或密集成片，转移茎部后，则较难治愈。刮后伤口用5波美度石硫合剂或硫酸铜100倍液、80%的402抗菌剂乳油50倍液、链霉素400ppm等进行消毒，外涂波尔多液等药剂进行保护。

【知识加油站】

病原物为根癌土壤杆菌。月季根瘤病病菌在肿瘤组织表面和土壤中越冬，可达几个月至一年以上。通过虫伤、嫁接伤口、修剪伤口、插条切口或其他伤口侵入，靠雨水或浇水传播，地下害虫、线虫、嫁接工具及机具也有一定传播作用。湿度过大，切接伤口大，愈合慢，与土壤接触时间长，感染机会也多。病菌寄主范围广，能同时侵染玫瑰等。

五、水仙基腐病

（一）识别与诊断

水仙基腐病是由半知菌亚门真菌尖孢镰孢侵染引起的真菌病害，主要危害鳞片和根部。发病初期根部或鳞片开始烂腐，后沿鳞片迅速向上扩展，病部组织呈褐色至紫褐色，最后呈干腐状，因此又称干腐病。湿度大时，病部长出白色至粉白色霉层，病株枯萎。

（二）防治技术

（1）选种

选用饱满无病的种球。种球有可能带菌，用43%福尔马林120倍液浸泡种球3.5h。也可用50%多菌灵或65%代森锌可湿性粉剂500倍液，浸种球15～30min。

（2）施肥

施用充分腐熟有机肥或酵素菌沤制的堆肥。

（3）药剂防治

发病初期喷淋25%苯菌灵乳油或50%多菌灵可湿粉800倍液。

【知识加油站】

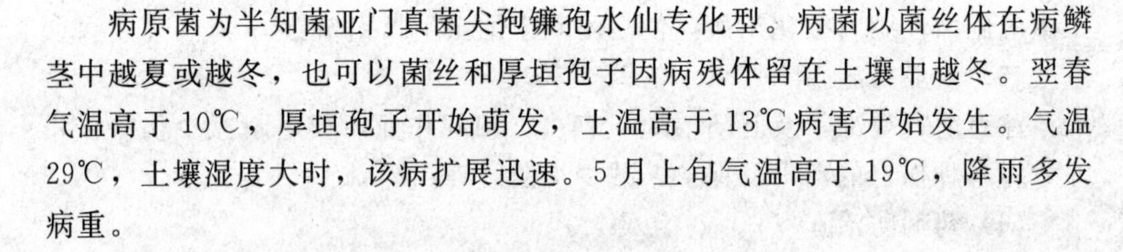

病原菌为半知菌亚门真菌尖孢镰孢水仙专化型。病菌以菌丝体在病鳞茎中越夏或越冬，也可以菌丝和厚垣孢子因病残体留在土壤中越冬。翌春气温高于10℃，厚垣孢子开始萌发，土温高于13℃病害开始发生。气温29℃，土壤湿度大时，该病扩展迅速。5月上旬气温高于19℃，降雨多发病重。

思考题

1. 园林植物根部病害类型有哪些？

2. 如何从症状上区分猝倒病和立枯病？

3. 试述根癌病的发生特点及其防治措施。

金叶女贞落叶原因及防治

导致金叶女贞落叶有两种最常见的情况。

(1) 由病害引起

造成这种状况的原因是金叶女贞斑点病。斑点病是病原真菌引起的。初期叶片出现褐色小斑，周围有紫红色晕圈，斑上可见黑色霉状物。随着气温的上升，有时数个病斑相连，最后叶片焦枯脱落。该病原菌生长最适宜的温度为25℃～30℃，孢子萌发适温18℃～27℃，在温度合适且湿度大的情况下，孢子几小时即可萌发。本地区现已进入雨季，有植株栽植密，通风透光差，株间形成了一个相对稳定的高湿、温度适宜的环境，对病菌孢子的萌发和侵入非常有利，且病菌可反复侵染，不加以重视，可能会使病害大发生。

(2) 介壳虫危害

介壳虫虫体较小，约2mm，没有固定前在枝上爬行较快。枝叶过密、通风透光条件较差处，病虫危害严重，常常引起落叶，严重的也会使植株枯萎死亡。

面对这种情况，我们主要应以预防为主，在高温高湿的时候要提前洒药，主要是喷杀菌和杀红蜘蛛的药！起决定作用的就是提高金叶女贞的抗性，可以补微量元素、锌肥、锰肥和铁肥！种金叶女贞最起码的要补锌，可以少得70%的病！

为防治金叶女贞生长期落叶，若采取如下防治措施，效果会更好。

(1) 选好地形，把握种植关

种植地保持较高的地势，千万不能积水。种植时要合理密植，而且随着植株的生长要合理疏枝，增强植株内部通风、透光，降低湿度。

(2) 加强栽培管理，增施有机肥

氮、磷肥配合使用，使苗木生长旺盛，增强其抗逆能力。避免偏施速效氮，引起苗木徒长。

(3) 清理种植地，堵住病菌源头

每次修剪后要将剪下的叶片、枝条及时清理出种植地，随时清除杂草，始终保持种植地干净无杂物。减少越冬菌丝体，堵住病菌源头。

(4) 适时修剪，及时处理伤口

进入雨季应少做或不做修剪，减少伤口，降低病菌入侵的可能。不管何时修剪，剪后应立即喷施杀菌剂保护。

(5) 定期喷药防治

病害防治必须做到预防为主，防治结合。从6月下旬开始，每隔7～10d喷1次杀菌剂，每次雨后再补喷1次杀菌剂，直到9月雨季结束。在发病前期，可使用内吸性杀菌剂如多菌灵、托布津、力克菌等。为防治介壳虫，可采用吡虫啉在虫体未固定前结合杀菌剂一起使用。后期可使用保护性杀菌剂如波尔多液、代森锰锌等。为预防病菌产生抗药性，可交替使用内吸性杀菌剂和保护性杀菌剂。

第四章　草坪病害

【学习要求】

通过学习，掌握草坪病害的病原及症状类型、侵染循环特点及防治原则；掌握褐斑病、腐霉枯萎病、镰孢菌枯萎病、锈病、白粉病和叶斑病等真菌性病害的识别要点。熟悉草坪草常见的细菌病害、病毒病害和线虫病害的症状特征。

【技能要求】

能正确识别和诊断草坪病害种类；根据发病原因制订相应的防治措施。

【学习重点】

掌握草坪病害的症状与病原及发病规律、防治措施。

【学习方法】

理论联系实际，学会综合分析草坪病害的发生发展及防治。

第一节　草坪病害概况

草坪是指由人工建植或人工养护管理，起绿化美化作用的草地。改革开放以后，我国的草坪业已步入了规模发展的新时期，但由于草坪业科学发展滞后，在草坪建植和养护方面尚存在不少亟须解决的问题，其中草坪病害防治尤为突出。目前草坪病害已经有50多种，我国已报道20余种真菌病害，近百种真菌病原物。我国草坪业起步较晚，但大量从国外调种、不完善的栽培措施和粗放的管理，使得锈病、白粉病、多种叶斑病和萎蔫病等病害已成为草坪生产的严重威胁。

草坪病害依据致病原因不同，可分为两大类：一类是由生物寄主（病原物）引起的，有明显的传染现象，称为侵染性病害；另一类是由物理或化学的非生物因素引起的，无传染现象，称为非侵染性病害。侵染性病害的病原物主要包括真菌、细菌、病毒、类菌质体、线虫等，其中以真菌病害的发生较为严重，占到病害的80%，不仅种类多，而且危害大。因此，防治草坪病害，对保证草坪的质量和持续性有重要意义。

第二节　草坪草真菌病害及防治

一、褐斑病

褐斑病广泛分布于世界各地，可侵染草地早熟禾、高羊茅、多年生黑麦草、野牛草和狗牙根等250余种禾草，以冷季型草坪受害最重。

（一）识别与诊断

1. 草熟禾褐斑病

草熟禾褐斑病病斑为梭形和长条形，不规则，初呈水渍状，后病斑中心枯白，边缘红褐以致腐烂。开始发病时草坪出现大小不等的近圆形枯草圈，枯草斑直径可从几厘米扩展到几米，条件适合时病情发展很快；枯草圈中心的病株逐渐恢复，呈现出中央为绿色，边缘为枯黄色环带的“蛙眼”状，在清晨有露水或高湿时，枯草圈外缘有由萎蔫的新病株组成的暗绿至黑褐色的浸润圈，即“烟圈”（由病菌的菌丝形成）；在病鞘、颈基部还可看到由菌丝聚集形成的初为白色后变黑褐色的菌核；病害出现之前12～24h能闻到一种霉味。

2. 高羊茅草坪褐斑病

禾苗在2～4叶期，被病菌侵袭后，土中的根茎变褐腐烂，叶尖发黄至死，病死草直立不倒，似插入土中，易从土中拔起。严重时，草根变褐色腐烂。在草坪上表现有面积大小不等、形状不规则的病斑块，初发病呈淡黄绿色，比未感病草坪低矮。在气候潮湿、多雨天，病害发展比较迅速，叶片病部呈水渍状，青灰色，病健部交界不明显。干燥时，病部边缘呈红褐色。草坪病斑块一般为7～80cm，其边缘病叶鞘和病叶片，可看到一层稀薄雾菌生成的蛛网，粘连健康草坪叶片和叶梢。天晴干燥时，病斑块内的病草死后变褐色或暗褐色，呈枯草斑块，残存的病株还能发出新叶。

褐斑病的症状表现很复杂，常因草种类型、品种组合、气象条件及病原菌的株系、立地环境和养护管理水平等方面的变化而受到影响。

（二）防治技术

建坪时禁止填入垃圾土、生土，土质黏重时掺入河沙或沙质土；定期修剪，及时清除枯草层和病残体，减少菌源量。

（1）农业措施

加强草坪管理，平衡施肥，增施磷、钾肥，避免偏施氮肥。避免漫灌和积水，避免傍晚灌水。改善草坪通风透光条件，降低湿度。及时修剪，夏季剪草不要过低（一般为5～6cm），过密草坪要适当打孔、梳草，枯草和修剪后的残草要及时清除。

（2）选育和种植抗（耐）病品种

（3）化学防治

用三唑酮、三唑醇等杀菌剂拌种，用量为种子质量的0.2%～0.3%。发病草坪春季及早喷洒12.5%烯唑醇超微可湿性粉剂2500倍液、25%丙环唑（敌力脱）乳油1000倍液、50%灭酶灵可湿性粉剂500～800倍液。

【知识加油站】

病原是立枯丝核菌（*Rhizoctonia slain* Kuhn），常引起苗枯、根腐、基腐、鞘腐和叶腐。丝核菌是土壤习居菌，以菌核形成或在草坪草残体上的菌丝形式度过不良的环境条件。由于丝核菌是一种弱寄生性菌，所以处于良好生长环境中的草坪草，只能发生轻微的侵染，不会造成严重损害。只有当草坪草生长在高温条件且生长停止时，才有利于病菌的侵染及病害的发展。

二、德氏霉叶枯病

德氏霉属真菌寄生多种禾本科草坪植物，在世界各地均有分布。

（一）识别与诊断

由于寄主与病原菌之间的专化性，症状表现不同。根据寄主不同，主要有以下病害及症状。

1. 早熟禾叶斑病

早熟禾叶斑病主要侵染草地早熟禾。病叶和病鞘上先出现很多小的椭圆形、红褐色至紫黑色病斑，周围有黄色晕圈，以后病斑沿平行于叶轴方向伸长，病斑中央坏死，多病斑愈合成较大的坏死斑。当整个叶片或叶鞘上受害时，维管束系统被环割，整个叶子或分蘖死亡，使草坪变得稀疏，瘦弱早衰。

2. 羊茅和黑麦草网斑病

羊茅和黑麦草网斑病主要危害黑麦草、细叶羊茅、高羊茅等禾草。在细叶羊茅上出现红褐色、不规则形的小斑点。病斑很快环割叶片，引起黄化并从顶尖开始枯死。严重发病时，大面积草坪上普遍出现很多叶片死亡的褐色枯斑（直径2～10cm）。还可发生根部和冠部腐烂，造成整株枯死。在高羊茅和多年生黑麦草上，引起网纹状的褐色条纹。随着病情发展，网斑汇合形成深褐色的病斑，病叶枯死，草坪早衰、黄花，变为黄褐色或褐色。

3. 黑麦草大斑病

黑麦草大斑病主要侵染意大利黑麦草、多年生黑麦草，也可侵染早熟禾、羊茅、鸭茅等。常见症状是出现大量卵圆形褐色的小病斑。随着病斑的增大，病斑的中央变成浅褐色至白色，边缘深褐色。此外，还可形成深褐色的长条大斑，病斑大小可达（17～45）mm×（10～20）mm，最后造成叶片枯死，使得草坪稀疏，严重的形成枯草斑。还可发生根部和冠部腐烂。

4. 剪股颖赤斑病

剪股颖赤斑病主要危害匍匐剪股颖、细弱剪股颖、红顶草、普通剪股颖。常发生在高温湿润天气下。叶片上病斑细小，褐色至红褐色，环形至卵圆形，扩大后中心黄褐色至枯黄色，多个病斑愈合使草坪呈现红色。病情严重时，病叶被环割，萎蔫死亡。

5. 狗牙根环斑病

叶片出现褐色小点，扩大伸长成长圆形或长椭圆形，病斑中央漂白成浅黄褐色。病斑迅速增大，病组织上有时会形成漂白色和褐色的同心环斑。因此，又称为轮纹斑病。严重发病的草坪随着病叶的干枯死亡。

（二）防治技术

（1）加强草坪的养护管理

早春以烧草等方式清除病残体和清理枯草层。适时播种，适度覆土，加强苗期管理以减少幼芽和幼苗发病。合理使用氮肥，特别避免在早春和仲夏过量施用，增加磷、钾肥。

（2）化学防治

播种时用种子质量 0.2%～0.3%的 25%三唑酮可湿性粉剂或 50%福美双可湿性粉剂拌种。草坪发病初期 25%三唑酮可湿性粉剂、70%代森锰锌可湿性粉剂、50%福美双可湿性粉剂、25%速保利可湿性粉剂等药剂喷雾，每隔 10d 喷一次，每次发病高峰期防治 2～3 次，可收到明显的效果。

【知识加油站】

病原是德氏霉属真菌（*Drechslera* spp.），为半知菌亚门、丝孢目、暗色菌科、德氏霉属真菌。病原菌主要以菌丝体潜伏在种皮内或以分生孢子附着在种子表面。病苗产生大量分生孢子，经气流、水流和工具传播，种子是最初侵染源，且能引起广泛的传播，因此加强种子检疫十分关键。

三、尾孢叶斑病

尾孢属真菌引起尾孢叶斑病，在我国各地都有分布。

（一）识别与诊断

尾孢叶斑病主要危害叶片，初期在病株叶片和叶鞘上出现褐色至紫褐色、椭圆形或不规则形病斑，病斑沿叶轴平行伸长，大小 1mm×4mm。后期病斑中央黄褐或灰白色，潮湿时有灰白色霉层和大量分生孢子产生。严重时枯黄，造成草株死亡，草坪稀疏。

（二）防治技术

（1）浇水

浇水应在清晨，避免晚上浇水。

（2）施肥

合理施肥，当病害造成显著危害时，应稍微增施点化肥。

（3）保证草坪周围空气流通

（4）选种

合理选用品种，尤其重视钝叶草的抗病品种。

（5）化学防治

用必菌鲨、代森锰锌或多菌灵、甲基托布津进行喷雾防治。

【知识加油站】

病原为尾孢属真菌（*Cercospora* spp.），半知菌亚门尾孢属。常见的有以下四种类型：引起剪股颖叶斑病的剪股颖尾孢菌（*C. agrostidis*）；引起羊茅叶斑病的羊茅尾孢菌（*C. festucae*）；引起野牛草和狗牙根叶斑病的（*C. seminalis*）；引起钝叶草叶斑病的（*C. fusimaculans*）。病菌在病叶和病残上越冬，生长季节必须在叶面湿润状态下，病菌才能侵染发病。可随风雨传播，使病害不断扩展蔓延。

四、弯孢霉叶枯病

弯孢霉叶枯病菌主要侵染早熟禾、草地早熟禾、匍匐翦股颖、细叶羊茅、加拿大早熟禾和黑麦草等，世界各地均有分布。尤以管理不良、生长较弱的草坪发病较重。

（一）识别与诊断

发病草坪稀薄，形成不规则形枯草斑，枯草斑内草株矮小，呈灰白色枯死。草地早熟禾和细叶羊茅的病叶是从叶尖向叶基由黄变棕色变灰，最后整个叶片皱缩凋萎枯死，有时还能看到中心棕褐色，边缘红色至棕色的叶斑。匍匐翦股颖病叶从黄色变到棕褐色最后凋落。不同种的病菌所致症状也有所不同，不等弯孢所致的病株根颈部叶片变褐、腐烂，病叶上生褐色病斑，中部青灰色，有黄色晕。新月弯孢侵染导致病叶上生椭圆形、梭形病斑，病斑中部灰白色，周边褐色，外缘有明显黄色晕圈，数个病斑汇合造成叶片枯死。

（二）防治技术

（1）把好种子关

选种抗病和耐病的无病种子，提倡不同草种或品种混合种植。

（2）加强草坪的管理

及时修剪，保持植株适宜高度；及时清除病残体和修剪的残叶，经常清理枯草层。

（3）化学防治

其具体措施同德氏霉叶枯病。

【知识加油站】

病原是弯孢霉属真菌（*Curvularia* spp.），为半知菌亚门、丝孢纲、丛梗孢目、暗丛梗孢科、弯孢霉属。病菌随风雨传播，主要侵染高温和高湿条件下生长停止的草，除禾草外，还可侵染多种禾谷类作物和禾本科杂草。种子普遍带菌。生长不良，管理不善，长势弱的草坪发病均重。潮湿和过量施用氮肥有利病害发生。

五、离蠕孢叶枯病

（一）识别与诊断

离蠕孢叶枯病的典型症状是叶片上出现不同形状的病斑，天气凉爽时病害一般局限于叶片。温度超过30℃时，病斑消失，整个叶片变干并呈稻草色。在高温高湿的天气下，叶鞘、茎、颈部和根部都受侵染，短时间内就会造成草皮严重变薄。不同种的离蠕孢菌所致叶枯病的症状有所不同。狗牙根离蠕孢引起狗牙根的叶部、冠部和根部腐烂，叶斑形状不规则，暗褐色至黑色，严重时病叶大量死亡，呈枯黄色，草坪上出现不规则的枯草斑块；禾草离蠕孢可侵染各种草坪草，引起叶部、冠部和根部病害，造成芽腐、苗腐、根腐、茎基腐、鞘腐和叶斑，叶片和叶鞘上生椭圆形、梭形病斑，病斑中部褐色，外缘有黄色晕圈。

（二）防治技术

其防治技术同弯孢霉叶枯病。

【知识加油站】

离蠕孢叶枯病是由一类多种离蠕孢病原真菌引起的病害总称。离蠕孢

属（*Bipolaris* spp.）真菌为半知菌亚门、丝孢纲、丝孢目、离蠕孢属。一般在秋春雨露多而气温适宜时，侵染叶片，造成叶斑和叶枯；夏季高温高湿时期，造成叶枯和根、茎、茎基部腐烂。禾草离蠕孢多在夏季湿热条件下侵染冷季型草坪草；其他离蠕孢菌引起的茎叶发病，适温一般都在15℃～18℃，超过27℃病害受到抑制，因此，在冷凉、多湿的春季和秋季发病重，根和根颈发病多在干旱高温的夏季病重。草坪管理不良，高湿郁闭，病残体和杂草多，都有利于发病。播种建植草坪时，种子带菌率高、播期选择不当，气温低，萌发和出苗缓慢或者因覆土过厚，出苗期延迟以及播种密度过大等因素都可能导致烂种、烂芽和苗枯等症状发生。另外，冻害和根部伤口也会加重病害。

六、腐霉枯萎病

腐霉枯萎病在全国各地区普遍发生，可以侵染所有草坪草。包括冷季型的早熟禾、草地早熟禾、细弱翦股颖、匍匐翦股颖、高羊茅、细叶羊茅、粗茎早熟禾、多年生黑麦草和意大利黑麦草，以及暖季型的狗牙根、红顶草等，其中以冷季型草坪草受害最重。

（一）识别与诊断

腐霉菌可侵染草坪草的芽、苗和成株等各个部位，造成烂芽、苗腐、猝倒和根腐、根颈部和茎、叶腐烂。种子萌发和出土过程中被腐霉菌侵染，出现芽腐、苗腐和幼苗猝倒。幼根近尖端部分表现典型的褐色湿腐。高温高湿条件下，对草坪的破坏最甚，草坪常会突然出现直径2～5cm的圆形黄褐色枯草斑。清晨有露水时，病叶呈水浸状暗绿色，变软、黏滑，用手触摸时，有油腻感，故亦称油斑病。当湿度很高时，尤其是在雨后的清晨或晚上，腐烂叶片成簇趴在地上且出现一层绒毛状的白色菌丝层，在枯草病区的外缘也能看到白色或紫灰色的菌丝体（依病菌不同种而不同）。

（二）防治技术

（1）加强草坪管理

改善草坪立地条件，建植前要平整土地，改良黏重土壤或含沙量高的土壤，设置排水设施，避免雨后积水，降低地下水位。对于草坪，需合理灌水，要求土壤见湿见干，时间最好在清晨或午后。合理施肥，避免施用过量氮肥，增施磷肥和有机肥。提倡用不同草种或不同品种混合建植。

（2）药剂防治

药剂拌种、种子包衣或土壤处理是防治烂种和幼苗猝倒的简单易行和有效的方法，同时又有促进发芽和提高出苗率的作用。药剂主要选用内吸性杀菌剂如草病灵2号、3号、4号或代森锰锌、拌种双等，一般用药量为种子量的0.2%～0.3%拌种。高温高湿季节要及时使用杀菌剂进行叶面喷雾达到控制病害的目的。

【知识加油站】

病原是腐霉菌（*Pythium* spp.），是一种土壤习居菌，有很强的腐生性。它通常存在于病残枯草、土壤或者同时存在于这两种介质上，只有适合的环境条件下才会有致病力。腐霉菌是一种对水要求很高的霉菌，在淹水条件下和池塘中的残体上都能很好地生长。土壤和病残体中的卵孢子是最重要的初侵染菌源。在适宜条件下，卵孢子萌发后产生游动孢子囊和游动孢子，游动孢子形成休止孢子后萌发产生芽管和侵染菌丝，侵入禾草的各个部位；卵孢子萌发也可直接生成芽管和侵染菌丝。侵入的菌丝体主要在寄主细胞间隙扩展。腐霉菌的菌丝体也可在存活的病株中和病残体中越冬。

七、镰刀菌枯萎病

镰刀菌枯萎病在全国各地草坪草上均有发生，可侵染早熟禾、羊茅、翦股颖等多种草坪禾草，严重破坏草坪景观。

（一）识别与诊断

镰刀菌枯萎病主要造成烂芽和苗腐、根腐、茎基腐、叶斑和叶腐、匍匐茎和根状茎腐烂等一系列复杂症状。发病草坪开始出现淡绿色小的斑块，随后迅速变成黄枯色。高温干旱条件下，病草枯死变成枯黄色，根部、冠部、根状茎和匍匐茎变成黑褐色的干腐状。湿度高时，病部可出现白色至粉红色的菌丝体和大量的分生孢子团。温暖潮湿可造成草坪发生大面积叶腐和茎基腐。叶腐主要发生在老叶和叶鞘上，病斑初期水渍状墨绿色，形状不规则，后变枯黄色至褐色，病健交界处有褐色至红褐色边缘，外缘枯黄色。严重时茎基部变褐腐烂，整株死亡。三年生以上的草坪可出现直径达1m左右、呈条形、新月形或近圆形的枯草斑，枯草斑边缘多为红褐色，整个枯草斑呈蛙眼状。这一症状通称“镰刀菌枯萎综合征”，多发生在夏季湿度过高或过低时。在冷凉多湿季节，可单独或与雪腐捷氏霉并发，引起雪腐病或叶枯病。

（二）防治技术

（1）种植抗病、耐病草种或品种

草种间的抗病性差异明显，抗性为水平翦股颖＞草地早熟禾＞羊茅，提倡草地早熟禾与羊茅、黑麦草等混播。

（2）拌种

建植时进行药剂拌种或种子包衣，按种子量的0.2％～0.4％拌种。

(3) 农业措施

加强科学养护管理，提倡平衡施肥，避免大量使用氮肥，增施有机肥和磷、钾肥。减少灌溉次数，适当深浇，提供足够的湿度而不致造成干旱胁迫。斜坡易干旱，需补充灌溉；及时清理枯草层。

(4) 化学防治

可选用草病灵3号、嘧菌酯、敌力脱、甲基托布津等内吸杀菌剂喷雾或灌根。

【知识加油站】

病原是镰刀菌（*Fusarium* spp.），病土、病残体和病种子是镰刀菌的主要初侵染源。大气和土壤的温湿度、pH值、肥料和枯草层的厚度等影响镰刀菌侵染发病。高温和干旱有利于冠部和根部腐烂病的发生。土壤含水量过低或过高都有利于镰刀菌枯萎综合征严重发生，干旱后长期高温或枯草层温度过高时发病尤重。此外，在春季或夏季氮肥施用不当，草的修剪高度过低，土壤表层枯草层太厚等，都有利于镰刀菌的发生。

八、黑孢枯萎病

该病在很多地区都可发生。春季和初夏则发生在钝叶草上；仲夏发生在多年生黑麦草、紫羊茅和草地早熟禾上。

(一) 识别与诊断

在钝叶草上，匍匐茎上出现褐色病斑，病斑增大并环割匍匐茎，使末端分蘖萎蔫，变黄死亡，草坪普遍瘦弱，出现枯草斑块。在草地早熟禾上，病株叶片通常由顶稍开始枯死，并向下延伸直至叶鞘。有些品种的叶片上出现长梭形或不规则形病斑，病斑中部青灰色，边缘紫色至红褐色。温暖潮湿的天气，病叶上产生大量蓬松的白色菌丝体。发病严重时，草坪大面积均匀枯萎，出现直径为10～20cm界限分明的斑块。

(二) 防治技术

(1) 施肥

加强管理，充足、均衡施肥。

(2) 浇水

尽可能减少灌溉次数，避免晚上浇水。

(3) 除草

不要在潮湿有露水时修剪草坪；炎热潮湿天气禁止使用除草剂或移植草皮。

(4) 种植抗病品种

(5) 化学防治

病害严重时可使用杀毒矾或乙膦铝等杀菌剂防治。

【知识加油站】

病原为球黑孢霉菌［*Nigrospora sphaerica*（Sacc.）Mason］，以分生孢子和菌丝体在病残体上越冬越夏。孢子在发病组织上或里面形成，在温暖潮湿的条件下萌发，通过风雨传播，引起新的侵染，病斑在高湿时产生大量的气生菌丝。温暖高湿的天气有利于草地早熟禾发病，夜间浓雾、降雨可造成病害严重发生。凉爽的气候，冬季的冻害与钝叶草发病密切相关，病毒的侵染也会加重病害的发生。另外，土壤干燥、贫瘠有利于发病。

九、锈病

锈病分布广、危害重，几乎每种禾草上都有一种或几种锈菌危害。其中以冷季型草中的多年生黑麦草、高羊茅和草地早熟禾，以及暖季型草中的狗牙根、结缕草受害最重。

（一）识别与诊断

草坪草锈病种类很多，常发生的主要锈病有条锈病、叶锈病、秆锈病和冠锈病。此外，还有一些其他禾草锈病。锈菌主要危害叶片、叶鞘或茎秆，在感病部位生成黄色至铁锈色的夏孢子堆和黑色冬孢子堆，被锈病侵染的草坪远看是黄色的。

1. 三叶草锈病

夏孢子堆棕褐色，生于叶两面、叶柄及茎上，包被于表皮下呈疱状，或突破表皮呈粉状。生长季节后期，病部出现暗褐色粉状冬孢子堆。春季的新叶上有时可在背或叶上出现蜜黄色杯状小点，即病原菌的锈子器，能使寄主病部扭曲畸形。

2. 细叶结缕草锈病

叶上初生小疱斑，后呈长椭圆形，枯黄色，表皮破裂后，散出黄色粉末状物，即夏孢子。叶背面形成褐黑色长椭圆形疱斑，表皮破裂后，散出锈褐色粉末状物，即冬孢子。发病较轻时，叶片局部褐绿变黄，严重时全叶枯黄至死，在草坪上可见成片枯草现象。

3. 高羊茅锈病

高羊茅锈病多发生在中片上，开始在叶背出现变色斑，不久成为针尖大小的圆形突起，病斑逐渐扩大，呈长方形散生，后期表皮破裂，有枯黄色粉状物散出，整个叶片变枯黄。

（二）防治技术

（1）选种

种植抗病草种和品种，并进行合理布局。

（2）施肥

加强科学养护管理，增施磷、钾肥，适量施用氮肥。

（3）化学防治

三唑类杀菌剂防治锈病效果好，持效期长。常见品种有粉锈宁、羟锈宁、特普唑（速宝利）和立克秀等。

【知识加油站】

三叶草锈病病原为三叶草单胞锈菌（*Uromyces trifolii*），属担子菌亚门、锈菌目、柄锈科，长生活史单主寄生。性子器生叶正面，黄色；锈子器生于叶两面，多生于叶背面，或叶柄上，聚生，杯状，包被黄白色；锈孢子近球形至椭圆形，浅黄色，有细瘤；夏孢子球形、椭圆形或卵圆形，浅褐色，具细刺；冬孢子卵形、椭圆形或球形，深褐色，壁光滑或具少数分散或排列成线状的疣突，顶生芽孔覆无色乳突，柄无色，常在近孢子处断裂。

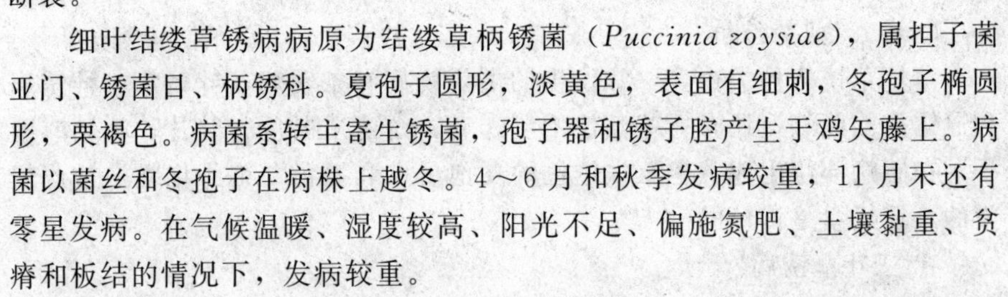

细叶结缕草锈病病原为结缕草柄锈菌（*Puccinia zoysiae*），属担子菌亚门、锈菌目、柄锈科。夏孢子圆形，淡黄色，表面有细刺，冬孢子椭圆形，栗褐色。病菌系转主寄生锈菌，孢子器和锈子腔产生于鸡矢藤上。病菌以菌丝和冬孢子在病株上越冬。4～6月和秋季发病较重，11月末还有零星发病。在气候温暖、湿度较高、阳光不足、偏施氮肥、土壤黏重、贫瘠和板结的情况下，发病较重。

高羊茅锈病病原为禾柄冠锈菌（*Puccinia corata*），发病时间为每年的5～10月份，特别是不耐践踏的观赏性中、阔叶草坪。细叶草坪有时也发生。

十、白粉病

草坪白粉病广泛分布于世界各地，为草坪禾草常见病害。其可侵染狗牙根、草地早熟禾、细叶羊茅、匍匐翦股颖、鸭茅等多种禾草和大、小麦等农作物，其中以早熟禾、细羊茅和狗牙根发病最重。

（一）识别与诊断

1. 禾草白粉病

地上器官均可受到侵染，但以叶和叶鞘受害最重。病部出现蛛网状、白粉状霉层，初为点状，后汇合成片，甚至覆盖全叶。霉层下的叶组织褪绿变黄，后呈黄褐色，霉层中小点即为病菌闭囊壳。发病严重时，草层似喷洒了白粉，使禾草减产，导致草地早衰。

2. 三叶草白粉病

初期叶片两面局部由病原菌的菌丝体和分生孢子构成的白色粉斑，后迅速覆盖叶片的大部或全部。病害流行时，整个草地如同喷过白粉。严重时可使叶片变黄或枯落，种子不实或瘪劣。后期白色病斑上产生许多黑褐色小黑点，即病原菌的闭囊壳。

（二）防治技术

（1）选育和利用抗病品种

品种抗病性根据反应型鉴定：免疫品种不发病，高抗品种叶上仅产生枯死斑或者产生直径小于 1mm 的病斑，菌丝层稀薄，中抗品种病斑亦较小，产孢量较少。表型选择能显著提高抗病性。

（2）草地管理措施

控制合理的种植密度、不要过密；适时修剪，不要留茬过高；增施磷、钾肥，控制氮肥施用量；合理灌水，不要过干过湿；冬季消灭病残株体，减少菌源，显著减轻下一年的病情；发病普遍的地块，应当及时刈割利用，重病草地不宜收种。

（3）药剂防治

草坪绿地发生白粉病时，可使用放线酮、粉锈宁、多菌灵、多抗霉素和粉病定等药物定期喷施，每 7～10d 喷施 1 次。

【知识加油站】

禾草白粉病病原为禾白粉菌（*Erysiphe graminis*），属子囊菌亚门。菌丝体存在寄主体外，以吸器伸入寄主表皮细胞吸收养分。菌丝体无色，产生直立的分生孢子梗，上串生分生孢子。分生孢子单胞、无色，卵圆形至椭圆形。闭囊壳球形、扁球形，成熟后壁黑褐色，无孔口。闭囊壳内有子囊 8～30 个，子囊长卵圆形，无色，内有 4～8 个子囊孢子。禾白粉菌侵染山羊草属、冰草属、马唐属、早熟禾属和羊茅属等的若干种作物及牧草，有高度的寄主专化性，不同生理小种侵染的寄主不同。

三叶草白粉病病原为豌豆白粉菌（*Erysiphe pisi*）。分生孢子梗由外生菌丝上长出，直立，无色，顶端串生分生孢子；分生孢子桶形，或两端钝圆的圆柱形；闭囊壳扁球形，暗褐色；子囊多个，卵圆形、椭圆形、少数近球形。此病菌在豆科植物中寄生范围较广，并分化为许多生理小种。就三叶草属而言，在红三叶上发生较普遍，偶尔也见于白三叶草、绛三叶和杂三叶等。

十一、白绢病

草坪白绢病（南方枯萎病或南方菌核腐烂）主要发生在我国中南部多雨高温地区。寄主范围广泛，多达 500 余种，主要危害翦股颖、羊茅、黑麦草、早熟禾等多种禾本科和阔叶草坪草，其中包括许多重要农作物，南方马蹄金草坪受害非常严重。

（一）识别与诊断

1. 马蹄金白绢病

马蹄金白绢病危害植物的根部、茎部和叶部，受害部位出现水渍状褐色病斑，并有明显的白色羽毛状物，呈辐射状向周围蔓延，侵染相邻的植株。

2. 禾草白绢病

草地发病后出现枯草区，形状可自圆形至半月形不等，死草区呈黄白色，边缘红褐色。枯草区在适宜条件下，每日向外扩展3～6cm，最后直径可达1～2m。枯草区边缘近土表处，常有茂密的白色、灰色絮状菌丝体，而后则产生许多小而圆的菌核，直径1～3mm，白色、黄色，最后呈黄褐色至深褐色，外形很像菜子。病叶发黄，最终呈红褐色并枯死。

3. 苜蓿白绢病

受害植株地上部分逐渐枯死，根部、根颈和茎基部有水渍状病斑，皮层常纵裂，露出内部机械组织，病组织死亡，变为黄褐色。潮湿时茎基表面密生绢状白色菌丝层，并可蔓延到病株四周的土壤上。菌丝后来变为淡褐色、褐色，形成大量稍近球形的菌核。

4. 聚合草白绢病

病株根部、叶柄变黑软腐，地上部分枯萎死亡。病部表面产生白色菌丝体，后期出现菜子状颗粒，即病原菌的菌核。

（二）防治技术

（1）消灭枯草

秋末和冬季应耙除或焚去枯草，以减少菌源和保持草地通风透光。

（2）调整土壤酸碱度

酸性土壤应适量施加石灰，使pH为7.0～7.5，可以减轻发病。

（3）药剂防治

50%多菌灵可湿性粉剂600倍液喷雾；70%托布津可湿性粉剂600倍液；45%代森镀水剂1000倍液。

【知识加油站】

马蹄金白绢病、禾草白绢病、苜蓿白绢病和聚合草白绢病病原均为半知菌亚门的白绢病菌（齐整小核菌）（*Sclerotium rolfii* Sacc.），属半知菌亚门、无孢目。菌丝粗糙，直径较宽，常生长成层或排列成束状。菌核直径0.8～2.5mm，大多为1.5mm左右。菌核初为白色，后渐变成浅革色、浅褐色、深褐色，形状很像白菜子。菌核内部白色，外表光滑，成熟时易自菌丝上脱落。齐整小核菌的寄主范围很广，包括苜蓿、三叶草及豌豆等。来自不同寄主的菌株，致病力很不一致。

十二、炭疽病

草坪炭疽病在世界各地都有发生，可侵染几乎所有的草坪草，以在一年生早熟禾和匍匐翦股颖上造成的危害最严重。我国有零星发生，危害不太严重。

（一）识别与诊断

环境条件不同下炭疽病症状表现不同。冷凉潮湿时，病菌主要造成根、根颈、茎基部腐烂，以茎基部症状最明显。病斑初期水渍状，颜色变深，并逐渐发展成圆形褐色大斑，后期病斑长有小黑点（分生孢子盘）。当土壤干燥而大气湿度很高时，病菌快速侵染老叶，叶片上形成长形的、红褐色的病斑，而后叶片变黄、变褐以致枯死，加速叶和分蘖的衰老死亡。

炭疽病症状上的典型特点是在病斑上产生黑色小粒点，显微镜检察分生孢子盘上刚毛存在与分生孢子，可作为快速诊断炭疽病发生的依据。

（二）防治技术

（1）科学的养护管理

适当、均衡施肥，避免在高温或干旱期间使用含量高的氮肥。增施磷钾肥。避免在午后或晚上浇水，应深浇水，尽量减少浇水次数。提供良好的生长发育条件，增强寄主抗病力。

（2）播种前种子处理

播种前用种子重量的0.5%多菌灵、福美双或甲基托布津（均为50%可湿性粉剂）拌种。

（3）田间药剂防治

发病初期喷施50%多菌灵（100g兑水30～75L），每次喷洒隔7～10d，直到病情被控制。此外，百菌清、克菌丹、异菌脲、放线酮也有良好防效。

【知识加油站】

草坪炭疽病病原为禾生刺盘孢（*Colletotrichum graminicolum*），属半知菌亚门、腔孢纲、黑盘孢目、炭疽菌属。分生孢子盘黑色，叶两面生，内有多数黑色有隔的刚毛，直形或弯曲，顶端尖锐；分生孢子梗短柱形，无色；分生孢子单胞，无色镰形、纺锤形，有两个至数个油球。炭疽菌以休眠菌丝体在病残组织上越冬。翌年生长季内由菌丝体产生分生孢子，随风雨飞溅传播到健康禾草上，造成再侵染。饱和大气湿度和较高温度（26.5℃～29.5℃）最适于此病流行。在这种情况下，草地在1～2d内就完全因此病而枯萎。肥力不足，干旱、土壤过于坚实都有使禾本科草易受

感染。

十三、黑粉病

草坪黑粉病在世界各地均有分布，以条黑粉病的分布最广，危害性最大。常见的病害有：条形黑粉病、秆黑粉病、疱黑粉病（叶黑粉病）等。

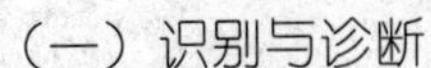
（一）识别与诊断

1. 条黑粉病

植株被侵染后生长缓慢，矮小，不形成花序或花序短小，叶片和叶鞘上产生长短不一的黄绿色条斑，条斑以后变为暗灰色或银灰色，表皮破裂后释放出黑褐色粉末状冬孢子，而后病叶丝裂、卷曲并死亡，呈浅褐色或褐色。病株始终直立，病株分蘖很少，根系也不发达。症状在春末和秋季较易发现，夏季干热条件下病株多半枯死而不易看到。

2. 秆黑粉病

症状与条黑粉病基本相同。

3. 疱黑粉病

症状主要表现在叶片上，病叶背面有黑色椭圆形疱斑即冬孢子堆，疱斑周围褪色，严重时整个叶片褪绿成近白色。

（二）防治技术

（1）种植抗病禾草品种

种植抗病草种和品种的混合种子或表皮，更新或混合种植改良型草地早熟禾可取得较好防病效果。

（2）适期播种

避免深播，缩短出苗期，减少侵染；加强肥水的科学管理。

（3）药剂防治

用0.1%～0.3%三唑酮、三唑醇、立可秀等药剂进行拌种（种重的0.1%～0.2%）。对于叶黑粉病，在发病初期，用三唑酮、多菌灵等药剂喷雾。

【知识加油站】

条黑粉病病原为香草黑粉菌（条黑粉菌）（*Ustilago striiformis*），属担子菌亚门、担子菌纲、黑粉目、黑粉科、香草黑粉菌。冬孢子球形，椭圆形，偶有形状不规则的，暗榄褐色，壁有细刺，有6个专化型，寄生26属48种禾本科植物，其中蒴股颖、黑麦草、早熟禾易感病，尤以草地早熟禾最感病。病菌以附着在种子表面的冬孢子、土壤中的冬孢子和侵染根茎和植株其他营养部位的菌丝体越冬。冬孢子萌发后可侵染根状茎芽，还可随无性繁殖材料传播。该病最常出现在春秋季冷、湿天气阶段。

秆黑粉病病原为冰草条黑粉菌（*Urocystis agropyri*），属担子菌亚门、担子菌纲、黑粉目、腥黑粉科、冰草条黑粉菌。冬孢子团球形，中心1～5个冬孢子，周边围绕多个不孕细胞。寄生18属禾本科草，有明显的寄主专化性。秆黑粉病最易发生在晚春或初秋，发病规律同条黑粉病。

疱黑粉病病原为疱黑粉菌（*Entyloma dactylidis*），属担子菌亚门、担子菌纲、黑粉目、腥黑粉科、疱黑粉菌。冬孢子近球形、多角形、不规则形，黄褐色。疱黑粉病主要寄生在早熟禾属、翦股颖属、羊茅属等植物上。该病是局部侵染性病害，冬孢子萌发后产生的担孢子通过气流、雨滴飞溅、人畜和工具的接触等途径传播，由叶片侵入，最易出现在春、秋两季。

第三节　草坪其他病害及防治

一、细菌病害

草坪草细菌病害在很多禾草上寄生，症状因寄主而异。常见的病害有细菌性萎蔫病、冰草和雀稗属草的褐条斑病、早熟禾等属草的云枯病。

（一）识别与诊断

1. 禾草细菌性条斑病

此病发病叶片和叶鞘出现黄褐色至深褐色条斑，水渍状，沿叶脉纵向扩展，偶尔为形状不规则的条斑。病斑透明，有时表面有菌脓或菌痂，病叶从尖端开始枯萎，病叶常不能正常展开，有时不能抽穗。

2. 聚合草细菌性根腐病

根部表皮呈水渍状，首先心叶萎蔫，但仍呈青绿色，后根部软腐，地上部分枯死。

3. 聚合草细菌性青枯病

叶片迅速萎蔫干枯，叶柄及根交界处湿腐，支根皮层呈黑褐色并腐烂。根部维管束变褐，用手挤压可见有菌脓溢出。

4. 苜蓿细菌性叶斑病

受侵叶片初出现分散的褪绿区，有微小的圆形水渍状斑点。环境条件不适宜时，病斑保持很小、变干，成为坏死斑；条件适宜时病斑扩大，并汇合形成大小不等的不规则形，此病引起严重落叶。

（二）防治技术

（1）种植抗病品种

采取多品种混合种植是防治细菌病害的关键措施。

(2) 加强管理

合理水肥，注意排水，适度剪草，避免频繁表面覆沙等措施都可减轻病害。

(3) 药剂防治

抗菌素如土霉素、链霉素等有一定的防治效果。要求高浓度、加大液量，一般有效期可维持 4～6 周。但由于价格昂贵，真正解决问题的唯一办法还是在果岭上补种抗病品种。

【知识加油站】

禾草细菌性条斑病病原为小麦黑颖病细菌（*Xanthomonas translucens*），假单胞杆菌目、黄单胞杆菌属。病菌短杆状，极生鞭毛 1 根，不同的专化型分别侵染不同范围的作物和禾草。病菌侵入导管，到达穗部、叶片、叶鞘等器官产生病斑，借风、雨和昆虫等传播，高温高湿有利于流行，低温能延缓寄主生长发育，降低其抵抗力，从而加重病情。

聚合草细菌性根腐病病原为一种欧氏菌（*Erwinia* sp.），革兰氏阴性杆菌，周生鞭毛。此病在四川曾有报道，高温多湿有利于发生，多流行于七八月间。

聚合草细菌性青枯病病原为青枯病假单胞杆菌（*Pseudomonas solanaceearum*），革兰氏阴性短杆菌，不产芽孢，无荚膜，极生鞭毛 1～4 根。此病在四川、湖北、江苏、浙江、福建、广东、广西等省区均有报道，高温高湿条件下发病重，耕作刈割、昆虫危害等造成的伤口会加剧此病的发生。

苜蓿细菌性叶斑病病原目前尚不清楚，该病首次报道于美国威斯康星州，我国江苏和内蒙古有少量发生。该病害可在大多数温暖苜蓿种植区普遍发生，多数情况下意义不大，仅局部地区发生严重。病菌靠风雨传播，由伤口或气孔侵入植株。

二、病毒病害

目前已知有 20 余种病毒侵染草坪，对草坪危害较重，而我国草坪草受病毒病的危害并不是很严重，但植物病毒是仅次于真菌的重要病原物。随着草坪在我国的发展，由于对病毒在草坪方面的防治不重视或防治不良，草坪病毒病极有可能严重危害草坪草的正常生长。

(一) 识别与诊断

1. 钝叶草衰退病

发病初期在草坪上出现淡绿色或黄绿色的斑点、斑块、条带，后叶片失绿，在以后的生长季节，植株呈浅黄色，生长停滞。草坪变得稀疏，最终死亡。

2. 鸭茅斑驳病毒病

受侵叶片出现褪绿和坏死病斑。

3. 禾草大麦黄矮病毒病

症状随寄主种类而不同，多出现全株矮化，生长缓慢，分蘖减少，根系发育不良，影响抽穗。叶片从叶尖或叶缘开始黄化或发红，有些寄主上叶片出现条斑，病叶变硬、变厚等。有些寄主带毒而不表现症状，但能使产量显著下降，如鸭茅、狗牙根和多花黑麦草等。

4. 禾草雀麦花叶病毒病

病株叶片上出现淡绿色或黄色条纹，病株矮化，再生迟缓。

5. 禾草甘蔗花叶病毒病

病株生长速度明显减缓，受害叶片出现淡绿色、卵圆形的不规则病斑，不受叶脉限制，后期呈条纹状。

（二）防治技术

（1）种植抗病品种

尽量选择抗病性强的草种或品种进行混合种植。

（2）切断媒介

切断媒介是防治病毒传染和蔓延的一种有效措施，如通过治虫可以防病。

（3）加强耕作栽培管理

加强草坪的精心和科学的养护管理。如避免干旱胁迫、平衡施肥、防治真菌病害等措施均有利于减少病毒危害。

（4）药剂防治

目前虽然没有直接病毒病的药剂，但可试用抗病毒诱导剂，如 NS－83 等。

【知识加油站】

钝叶草衰退病病原为黍花叶病毒（Panicum Mosaic Virus），自然条件下该病毒仅侵染禾本科的一些杂草，包括许多无症寄主，典型株系引起许多杂草轻度花叶症状。黍花叶病毒易通过机械接种传播，一般经由草皮的转运和移植传播病毒，无已知介体。

鸭茅斑驳病毒病病原为鸭茅斑驳病毒（Cocksfoot Mottle Virus），病毒粒体为正 20 面体，致死温度为 65℃，体外存活期 14d，主要侵染鸭茅、大麦、小麦和燕麦等多种禾本科作物，田间靠橙足负泥虫进行非持久性传播。

禾草大麦黄矮病毒病病原为大麦黄矮病毒（Barley Yellow Dwarf

Virus)，粒体球形，致死温度为65℃～70℃，病毒在冬季多聚集在分蘖节部位越冬，次年拔节时沿筛管细胞移动，主要寄主有苇状羊茅、草地羊茅、意大利黑麦草和草地早熟禾等。

禾草雀麦花叶病毒病病原为雀麦花叶病毒（Brome Mosaic Virus），病毒粒体球形，失活温度为78℃～79℃，侵染冰草属、鹅观草属、燕麦、雀麦属、黑麦草属和草熟禾属等禾本科作物，田间借剑线虫传播，也可汁液传播。

禾草甘蔗花叶病毒病病原为甘蔗花叶病毒（Sugarcane Mosaic Virus），病毒粒体杆状，失活温度为53℃～55℃，至少有9个不同的毒株，寄主包括冰草属、雀麦属、狗尾草属和马唐属等数十种禾草和作物，在田间借玉米叶蚜和谷蚜传毒。

三、线虫病害

草坪草线虫病在全国各地均有发生。暖温地带和亚热带地区可造成叶、根以至全株虫瘿和畸形，使草坪受到损失；在凉爽地区造成草坪草生长瘦弱，生长缓慢和早衰，严重影响草坪景观。除以上直接危害外，还因它取食造成的伤口而诱发其他病害，或有些线虫本身就可携带病毒、真菌、细菌等病原物而引起病害。

（一）识别与诊断

1. 翦股颖粒线虫病

受侵染的寄主植物在幼苗阶段并不表现明显的症状，只在花穗期显示出典型的病变。病变症状主要表现为被寄生的小花的颖片、外稃和内稃显著增长，分别为正常长度的2～3倍、5～8倍和4倍，子房转变成雪前状的虫瘿。虫瘿初形成时为绿色，后期呈紫褐色，长4～5mm，而正常颖果的长度仅1mm左右。

2. 沿阶草根结线虫病

沿阶草根结线虫病主要危害根部，造成瘿瘤，使结麦冬的须根缩短，到后期根表面变粗糙，开裂，呈红褐色。剖开膨大部分，可见大量乳白色发亮的球状物，即其雌性成虫。

（二）防治技术

（1）实行轮作

（2）清除菌源

（3）把好种子关

（4）加强草坪的管理

【知识加油站】

剪股颖粒线虫病病原为粒线虫（*Anguinaa agrostis*），属线形动物门、线虫纲。寄主范围广泛，包括细弱剪股颖、小糠草、绒毛剪股颖、糙叶剪股颖、匍荡剪股颖、匍匐剪股颖以及其他禾本科牧草或杂草等。剪股颖粒线虫以2龄幼虫在虫屡中呈休眠态渡过干旱的夏季。虫瘿在田间遇秋雨吸水后破裂，幼虫逸出并继而侵染寄主植物的幼苗，在秋、冬季以外寄生的方式在生长点附近取食。翌年春季2龄幼虫侵人正在发育的花序的花芽，并很快发育成成虫，这时受侵染的小花的子房已转变成了虫瘿。虫瘿中的雌虫受精后产卵，卵孵化出2龄幼虫，在虫瘿内进入休眠状态，从而又开始新一轮的病害循环。

沿阶草根结线虫病病原是圆形动物门线虫纲的一种根结线虫，主要危害沿阶草。

思考题

1. 草坪草常见的真菌性病害有哪些？并简述其症状表现。
2. 简述草坪草褐斑病的症状特点及发病规律。
3. 试述草坪草锈病的发生特点及其防治措施。

草坪黄化现象及其防治

草坪是园林绿地的基础，也是底色。草坪生长过程中常发生草坪黄化现象。黄化现象的原因大体上分为病虫害及生理病害两大类。

1. 黄化的主要原因

① 缺乏形成叶绿素必要的养分，如铁、镁、锰、硫等元素，其中缺铁是主要原因。

② 缺乏氮素，不能形成蛋白质而发生黄化。施氮肥时不均匀，有的草坪因氮肥过量而发生黄化。

③ 吸收养分不平衡，致使发生黄化现象。例如，在施用石灰多的情况下，镁元素缺乏，也影响铁的吸收；钾肥用量太多，妨碍吸收其他盐类。

④ 光照不足，妨碍光合作用。梅雨季节光照不足，会妨碍光合作用，使根的机能减退，特别是施肥过少的草坪，会影响植株积累碳水化合物，

氮素代谢受到阻碍，导致发生黄化现象。

⑤ 剪草过于低矮或枯草层过厚，通常会导致黄化现象。

⑥ 土壤中缺铜，使草坪草黄化。

⑦ 由于病原菌的存在，根的机能衰退而吸收铁受阻，植株地上部分呈黄化现象。

⑧ 因线虫危害，根的机能衰退，阻碍营养吸收，地上部分发生黄化现象。

⑨ 因甲虫等危害，使草坪草地上部分呈黄化现象。

⑩ 由于排水不畅，地面积水，土壤过于潮湿而导致黄化。

2. 黄化防治方法

① 及时使用杀菌剂、杀虫剂预防病虫危害。

② 避免加盖过多表土，覆盖太厚而影响草坪草的正常生长。

③ 采取施肥、灌溉、松土等养护管理措施，使草坪根系和茎健壮生长。

④ 勿使土壤板结，保证地表以下 0～30cm 土层通气良好。

⑤ 土壤中缺铁、草坪草生长过于繁茂或长势衰弱情况下都不宜进行垂直剪切措施，否则容易黄化。

⑥ 土壤 pH 值应保持为 5.3～6.3，偏酸或偏碱时都应施用化学药剂或化肥进行调整。

⑦ 对症下药施用微量元素，缺乏某些微量元素往往发生黄化现象。

⑧ 改善排水系统。

参考文献

[1] 董金皋．农业植物病理学（北方本）［M］．北京：中国农业出版社，2001

[2] 陈利锋，徐敬友．农业植物病理学（南方本）［M］．北京：中国农业出版社，2001

[3] 方中达．中国农业植物病害［M］．北京：中国农业出版社，1996

[4] 高必达．园艺植物病理学［M］．北京：中国农业出版社，2005

[5] 高必达．植物病理学（农林院校必修课考试辅导丛书）［M］．北京：科学技术文献出版社，2003

[6] 刘维志．植物病原线虫学［M］．北京：中国农业出版社，2000

[7] 陆家云．植物病害诊断（第二版）［M］．北京：中国农业出版社，1997

[8] 陆家云．植物病原真菌学［M］．北京：中国农业出版社，2001

[9] 孙广宇．植物病理学实验技术（面向21世纪教材）［M］．北京：中国农业出版社，2002

[10] 王金生．植物病原细菌学［M］．北京：中国农业出版社，2000

[11] 许志刚．普通植物病理学（第二版）［M］．北京：中国农业出版社，2000

[12] 杨佩文，李家瑞，杨勤忠，等．十字花科蔬菜根肿病研究进展［J］．植物保护，2002（5）

[13] 王子迎，檀根甲．水稻纹枯病时空生态位施药干扰研究［J］．应用生态学报，2005，16（8）

[14] 曾士迈．品种布局防治小麦条锈病的模拟研究［J］．植物病理学报，2004，34（3）

[15] 李人柯，饶雪琴．我国南方3～6月主要蔬菜病虫无公害防治［J］．中国蔬菜，2005（2）

图书在版编目(CIP)数据

植物病害防治技术/毕璋友，檀根甲，李萍著．—合肥：合肥工业大学出版社，2013.5

ISBN 978-7-5650-1302-7

Ⅰ.①植…　Ⅱ.①毕…②檀…③李…　Ⅲ.①病害—防治　Ⅳ.①S432

中国版本图书馆CIP数据核字(2013)第084256号

植物病害防治技术

毕璋友　檀根甲　李　萍　著　　　　责任编辑　郭娟娟　石金桃

出　版	合肥工业大学出版社	版　次	2013年5月第1版
地　址	合肥市屯溪路193号	印　次	2013年6月第1次印刷
邮　编	230009	开　本	710毫米×1000毫米　1/16
电　话	总　编　室：0551-62903038	印　张	15.75
	市场营销部：0551-62903198	字　数	299千字
网　址	www.hfutpress.com.cn	印　刷	合肥现代印务有限公司
E-mail	hfutpress@163.com	发　行	全国新华书店

ISBN 978-7-5650-1302-7　　　　定价：35.00元